U0382219

教育部人文社会科学研究青年项目资助
"人脸识别应用中个人信息的分类分级保护研究"（22YJC860027）

The Dilemma

—— of Technology

技术_的困境

人脸识别的应用与规制

Application and Regulation of
Facial Recognition

◆ 王 敏 等著

中国社会科学出版社

图书在版编目（CIP）数据

技术的困境：人脸识别的应用与规制／王敏等著.
北京：中国社会科学出版社，2024. 10. -- ISBN 978-7-
5227-4370-7

Ⅰ. TP391.4；B82-057

中国国家版本馆 CIP 数据核字第 2024RF5459 号

出 版 人	赵剑英	
责任编辑	吴丽平	
责任校对	郝阳洋	
责任印制	李寡寡	

出　　版	中国社会科学出版社	
社　　址	北京鼓楼西大街甲 158 号	
邮　　编	100720	
网　　址	http://www.csspw.cn	
发 行 部	010-84083685	
门 市 部	010-84029450	
经　　销	新华书店及其他书店	

印　　刷	北京明恒达印务有限公司	
装　　订	廊坊市广阳区广增装订厂	
版　　次	2024 年 10 月第 1 版	
印　　次	2024 年 10 月第 1 次印刷	

开　　本	650×960　1/16	
印　　张	25	
字　　数	278 千字	
定　　价	118.00 元	

凡购买中国社会科学出版社图书,如有质量问题请与本社营销中心联系调换
电话:010-84083683

序

面对数字社会快速发展带来的诸多问题，传播学者的责任并不在于提供终结式意见，而在于紧盯前沿问题、俾在有所启悟之际，及时向社会倾注人文关怀。欲获此效，学者须有能力厘清杂乱头绪，条分缕析，深中肯綮，得以在扎实的学理基础上仰俯于天地之间，穷究于毫末之细，体察出精微之道。

对处于各学科十字路口的新闻传播学而言，越来越多涉及伦理学的交叉命题进入研究视野，"科林格里奇困境"即为其中之一。此一困境系英国技术哲学家大卫·科林格里奇提出的理论，它指出一种两难之境：一项技术的社会后果不能在技术生命的早期被预料到，而当不希望的后果被发现时，技术却往往已经成为整个经济和社会结构的一部分，以至于对它的控制变得十分困难。

本书作者从世界范围内的人脸识别现象入手，旁搜广纳，把现象观察上升为理性思考，再着眼于法律与伦理之考量，得出许多独到的观察结果，以此为凭，作了面向将来的延展性思考及预见。

不遑多论，东西方在人脸识别的问题上有着共同点，即，法律基础：知情同意；应用原则：最小必要。但是，人脸识别带来的迷离之境、混沌之世并不是只凭这两点就可以简单处之的，本书以犀利之眼刮垢磨光，察得浮云之下的诸多龃龉之处，作出了既具有学术意义，又不乏实操价值的研究心得。

作者研究焦点在于如何避免"科林格里奇困境"，在这二十多万字的著述中可以感知——

增强预见性：在技术发展的早期阶段，应尽可能全面地预测和评估其可能带来的社会后果。这需要跨学科的合作，包括技术专家、社会学家、经济学家、伦理学家等共同参与，以便从多个角度审视技术的潜在影响；

建立反馈机制：应建立有效的技术反馈机制，及时监测技术发展过程中的社会影响，并据此调整技术发展的方向或政策。这种机制可以帮助我们在问题变得严重之前及时发现并予以处置；

强化法规引导：政府应制定明确的科技法规，引导技术发展方向，避免技术被滥用或误用。同时，法规制定者需要密切关注技术发展动态，以便在必要时进行调整；

提升公众意识：通过教育和宣传，提高公众对技术发展的认识和理解，增强他们的参与意识。这样可以在技术发展过程中形成更广泛的社会共识，降低技术带来的社会风险；

鼓励创新与技术改进：持续的技术创新和改进有助于减少现有技术的负面影响，同时开发出更加人性化、安全、高效的新技术。

作者理性地察觉到，欲避免科林格里奇现象需要全社会的共同努力，包括增强预见性等多个方面。通过这些措施，可以更好地应对技术发展带来的挑战，实现科技与社会的和谐发展。

人脸识别问题当然涉及伦理，然而，从广义出发，这项技术的使用者与对象方何尝不是一对博弈的双方，而如何避免博弈论中广为人知的"囚徒困境"，免除为追求单方利益最大化陷入相互损害、共同受损的境地？

"囚徒困境"是如何产生的呢？这主要源于个体间的信息不对称和缺乏信任。每个个体都试图通过将自己的利益最大化来达成最优解，但由于无法准确判断对方的行为，往往导致双方的选择都偏离了最优解。

要避免"囚徒困境"，加强信息沟通与交流是关键。通过有效的沟通，个体可以更全面地了解彼此的情况和意图，减少误解和猜疑。当双方能够坦诚地交换信息，就更容易找到符合双方利益的合作方案。

此外，建立信任与合作机制也至关重要。信任是合作的基石，只有在相互信任的基础上，个体才愿意放弃短期的个人利益，追求长期的共同利益。同时，合作机制可以为双方提供明确的行动指南和规则，降低合作的风险和不确定性。

当然，制定合理的规则与制度也是避免"囚徒困境"的重要手段。通过明确的规则和制度，可以规范个体的行为，减少个体为了自身利益而损害他人利益的情况。同时，合理的规则和制度也能为合作提供必要的保障和支持。

最后，培养个体的理性思考与决策能力同样重要。在面对"囚徒困境"时，个体需要能够冷静分析形势，权衡利弊，避免被短期的利益所迷惑。只有具备理性思考和决策能力的人，才能在复杂的情境中作出明智的选择，避免陷入"囚徒困境"。

综言之，避免人脸识别带来可能的"囚徒困境"，需要加强信息沟通与交流、建立信任与合作机制、倡导公平与诚信原则、制定合理规则与制度以及培养理性思考与决策能力等。只有这样，才能在追求个人利益的同时，实现整体利益的最大化，走出"囚徒困境"。

技术应用的社会责任无论怎样强调也不过分，避免技术滥用或误用对社会造成负面影响，确保技术红利能够惠及更多人群，实现社会福祉的最大化。

面对"科林格里奇困境"这类伦理矛盾时，社会各界应保持冷静和理性，遵循伦理原则，充分考虑各方利益和价值观，并寻求合适的解决方案。而欲达此境界，学界责无旁贷，学者扎实地做出研究，像本书一样以个案入手，察及全局，述事析理，自然也就可以追求其中之道，裨益社会。

是为序。

江作苏

华中师范大学新闻传播学院教授、博导、长江韬奋奖获得者

2024 年 5 月 20 日于武汉

目　　录

第一章 "刷脸的时代"与 "看脸的世界"

从战国时期秦国商鞅变法中推出的"照身贴",到科举考试中的"廪生结状",再到历朝各级衙门张贴的画像"通缉令",人脸信息和面部特征素来是外界识别、验证、追踪自然人身份的重要凭证。但受限于画师内在的技艺、稳定性、耐心、主观束缚、纠错能力以及外在的时间、材料质量等,作为身份凭证的画像往往准确性欠佳,由此而来的后果和影响不言而喻。进入数字时代,算法的优化更迭、数据的海量聚集以及硬件材料的提质降价,使得人脸识别、验证、追踪的信息技术发生革命性变化,一个"刷脸"的时代应运而生。人脸识别技术利用人脸信息和面部特征的个体差异性来辨识自然人身份,既沿袭传统身份鉴别方式的原理,又弥补其缺陷,同时因技术应用的数据采集成本低、易实施、非接触等特点,而引发了身份认证的革命①。

人脸识别作为我国"十三五"期间加速落地的智能技术之

---

① 邱建华、冯敬、郭伟、周淑娟:《生物特征识别——身份认证的革命》,清华大学出版社2016年版,第2页。

一，被广泛应用于交通安检、公安防范、门禁考勤、金融支付、刷脸登录、面部分析等场景①，在"十四五"时期迎来爆发式增长。但是，人脸识别应用中采集和处理的面部特征、肖像轮廓、微表情特征等生物识别信息，属于敏感个人信息，具有高度人格属性、唯一性、不可变更性、人身和财产犯罪关联性等特性②，一旦被泄露、伪造、滥用，会造成隐私、财产、伦理甚至国家安全等方面的巨大风险③④，甚至造成永久性的伤害与损失⑤，引发公众对个人隐私和数据安全的担忧。风险层面，人脸识别技术存在误差、身份认证被破解、人脸信息泄露⑥，以及算法歧视等⑦问题。现实层面，存在非法采集、秘密比对、信息泄露等问题，严重侵犯公民基本权利⑧。在我国"人脸识别第一案"——郭某诉杭州野生动物世界案中，法院也强调："生物识别信息具备较强的人格属性，一旦被泄露或者非法使用，可能导致个人受到歧视或者人身、财产安全受到不测危害，更应谨慎处理和严格保护。"因此，有效保护人脸

① 张重生：《人工智能、人脸识别与搜索》，电子工业出版社 2020 年版，第 8—10 页。

② 王德政：《针对生物识别信息的刑法保护：现实境遇与完善路径——以四川"人脸识别案"为切入点》，《重庆大学学报》（社会科学版）2021 年第 2 期。

③ 林凌、贺小石：《人脸识别的法律规制路径》，《法学杂志》2020 年第 7 期。

④ 罗斌、李卓雄：《个人生物识别信息民事法律保护比较研究——我国"人脸识别第一案"的启示》，《当代传播》2021 年第 1 期。

⑤ 商希雪：《生物特征识别信息商业应用的中国立场与制度进路——鉴于欧美法律模式的比较评价》，《江西社会科学》2020 年第 2 期。

⑥ 邢会强：《人脸识别的法律规制》，《比较法研究》2020 年第 5 期。

⑦ 胡晓萌、李伦：《人脸识别技术的伦理风险及其规制》，《湘潭大学学报》（哲学社会科学版）2021 年第 4 期。

⑧ 李婕：《人脸识别信息自决权的证立与法律保护》，《南通大学学报》（社会科学版）2021 年第 5 期。

识别应用中的敏感个人信息，可促进智能技术的价值规范和风险防范，保护个人隐私、财产和尊严，维护公共利益和国家生物安全。

第一节 人脸识别应用：原理与场景

人脸识别技术通过采集、比对面部特征达到识别、验证、追踪个人身份之目的，其技术原理决定着所适用的应用场景，影响着潜在的安全、隐私、伦理风险。

一 人脸识别应用原理

狭义的人脸识别仅指通过分析比较人脸视觉特征信息来实现个人身份鉴别的计算机技术[①]，广义的人脸识别则包括人脸图像采集、人脸检测定位等一系列构建人脸识别系统的相关技术[②]。20 世纪 60 年代，人脸识别技术之父伍迪·布莱索（Woody Bledsoe）等人在情报机构的资金支持下设计出了一种人机协同系统，第一次实现了人脸图像半自动化识别匹配[③]。伍迪等人利用人脸图像的眼睛、耳朵、鼻子、眉毛、嘴唇等主要标志物的特征（如嘴巴宽度、耳朵长度），以及标志物之间的距离、角度等位置关系，测量得出若干特征值，根据所得全部特征值，利用贝叶斯决策理论判断两张人脸图像是否匹配。

---

① 张重生：《刷脸背后》，电子工业出版社 2017 年版，第 1—2 页。
② 人脸识别系统即为实现特定功能的人脸识别技术集成，在本书中与"人脸识别技术"不做区分。
③ Wired，"The Secret History of Facial Recognition"（January 21st，2020），https：//www.wired.com/story/secret-history-facial-recognition/.

伍迪等人首次将人脸图像抽象为若干特征值，在克服衰老引发的人脸差异上取得了显著成果，并通过计算机对差异图像进行数学旋转以补偿姿势变化，初步实现了人脸图像的同一化处理。彼时人脸识别系统尚无法实现人脸特征的自动提取，仍需要人工标记人脸的主要标志物位置①。人脸识别发展之初受到严重的技术障碍，但该人机系统所用识别时间已比全人工缩短了一百倍，仍证明了人脸识别技术是一项可行的、准确的生物识别技术。

历经半个多世纪的发展，人脸识别系统已告别早期人机协同阶段，实现了全流程自动化识别、处理、匹配。集成了先进的人脸识别算法、拥有强大的计算能力与丰富的人脸数据做支撑的现代人脸识别系统，识别准确率与识别速度得到了巨幅提升。美国国家标准技术研究院（NIST）发布的人脸识别技术测试报告显示，截至 2020 年 4 月，最佳人脸识别算法的错误率为 0.08%，而 2014 年这一数字为 4.1%，短短几年内人脸识别能力得到了显著改善②。而且，人脸识别技术还具有非接触性、自然性、隐蔽性等特征和优势。

现代人脸识别系统主要包括人脸图像采集、人脸检测、人脸预处理、人脸特征提取、人脸匹配等过程③，具体流程见图 1.1。其中，注册集人脸是已知身份的人脸图像的集合，测试

---

① 史东承：《人脸图像信息处理与识别技术》，电子工业出版社 2010 年版，第 1 页。

② William Crumpler, "How Accurate are Facial Recognition Systems and Why Does It Matter?" (October 27th, 2020), https://lab.imedd.org/en/how-accurate-facial-recognition-systems/.

③ 栗科峰：《人脸图像处理与识别技术》，黄河水利出版社 2018 年版，第 34 页。

集人脸是有待系统识别的人脸图像的集合，图中实际描述了人脸图像录入与人脸图像验证两种流程①。

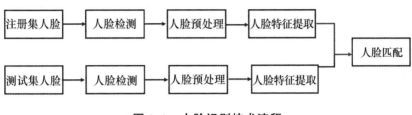

图 1.1 人脸识别技术流程

具体而言，人脸图像采集与人脸检测即获取视频、图像或摄像头中实时画面，并检测其中是否包含人脸；人脸特征提取即对人脸图像进行预处理，提取相关特征；人脸匹配即将所得数字特征与系统所存储人脸特征数据比较匹配。除此之外，某些人脸识别系统还可以实现待识别者的年龄、性别、种族等相关个人信息的推断；借助表情识别技术实现人脸图像表情分析，判断待识别人脸图像表现出的"高兴""悲伤"等多种情绪。如今，应用于各个领域的人脸识别系统因使用目的不同，所收集、分析的个人信息也因场景而异，因此有必要对人脸识别技术的应用进行分类，依据所涉及的个人信息类别探讨相应的数据保护策略以及技术使用的边界。

二 人脸识别应用场景

人脸识别技术的应用可根据个人信息的卷入程度不同划分为身份认证型与非身份认证型两类。身份认证型应用，即利用

---

① 栗科峰：《人脸图像处理与识别技术》，黄河水利出版社 2018 年版，第 34 页。

待识别对象的人脸特征来匹配相应身份。在此情境中，人脸信息与姓名等个人身份信息紧密相连，识别结果往往决定能否获取"使用""进入"等特定身份权限。身份验证型应用通常需要提前提供或现场录入待识别群体或个人的人脸照片、姓名等身份信息，用以比对认证匹配。非身份认证型应用则不需要明确待识别对象身份，仅将待识别对象视为某一"个体"，检测人脸或提取待识别对象的人脸特征，分析得出个体相关的非身份性信息。当人脸识别用于非身份验证时，技术上无须进行人脸匹配这一环节。

（一）身份认证型人脸识别应用：开启"刷脸的时代"

传统身份鉴别主要依赖两种方式，一是身份标识物，如信物、证件、钥匙；二是身份标识知识，如暗号、密码、提示问题等。然而前者易丢失、易被伪造，后者易被盗用、易遗忘[1]。作为基于人体生物特征的身份认证技术，人脸识别认证充分利用个人身份的直观表象——人脸差异性，有效避免了以上缺点。虽然人脸识别的安全性低于虹膜识别、指纹识别，但因人脸识别技术实现所需的数据采集成本低，具有非接触性、易于实施等特点而被广泛运用。

上传在网络的照片、视频，摄像头采集到的画面，都可以作为人脸识别技术的"原材料"。随着人脸识别算法使用成本降低，人脸识别技术所需的摄像硬件逐渐普及，iPhone X 引领了手机 3D 人脸识别技术潮流。"刷脸"解锁，"刷脸"支付，"刷脸"乘车等，移动"刷脸"时代就此开启[2]。人脸识别技

---

① 栗科峰：《人脸图像处理与识别技术》，黄河水利出版社 2018 年版，第 34 页。
② 张重生：《刷脸背后》，电子工业出版社 2017 年版，第 1—2 页。

术可实现"无感"认证，对个人干扰程度较小，对待识别人员的配合程度要求较低，因此也被广泛应用于人员复杂、人流密集的公共交通、公共安全等领域。"人脸"成为随身携带不会被遗忘的身份证，解放了疲于证明身份的双手和大脑。

（二）非身份认证型人脸识别应用：打造"看脸的世界"

人脸识别技术根植于身份认证，但又不仅限于此。近年来人脸识别技术逐渐枝繁叶茂，相关应用在不同领域开花结果，挖掘出人脸除代表身份以外的诸多价值。非身份认证型人脸识别中，有一类应用目的在于"看脸"识别"个体"，而无须明确个体身份，即无差别化识别。以人脸识别厕纸机为例，在限定时间内，该厕纸机只向每张"脸"提供定量的厕纸，同一张"脸"要想取两次厕纸，时间必须间隔9分钟以上①；无差别化识别还常用于娱乐场景，如各类拍照美图APP中提供的变妆功能。

另一类为差别化非身份认证型人脸识别。虽然此时被识别个体被匿名化处理，但该应用场景下需要分析不同个体的行为表现并提供差异化服务，某些情况下会为个体赋予人脸识别ID以便区分，为个体生成唯一的假名化身份。如人脸识别广告屏，通过面部分析被扫描者面部特征，依据所推断出的性别、年龄等信息播放个性化广告，或记录观看者面部信息及广告观看时长等；商超内部的人脸识别客流分析，通过摄像头追踪记录顾客的商场行动轨迹、停留区域以及拿起、选购的商品。当顾客走出商超时，如同浏览网页留下Cookie，商超人脸识别系

———————

① 信娜：《北京天坛公园为防厕纸被过度使用 推人脸识别厕纸机》，人民日报海外网，https：//m. haiwainet. cn/middle/3541083/2017/0319/content_30801776_1. html，2017年3月19日。

统中也留下了顾客的消费档案，人脸成为无须注册即可使用的
"会员卡"①。此类典型应用场景常出现于市场营销领域，用于
客户分析、实现精准营销。

　　总结而言，目前人脸识别技术主要应用于需要身份核验的
场景，包括但不限于安检、考勤等用途。针对面部信息本身的
应用以及利用人脸识别技术对面部信息进行数据挖掘的应用目
前也在迅猛发展。例如，上海中医药大学附属闵行蔷薇小学引
入智能 AI，通过人脸识别技术捕捉学生的面部变化，进而分析
其上课状态。②此外，除了从个人信息的卷入程度划分，人脸
识别应用从"公—私"角度划分则主要包括以下两个领域：一
是公益领域——机场、火车站等交通枢纽的安检、公安刑侦监
视、出入境边防检查、政府社会治理、公共场所的出入管理
等；二是私益领域——电子货币支付、个人智能设备身份认
证、考勤/门禁系统、应用软件信息采集等。

第二节　人脸识别应用：风险争议
与学术梳理

一　人脸识别隐私争议

　　《民法典》中将隐私定义为"自然人的私人生活安宁和

---

　　① Molly St. Louis，"How Facial Recognition is Shaping the Future of Marketing In-
novation"（February 16th，2017），https：//www.inc.com/molly-reynolds/how-facial-
recognition-is-shaping-the-future-of-marketing-innovation.html.
　　② 许可：《人脸识别禁令"胎死腹中"，欧盟不再因噎废食》，新京报网，
http：//www.bjnews.com.cn/feature/2020/02/28/696604.html，2020 年 2 月 28 日。

不愿为他人知晓的私密空间、私密活动、私密信息"。隐私与个人信息相交叠,主观上"不愿为他人知晓"的个人信息被涵盖在隐私范围内,然而与个人信息具有人格与财产双重属性不同,隐私更侧重于强调人格利益,隐私的界定也相对模糊。

数字社会中的隐私呈现出两个特点:一是个人隐私以典型的数字形态呈现;二是在信息的数字化处理过程中,一些本排除在隐私范围外的个人信息也被纳入隐私的范围①。在一般社会文化背景下,具有生物属性的人脸属于人体的非私密部分,并不属于隐私范畴;但人脸识别技术使得人脸可被记录、可被分析,已有人脸识别系统能够实现从面部特征推断被识别者的年龄、性取向、购物偏好、健康情况、情绪变化等相关信息,因此,人脸也具备了隐私属性。人脸信息是否被视为隐私与信息采集地点的性质关联密切。

部署人脸识别场所按照公共属性可大致分为公共场所、半公共场所与私人场所三类。公共场所以面向全部公众、提供公共服务为显著特征,典型场所如车站、广场;私人场所多指拥有使用权的独立空间,如家、租住的宾馆等;而如商超、公司、学校等场所则因商业、组织性质处于二者的中间地带,属于半公共场所。在未来的非私人场所中,人脸可能面临"无处可藏"的窘境。

(一)公益目的让渡隐私

随着社会智能化进程逐步加快,人物感知、物物相连程度也逐渐加深,这意味着需要更多摄像头、传感器终端等基础设

---

① 王俊秀:《数字社会中的隐私重塑——以"人脸识别"为例》,《探索与争鸣》2020年第2期。

施不间歇地收集数据，全方位描摹现实世界。"天网工程""雪眼工程"等一系列公共治安工程的部署，推动了监控摄像系统向中国各个城市、农村地区覆盖。截至 2019 年年底，全国共有 2 亿台监控摄像头投入使用①。根据 IDC 预测，到 2022 年中国视频监控摄像头部署量将超过 27.6 亿台②。随着智慧城市建设的推进，AI、5G 等技术会继续向监控摄像领域渗透，AI 摄像系统将大量替换传统摄像头。2019 年，AI 摄像头虽仅占监控摄像市场支出总额的 2%，但年复合增长率却达到 42%，远快于 13.9% 的摄像头市场平均增速③。具备识别分析功能的 AI 摄像头在赋能智慧城市的同时，也在让社会变得高度透明。

南方都市报基于一万份问卷得出的报告显示，国内民众对人脸识别技术应用于公共治安领域持支持态度，在各类人脸识别技术部署主体中，政府获得公众信任度最高。然而，在西方国家，由于特定国情与历史文化差异，在公共场所中使用视频监控和面部识别技术被视为对个人生活的过度侵扰，更是对个人隐私的严重侵犯。隐私国际组织向坦帕市颁发 2001 年"美国老大哥奖"的"最差公职人员"，原因是该市用面部识别技术"监视所有超级碗的出席者"。这个年度奖项的制定受到奥威尔的启发，旨在颁发给"在侵犯个人隐私方面做得最多的政

① 潮电智库：《AI+5G+超高清：助力安防监控摄像头行业新爆发》，搜狐网，https：//www.sohu.com/a/397943717_317547，2020 年 5 月 27 日。

② IDC 中国：《公共视频监控网络安全——视频监控市场新热点》，IDC 咨询微信公众号，https：//mp.weixin.qq.com/s/YIDqkQOfXzgUua5jyeot1A，2019 年 1 月 30 日。

③ IDC 咨询：《IDC 首发中国视频监控设备跟踪报告，AI 与 5G 开启视频监控新时代》，IDC 咨询搜狐号，https：//www.sohu.com/a/335170830_718123，2019 年 8 月 20 日。

府机构、公司和组织"。有西方学者认为,在摄像机和监视器的镜头下生活,意味着"牺牲个人自主权,冒着被政府滥用数据的风险来换取视频监控所提供的安全感和秩序感"①。

除因公益需让渡部分个人隐私这一豁免情形外,即便在非私人场所,个人主观上对人脸信息依然享有合理的隐私期待。相比在公共场所出于公益目的部署人脸识别系统,某些半公共场所中基于私益目的部署人脸识别系统的行为往往缺乏合法性。2020年11月,一段"男子戴头盔看房"的短视频将人脸识别技术的滥用问题推向风口浪尖②。有媒体曝出售楼公司为确定客户来源、限制分销商成本,利用人脸识别系统抓拍到访客户,并与已存储在系统中的客户人脸图像匹配验证,以区分自然到访客户和渠道商推介客户。然而,售楼处此举并未提前征求客户同意,客户在不知情的情况下被人脸识别系统无感识别,据称,这一肆意侵犯个人隐私、侵害个人信息权利的行为在业界已成常态。

(二) 社交网络隐私披露

在现实空间中滥用人脸识别技术侵犯隐私尚需为软硬件设备付费,而网络中对人脸隐私的侵犯,几乎相当于享用"免费的午餐"。随着以中心化门户网站为主要特征的 web 1.0 时代渐渐远去,以社交、分享、参与为特征的 web 2.0 时代拉开了帷幕,帷幕之下方兴未艾的社交网络赋予了个人发布信息、对

---

① Mariko Hirose, "Privacy in Public Spaces: The Reasonable Expectation of Privacy against the Dragnet Use of Facial Recognition Technology", *Connecticut Law Review*, Vol. 49, No. 5, 2016, p. 1591.

② 《戴头盔买房少花30万,"人脸识别"用在这里"扎心"了!》,广州网信办,https://www.gzwxb.gov.cn/context/contextId/201493,2020年11月26日。

外传播的权利。用户将日常生活、喜好、心情不断上传生成源源不断的数据流，这些数据塑造了个人的数字身份，也把人与人之间的社会关系编织得更为紧密。2011 年，脸书（Face-Book）上线"标记"功能，即利用人脸识别自动监测用户上传的照片，如果检测照片包含到用户的账户好友，系统就会向用户推荐在照片中标记该好友。在"标记"全面上线不久后，这一明显涉及用户隐私与安全问题的功能就被设定为默认"自动激活"。

　　利用人脸识别技术标记照片、签到、匹配消费地点①等需用户主动参与，此类涉及侵犯隐私的行为尚可被感知，而用户自主上传到网络空间中的私人照片几乎可以被肆意抓取而不留痕迹。2019 年 3 月，IBM 被曝在未获得当事人许可的情况下，从网络图库 Flickr 上抓取近 100 万张照片来训练人脸识别模型②；同年 6 月，微软删除了人脸识别数据集"MS Celeb"，该数据集收纳了受欢迎度前 10 万的公众人物的 1000 万张网络图像，为全球最大的公开人脸识别数据集。数据集中"公众人物"涵盖范围相当广泛，包括作家、记者、音乐家等，然而大部分当事人对此并不知情③；IBM、松下电气、英伟达、商汤科技、旷视科技等知名商业机构都曾使用过该数据集，还有大

---

　　① Yana Welinder, "A Face Tells More Than a Thousand Posts: Developing Face Recognition Privacy in Social Networks", *Harvard Journal of Law & Technology*, Vol. 26, No. 1, Fall 2012, p. 192.

　　② BBC, "IBM Used Flickr Photos for Facial-Recognition Project" (March 13th, 2019), https://www.bbc.com/news/technology-47555216.

　　③ Madhumita Murgia, "Microsoft Quietly Deletes Largest Public Face Recognition Data Set" (June 6, 2019), https://www.ft.com/content/7d3e0d6a-87a0-11e9-a028-86cea8523dc2.

量的私人研究机构曾下载和传播。

二 人脸识别伦理争议

科技伦理即是指科技活动的价值取向与道德准则①。科学技术活动作为一种实现特定目的的手段②，已经深深参与到人们的生活之中，新技术的探索、研发、应用在不触碰法律底线的同时，也应有合乎人类道德的价值追求。科技的发展应以增进人的福祉为根本目的，将尊重人的自主性、人的尊严、承认人的价值作为内在要求③。科技伦理作为一种价值要求，不仅仅是对于科技触达社会的最后一环——科技成果社会应用的约束，而是贯穿科学研究全过程的方向标，所有从事科技活动相关人员都应以此作为指导。人脸识别技术带来的伦理问题，除了备受关注的"全景敞视"下对隐私的侵犯④，人脸识别算法对性别、种族的歧视，以及面部分析对尊严的侵犯，都是人脸识别技术健康发展必须直面的问题。

（一）歧视与平等争议

人脸识别技术伦理争议之一是对不同肤色、不同性别、不同年龄人口的识别准确率存在较大差异，在边境检查、刑侦等特定现实应用场景中引发不平等与歧视问题。造成歧视的一个重要原因是用于开发算法和软件的数据质量存在问题。人脸识别技术的优劣与人脸照片训练集的质量关系密切，用于训练模

---

① 吕耀怀：《科技伦理：真与善的价值融合》，《道德与文明》2001年第1期。
② 甘绍平：《科技伦理：一个有争议的课题》，《哲学动态》2000年第10期。
③ 雷瑞鹏：《科技伦理治理的基本原则》，《国家治理》2020年第3期。
④ Mitchell Gray, "Urban Surveillance and Panopticism：Will We Recognize the Facial Recognition Society?", *Surveillance & Society*, Vol. 1, No. 3, 2002, pp. 314-330.

型的数据库中某种类型人脸图像在数量上的不足，会影响对该类型人脸图像的准确度。此外，由于人脸识别技术依赖于表型特征，光对不同肤色的反射不同从而影响着的人脸图像质量，也可能导致误识别①。

2018 年，计算机科学家蒂姆尼特·格布鲁（Timnit Gebru）发表的开创性论文发现，领先的面部识别软件在识别妇女和有色人种的性别方面，比对男性和白人面孔进行分类要差得多。此后，人们在要求暂停或禁止面部识别软件的呼吁中经常提到对人口偏见的担忧。虽然人脸识别技术的整体准确度近年来取得巨大飞跃，但 NIST 也证实，相对于有色人种或女性，大多数人脸识别技术对于白人男性面孔的准确性更高。在 NIST 的数据库中被分类为非裔美国人或亚洲人的面孔，比被归类为白人的面孔被误认的可能性高出 10 倍到 100 倍。2020 年 6 月，全球最大的科学计算学会纽约市计算机器协会敦促私人和政府停止使用面部识别技术，因为"基于种族、性别和其他人类的明显偏见特征"，损害了特定人口群体中个人的权利。

2020 年 1 月，《大数据》杂志刊发一篇题为"基于面部图像的犯罪倾向检测及性别偏见效应"的文章，文章内容涉及检测罪犯和非罪犯照片中的"犯罪倾向"，并被施普林格·自然（Springer Nature）收录。在电气与电子工程师协会（IEEE）的研究人员收到相关伦理问题反馈后，论文合著者要求撤回该论文。同年 5 月，宾夕法尼亚州的哈里斯堡大学发布消息称，该

① European Union Agency for Fundamental Rights, "Facial Recognition Technology: Fundamental Rights Considerations in the Context of Law Enforcement" (November 27th, 2019), http://fra.europa.eu/sites/default/files/fra_uploads/fra-2019-facial-recognition-technology-focus-paper-1_en.pdf.

校研究人员开发了一种能够预测犯罪分子的面部识别软件，准确性达 80%，且没有种族偏见。研究人员称，"我们的目标是生产出预防犯罪，用于执法和军事的工具，通过自动识别潜在威胁，减少隐性偏见和情绪反应的影响"，"根据面部图像识别犯罪行为，将为执法机构和其他情报机构防止在其指定区域发生犯罪带来重大优势"①。6 月 22 日，超过 2400 名学者签署信函，呼吁所有出版商不要发表类似的研究。该信指出，为警察指出可疑目标的算法工具，往往为自动化方法提供了科学的伪装，这只会加剧刑事司法系统中现有的偏见②。美国的《人脸识别道德使用法案》中也明确提到"已有证据显示人脸识别技术对有色人种、活动家、移民和其他原本就受到不公正对待的群体的不良影响更为显著"③。

人的相貌是人格尊严的一部分，利用人脸形象判断是否具有犯罪倾向，是对人格尊严的漠视；即使声称排除了种族歧视，何尝不是另一种更为隐蔽的、对拥有特定"犯罪"面部特征人群的歧视。应用目的不合乎道德规范，不论技术如何优化，达到何种"准确度"，都是对现有伦理的挑战。

（二）人格尊严争议

2019 年，一款名为"ZAO"的 AI 换脸视频软件在社交网

① Kara Urland, "Harrisburg University Develops Facial Recognition Software to Predict Criminality" (May 6th, 2020), https：//www. abc27. com/local－news/harrisburg/harrisburg－university－develops－facial－recognition－software－to－predict－criminality/.

② Richard Van Noorden, "The Ethical Questions that Haunt Facial－Recognition Research" (November 18th, 2020), https：//www. nature. com/articles/d41586－020－03187－3.

③ 数据法盟：《美国〈人脸识别道德使用法〉草案全文中译本》，全文中译本由数据法盟制作，2020 年 5 月 9 日上传至百度文库，林奕、李芊晔、罗祥译，2020 年 5 月 9 日。

络爆红①。该软件采用深度伪造技术（Deepfakes），将用户上传的人脸形象替换影视片段中的人物形象，效果逼真，一经推出受到用户热捧，也将深度伪造技术带进了公众视野。深度伪造技术是一种利用人工智能合成人体图像或视频的技术，该技术生成的合成品具有高仿真性。2017 年 12 月，美国社交新闻聚合网站 Reddit 上，一名用户将名人的脸换在色情视频主角的身体上，制作名人假色情视频②。在国内某二手交易平台上，只需提供所换对象清晰的照片和视频，花费 150 元就能定制素人 AI 换脸的色情视频，398 元即可提供视频制作教学服务③。

　　深度仿造技术用于影视形象，对演员不够尊重，而用于制作色情视频更是触碰了道德底线。然而随着技术使用门槛不断降低，深度伪造"潘多拉的魔盒"后果已经显现。Reddit 网站的另一名用户创建了一个专门为没有计算机科学背景的用户设计的应用程序，用来辅助制作假色情片；DeepNude 软件允许用户合成裸照，用户上传女性照片后，只需点击一次即可在 30 秒内生成逼真的裸照④。

　　除了用于伪造色情图像，深度伪造还被用于伪造政客视频

---

① 程子姣、罗亦丹、白金蕾：《ZAO 爆红：隐私、版权等存忧　AI 换脸曾制作淫秽视频》，《新京报》2019 年 8 月 31 日，https：//tech. ifeng. com/c/7paPdkiECQA。

② Samantha Cole，"We are Truly Fucked：Everyone is Making AI-Generated Fake Porn Now"（January 25th，2018），https：//www. vice. com/en/article/bjye8a/reddit-fake-porn-app-daisy-ridley，2018-01-25.

③ 新京报：《AI 换脸调查：淫秽视频可定制女星 700 部百元打包卖》，中国新闻网，https：//www. chinanews. com/sh/2019/07-18/8898504. shtml，2019 年 7 月 18 日。

④ Samantha Cole，"This Horrifying App Undresses a Photo of Any Woman with a Single Click"（July 2rd，2019），https：//ispr. info/2019/07/02/this-horrifying-app-undresses-a-photo-of-any-woman-with-a-single-click/.

进行诽谤①、制作假视频诈骗勒索赎金，成为非法犯罪的工具。而利用深度伪造制作的让普通公众难辨真假的假新闻，可能会严重扰乱社会秩序，加剧全球"后真相"危机②。深度伪造技术带来了一场对"真实的博弈"③，不断挑战着公共伦理。

三 国内外学术史梳理

国内外文献梳理发现，人脸识别应用的风险隐患主要来自人脸特征、虹膜数据、肖像轮廓等生物特征数据的泄露、复制、伪造、交易与滥用④⑤⑥⑦。申言之：

（一）隐私风险及其防范研究

国内研究近年来开始反思人脸识别引发的隐私、安全风险，并从技术、治理与法规等视角提出消解风险的路径。

从"人脸识别厕纸机""人脸识别垃圾箱"，到"'刷脸'

---

① Consumer Discretionary, Information Technology, "'Politicians Fear This Like Fire': The Rise of the Deepfake and the Threat to Democracy" (June 22rd, 2019), https：//creatingfutureus. org/politicians-fear-this-like-fire-the-rise-of-the-deepfake-and-the-threat-to-democracy/.

② Henry Ajder, "The Ethics of Deepfakes Aren't Always Black and White" (June 16th, 2019), https：//thenextweb. com/news/the-ethics-of-deepfakes-arent-always-black-and-white.

③ 陈根：《从深度合成到深度伪造，一场关于真实的博弈》，澎湃新闻网，https：//www. thepaper. cn/newsDetail_forward_10962497，2021 年 1 月 28 日。

④ Patrizio Campisi, "Security and Privacy in Biometrics：Towards a Holistic Approach," Patrizio Campisi, (ed.) *Security and Privacy in Biometrics*, London：Springer, 2013, pp. 1-23.

⑤ Kelly A. Gates, *Our Biometric Future：Facial Recognition Technology and the Culture of Surveillance*, New York, NY：NYU Press, 2011.

⑥ 郭春镇：《数字人权时代人脸识别技术应用的治理》，《现代法学》2020 年第 4 期。

⑦ 林凌、贺小石：《人脸识别的法律规制路径》，《法学杂志》2020 年第 7 期。

支付、安检""智慧课堂"，再到"AI 换脸""深度伪造"，人脸识别应用自 2019 年始在国内引发隐私安全方面的普遍担忧①②。在上述日常生活场景中，人脸识别技术采集和处理高度敏感、极易获取、不可更改的面部信息，通过算法与数据库中存储的人脸特征模板进行搜索、匹配，从而对个人进行身份识别、认证、确认、辨认与分类，对隐私和个人信息造成高风险③。由于图像和模板等面部信息不易被删除，因而进一步威胁到数据主体的隐私④。人脸识别应用还能感知其他无法验证的个人信息，比如个人的运动记录和人际关系⑤，甚至可以通过基于面部的判断来揭示个人的正直、个性、智力、性取向、政治观念和暴力倾向等⑥。

因此，国内外学界十分重视人脸识别应用中个人隐私与数据的保护，代表性研究可分为以下三种路径：一是基于信息技术的视角，将隐私保护融入人脸识别的系统设计中，探讨通过

① 蒋洁：《人脸识别技术应用的侵权风险与控制策略》，《图书与情报》2019 年第 5 期。

② 邓秀军、刘梦琪：《凝视感知情境下"AI 换脸"用户的自我展演行为研究》，《现代传播（中国传媒大学学报）》2020 年第 8 期。

③ Thiago Guimarães Moraes, Eduarda Costa Almeida and José Renato Laranjeira de Pereira, "Smile, You are Being Identified! Risks and Measures for the Use of Facial Recognition in (Semi-) Public Spaces", *AI and Ethics*, Vol. 1, No. 2, 2021, pp. 159-172.

④ Catherine Tucker, "Privacy, Algorithms, And Artificial Intelligence", A. Agrawal, J. Gans, & A. Goldfarb (Eds.), *The Economics of Artificial Intelligence: An Agenda*, Chicago, IL: University of Chicago Press, 2019, pp. 423-437.

⑤ Marcus Smith and Seumas Miller, "The Rise of Biometric Identification: Fingerprints and Applied Ethics", Marcus Smith and Seumas Miller, (eds.) *Biometric Identification, Law and Ethics*, Cham: Springer International Publishing, pp. 1-19.

⑥ Michal Kosinski, "Facial Recognition Technology Can Expose Political Orientation From Naturalistic Facial Images", *Scientific Reports*, Vol. 11, No. 1, 2021, Article 100.

加密算法、访问控制等技术手段保障人脸识别数据的安全①；二是基于数字社会的视角，将个人识别纳入数据治理的框架中，提出保护个人信息的原则②；三是基于法律规制的视角，比较国内外对人脸识别的规制与路径，为完善我国立法规制建言献策③④。其他研究还指出，人脸信息属于生物特征信息，具有唯一性、不可更改性、直接识别性、不可匿名性等特征，且易采集而难保护，因而需要受到更强的法律规制与保护力度⑤。

此外，知情同意是确保个人数据处理不侵犯隐私的核心手段，但由于人脸识别应用可在不知不觉中获得生物识别信息，无须实际接触、侵入或借助外力，个人知情同意原则极易被忽略而失效⑥。收集和处理人脸信息等敏感信息时，容易造成知情同意原则的失效。在公共监控等某些情况下，使用人脸识别技术将强制同意生物识别信息的收集，引发对州与公民之间权力不平衡的担忧⑦。例如，旅客被迫通过人脸识别系统接受检

---

① 王乔晨、吴振刚：《人脸识别应用系统中的安全与隐私问题综述》，《新型工业化》2019年第5期。

② 王俊秀：《数字社会中的隐私重塑——以"人脸识别"为例》，《探索与争鸣》2020年第2期。

③ 洪延青：《人脸识别技术的法律规制研究初探》，《中国信息安全》2019年第8期。

④ 王德政：《针对生物识别信息的刑法保护：现实境遇与完善路径——以四川"人脸识别案"为切入点》，《重庆大学学报》（社会科学版）2021年第2期。

⑤ 邢会强：《人脸识别的法律规制》，《比较法研究》2020年第5期。

⑥ Neil C. Manson and Onora O'Neill, *Rethinking Informed Consent in Bioethics*, Cambridge：Cambridge University Press, 2007.

⑦ Margit Sutrop and Katrin Laas-Mikko, Sutrop, "From Identity Verification to Behavior Prediction：Ethical Implications of Second Generation Biometrics", *Review of Policy Research*, Vol. 29, No. 1, 2012, pp. 21-36.

查，如机场的闭路电视①。人脸识别技术的使用将逐渐侵蚀
"意志自由"，这是康德伦理学体系的核心。再者，最初为某一
特定目的收集的数据可能很容易与其他目的联系在一起，导致
生物统计学的功能潜变②。如果一些人无法理解数据使用的政
策条款，则其他因素（如个人对人脸识别技术使用的相关了
解）会对个人自主性造成影响。此外，由于关于条款和条件的
信息过多而导致的同意疲劳会影响一个人的自主，并可能导致
"礼貌性疏忽"，即对他人表现出适当冷漠的社会规范③④。

（二）安全风险及其防范研究

人脸识别的公共应用范围广泛，例如，为防范暴力、加强
安保而在机场等公共区域安装系统，旨在保护社区免受潜在的
恐怖袭击和犯罪活动⑤⑥。然而，由于个人数据分布不均以及

---

① Anne-Marie Oostveen et al. , "Child Location Tracking in the Us and the Uk: Same Technology, Different Social Implications", *Surveillance and Society*, Vol. 12, No. 4, 2014, pp. 581-593.

② Mark Andrejevic and Neil Selwyn, "Facial Recognition Technology in Schools: Critical Questions and Concerns", *Learning, Media and Technology*, Vol. 45, No. 2, 2020, pp. 115-128.

③ Lambèr Royakkers et al. , "Societal and Ethical Issues of Digitization", *Ethics and Information Technology*, Vol. 20, No. 2, 2018, pp. 127-142.

④ Tamar Sharon and Bert-Jaap Koops, "The Ethics of Inattention: Revitalising Civil Inattention as a Privacy-Protecting Mechanism in Public Spaces", *Ethics and Information Technology*, Vol. 23, No. 3, 2021, pp. 331-343.

⑤ Rahul Hazare, "Facial Recognition Technology and Detection of over Sexuality in Private Organizations Combined with Shelter House. Baseline Integrated Behavioural and Biological Assessment among Most at-Risk Low Standards Hope Less Institutions in Pune, India", *Advanced Research in Gastroenterology & Hepatology*, Vol. 11, No. 4, 2018, Article 555816.

⑥ Marcus Smith and Seumas Miller, "The Rise of Biometric Identification: Fingerprints and Applied Ethics", Marcus Smith and Seumas Miller, (eds.) *Biometric Identification, Law and Ethics*, Cham: Springer International Publishing, 2021, pp. 1-19.

算法的价值观偏差，人脸识别应用会导致对特定个人或群体的歧视，或以有害的方式影响未被充分代表的人群和少数族裔，并可能造成不同社会阶层之间的隔离和孤立，带来精神上的不安全①②。作为一种弱人工智能技术，人脸识别是一种不断发展的科学诊断工具，由于技术复杂且基于计算机，会招致来自技术本身及其收集数据的安全威胁③④。人脸信息作为生物识别数据具有数字和个人特性，容易遭受黑客攻击，且数据很容易被滥用或伪造，因而人脸识别存在潜在的生物安全威胁⑤。

国外学界长期以来对人脸识别引发的安全问题保持警惕与批判，评估该技术可能造成的安全风险、跟踪调研公众对人脸识别应用的态度、探讨特定应用场景中个人信息及财产的安全方案。人脸识别技术在国外市场崭露头角之时，一些研究者便指出，行业自律缺失、生物识别数据法律规制缺位等情况下，应当暂停使用该项技术，以评估大规模应用可能对个人物质、精神安全以及公共安全造成的风险与影响。此后，国外学界一直对人脸识别的安全保障问题保持关注。相关研究主要从以下三方面展开：一是重点考察人脸识别技术在公共安全与执法方

---

① Jeremy Wickins, "The Ethics of Biometrics: The Risk of Social Exclusion from the Widespread Use of Electronic Identification", *Science and Engineering Ethics*, Vol. 13, No. 1, 2007, pp. 45-54.

② Wendy Espeland and Vincent Yung, "Ethical Dimensions of Quantification", *Social Science Information*, Vol. 58, No. 2, 2019, pp. 238-260.

③ 胡凌：《刷脸：身份制度、个人信息与法律规制》，《法学家》2021年第2期。

④ Kristine Hamann and Rachel Smith, "Facial Recognition Technology: Where Will It Take Us", *Criminal Justice*, Vol. 34, No. 1, 2019, pp. 9-13.

⑤ Philip Brey, "Ethical Aspects of Facial Recognition Systems in Public Places", *Journal of Information, Communication and Ethics in Society*, Vol. 2, No. 2, 2004, pp. 97-109.

面的应用，并全面探讨该应用给个人安全或其他权利带来的挑
战①；二是通过问卷、访谈等形式调研公众对人脸识别应用的
态度，研究发现，公众态度主要取决于安全和效率之间的权衡
结果②，人们对人脸识别用于打击恐怖主义的接受度更高，而
对执法部门使用该技术则有明确的"理由阈值"（thresholds of
justification）③；三是探讨特定场景下人脸识别应用的安全风
险，尤其关注社交媒体中的安全应用，并从法律、技术、商业
三个层面提出安全方案④。

（三）监控风险及其防范研究

国外关于人脸识别中监控文化以及伦理风险的研究起步较
早。早在 2010 年，美国国家研究委员会（National Research
Council）联合多个研究机构发布了有关生物识别技术挑战的报
告；凯利·盖茨（Kelly A. Gates）在其专著《我们的生物识别
未来》中深入探讨了人脸识别与面部监控的风险和担忧⑤；

----

① European Union Agency for Fundamental Rights, "Facial Recognition Technolo-gy: Fundamental Rights Considerations in the Context of Law Enforcement" (November 27th, 2019), http://fra. europa. eu/sites/default/files/fra_uploads/fra - 2019 - facial - recognition-technology-focus-paper-1_en. pdf.

② Ben Bradford et al., "Live Facial Recognition: Trust and Legitimacy As Predic-tors of Public Support For Police Use of New Technology", *The British Journal of Criminol-ogy*, Vol. 60, No. 6, 2020, pp. 1502-1522.

③ Léa Steinacker et al., "Facial Recognition: A Cross-National Survey on Public Acceptance, Privacy, and Discrimination" (July 15th, 2020), https://arxiv. long-hoe. net/abs/2008. 07275.

④ Mark Andrejevic and Neil Selwyn, "Facial Recognition Technology in Schools: Critical Questions and Concerns", *Learning, Media and Technology*, Vol. 45, No. 2, 2020, pp. 115-128.

⑤ Kelly A. Gates, *Our Biometric Future: Facial Recognition Technology and the Culture of Surveillance*, New York: NYU Press, 2011.

2019 年，欧盟基本人权署（European Union Agency for Fundamental Rights）发布《人脸识别技术：执法中的基本权利考虑》，全面探讨了人脸识别中隐私侵权问题[1]；另有研究者发布报告，向决策者强调人脸识别的高层次隐私和偏见影响[2]。

信息技术的发展使福柯的"全景监狱"概念逐渐成真。实际上，网络社会的数据库、电子印记以及遍布街道的监视器等构成一个更大规模的"全景监狱"。马克·博斯特将其称为"超级全景监狱"。如果说，"全景监狱"是由各种机构在一定的时间、场所实施的监视和规训，"超级全景监狱"则渗透到人们的日常生活之中，其监视与规训没有时间限制和空间限制。换言之，"超级全景监狱"成为一种当前的社会状态[3]。"与全景监狱所不同的是，这'囚犯居民'无须关在任何建筑物中居住；他们只须继续进行其刻板的日常生活即可。"[4]

正因如此，美国社会学家马尔克斯提出"监视社会"的概念。所谓"监视社会"，是指"为了达到绝对的社会控制而被计算机监视技术所包围的现代社会"[5]。但随着信息技术的发

---

① European Union Agency for Fundamental Rights, "Facial Recognition Technology: Fundamental Rights Considerations in the Context of Law Enforcement" (November 27th, 2019), http://fra.europa.eu/sites/default/files/fra_uploads/fra-2019-facial-recognition-technology-focus-paper-1_en.pdf.

② Douglas Yeung, Rebecca Balebako, Carlos Ignacio Gutierrez and Michael Chaykowsky, *Face recognition technologies: Designing systems that protect privacy and prevent bias*, Santa Monica, CA: Rand Corporation, 2020.

③ ［加］戴维·莱恩:《监视理论的阐释：历史与批判视角》，刘建军译，《政法论丛》2012 年第 1 期。

④ ［美］马克·波斯特:《第二媒介时代》，范静哗译，南京大学出版社 2000 年版，第 97 页。

⑤ Gary T. Marx, *Undercover: Police Surveillance in America*, Oakland: University of California Press, 1988.

展，监视的主体和方式都发生改变。监视不再是国家的特权，每一个数据收集者都已成为新的"监视者"，每个人既是监视者，也是被监视者。"人的身体也可能会以新的方式被观察、评价和控制……身体本身作为一个监视数据资源"。① 在后现代的监视社会里，监视突破了时空界限，几乎无处不在，让人无所遁形。

综合对比国内外研究，可以发现：一是国外学者对人脸识别中隐私问题的探讨更为具体，已从相关法律规制、数字治理的横向比较深入具体场景中的风险评估，并重视对公众态度的调研；二是国内外有关人脸识别应用与生物识别数据相结合的研究较少，尤其忽略了隐私安全、监控文化、人格尊严、自主决策、公平正义等伦理层面的探讨。因此，本研究结合场景理论、风险评估理论，探讨不同场景中人脸识别应用对个人信息（尤其是生物识别信息）的保护伦理与防范措施，并区分应用场景调研公众意见，从而为决策提供参考。

综上可知，国内外研究不太同步，比较国内外研究可发现：

第一，国内外研究共识：人脸识别应用兼具高便捷、高风险的特性，应平衡利益与安全，强化隐私保护；生物识别信息属于高度敏感的个人隐私，具有唯一标识、难以更改等特征，易采集而难保护，面临巨大的隐私、安全和伦理风险，因而需要受到更严格的制度规制。

第二，国内研究不足：国内研究普遍认识到，在生物识别

_____

① ［加］戴维·莱恩：《监视理论的阐释：历史与批判视角》，刘建军译，《政法论丛》2012 年第 1 期。

信息"利用与保护"的失衡关系中应偏向"保护",但多是从技术、治理、法律的角度谈"总体保护",很少区分应用场景、区分信息类型开展风险评估和分类分级保护,也较少区分场景探讨伦理争议、调查公众态度。

第三,国内外研究不足:国内外将人脸识别应用与生物识别信息相结合的研究较少,尤其忽略二者间的便捷与隐私、利益与安全、财产与尊严等伦理悖论的探讨,且缺少交叉学科、多理论视角的研究。

因此,本书结合场景理论、风险评估理论和分级理论,以"人脸识别应用的风险争议、公众态度与分类规制"为主题,探讨不同应用场景中的伦理争议、公众态度,探索生物识别信息的分类分级保护制度。研究的理论价值体现在:

一是探索人脸识别的伦理准则和价值规范,应对"科林格里奇困境"(Collingridge's Dilemma)。"科林格里奇困境"是指:一项技术在应用早期的风险难以准确预测,而当不良后果产生时,该技术往往已经难以控制。本研究认为,人脸识别即是如此,其应用与社会发展之间存在张力,包括隐私与便捷、尊严与利益、自主与控制等伦理悖论,需要探索"可修正""可控制""可选择"的价值规范。这一探索响应了2022年中共中央《关于加强科技伦理治理的意见》中的要求。

二是提出人脸识别中个人信息的三级属性理论,完善隐私分级保护制度。本研究提出,人脸识别应用中处理的个人信息,因其类型、场景、情景不同,分为"强公共—弱公共—强私人"三级,可对应实施"弱—一般—强"的分级保护模式。这一理论可回应2021年《数据安全法》第21条的规定——

"完善数据分类分级保护制度"。

研究的现实意义包含两个方面：

一是为制定人脸识别应用规制、智能技术风险防范的"中国标准"提供决策参考。人脸识别是智能时代的密钥，应规避"先污染、后治理"的老路，也要与严格规制"公共性场景"应用的"欧美标准"相区别。"维护公共安全和利益"是2021年《个人信息保护法》对人脸识别的明确要求，因此，本研究提出基于"公共性"的分类规制是对这一要求的具体阐释。

二是探讨"合法、正当、必要""知情同意"等个人信息保护基本原则在人脸识别规制中的局限与修正，并结合欧美经验、中国国情和公众态度，为我国相关制度和细则的出台提供借鉴。这是为响应《个人信息保护法》第62条的要求："针对人脸识别、人工智能等新技术、新应用，制定专门的个人信息保护规则、标准。"

第二章　人脸识别侵权的跨国比较案例分析*

第一节　新的"科林格里奇困境"

随着计算机视觉技术的发展和算法的优化改进，人脸识别技术作为一种识别、验证、鉴定个体身份的手段，迅速席卷多类应用场景。人脸识别设备的大规模生产，使得人脸识别技术可广泛应用于公共和私营部门①。新冠疫情大流行期间，人脸识别应用减少了人与人之间的社交接触，从而限制了疾病的传播②。与指纹、虹膜和语音识别等其他生物识别技术相比，人

---

* 本章改编自王敏（通讯作者）发表的英文论文"Regulating the Use of Facial Recognition Technology across Borders: A Comparative Case Analysis of the European Union, the United States, and China"（原载 *Telecommunications Policy* 2024 年第 47 卷）。陈文浩博士对本文亦有贡献。

① Neil Selwyn, Liz Campbell and Mark Andrejevic, "Autoroll: Scripting the Emergence of Classroom Facial Recognition Technology", *Learning, Media and Technology*, Vol. 48, No. 1, February 2022, pp. 166–179.

② Yongping Zhong, Segu Oh and Hee Cheol Moon, "Service Transformation Under Industry 4. 0: Investigating Acceptance of Facial Recognition Payment Through an Extended Technology Acceptance Model", *Technology in Society*, Vol. 64, February 2021, Article 101515.

脸识别更为高效、便捷①。相对较低的准入门槛，加之大型平台的广泛应用，使得人脸识别用户数量不断增长，预计到 2025年，全球人脸识别用户将超过 14 亿；到 2027 年，全球人脸识别市场总值将达到 130 亿美元②。

　　然而，人脸识别技术的广泛应用形成了经典的"科林格里奇困境"：一项技术在应用早期的风险难以预测，而当不良后果产生时，该技术往往已经难以控制③④。人脸识别技术的盛行可能会带来一些不理想的后果，第一个是偏见和歧视被强化。事实上，这项技术长期以来被描述为"存在偏见、性别歧视和种族主义"⑤，问题在于，早在设计技术时并无此意，但系统提供的决策信息可能会突出用户的肤色、面部表情和面部特征等属性，从而对性别、种族、阶级、性取向（尤其是同性恋）等产生社会影响。当获得足够多的面部图像样本时，这些人脸识别系统会标记特定的对象，并以不同的方式对待他们⑥。

---

　　①　Muhtahir Oloyede, Gerhard P. Hancke and Herman Myburgh, "A Review on Face Recognition Systems: Recent Approaches and Challenges", *Multimedia Tools and Applications*, Vol. 79, October 2020, pp. 27891-27922.

　　②　Tambiama Madiega and Mildebrath, "Regulating Facial Recognition in the Eu. European Parliamentary Research Service", 2021, https://www. europarl. europa. eu/RegData/etudes/IDAN/2021/698021/EPRS_IDA（2021）698021_EN. pdf.

　　③　David Collingridge, *The Social Control of Technology*, St: Martin's Press, 1980.

　　④　Olya Kudina and Peter-Paul Verbeek, "Ethics from Within: Google Glass, the Collingridge Dilemma, and the Mediated Value of Privacy", *Science*, *Technology & Human Values*, Vol. 44, No. 2, February 2019, pp. 291-314.

　　⑤　Vitor Albiero, Kai Zhang, Michael King and Kevin W. Bowyer, "Gendered Differences in Face Recognition Accuracy Explained By Hairstyles, Makeup, And Facial Morphology", *IEEE Transactions on Information Forensics and Security*, Vol. 17, 2022, pp. 127-137.

　　⑥　胡凌：《刷脸：身份制度、个人信息与法律规制》，《法学家》2021 年第 2 期。

当某些类型的面部图像，例如少数族裔或女性的面部图像，在人脸识别技术训练数据集中因代表性不足而无法被准确识别时，偏见就会产生，导致他们无法享受应有的权利或服务，甚至被社会排斥①。即使这种识别在技术上是准确的，但基于种族或性别等社会属性来识别用户，本质上即带有歧视性，这样做混淆了用户的生物属性和社会属性②。因此，人脸识别应用可能会将用户的性别、种族、阶层、地位甚至性偏好纳入决策系统，不可避免地使社会固有的不平等、排斥和歧视永久化③。

　　人脸识别应用的第二个潜在不良后果是，在自动收集大量敏感生物识别信息的过程中，个人隐私受到侵犯。无处不在的人脸识别甚至会泄露个人属性的各个方面，如诚信状况、智力水平、政治信仰和暴力倾向等④。其结果可能是"功能潜变"现象，在这种情况下，涉及对生物特征数据未经授权的二次使用⑤。一旦面部图像作为生物特征数据被第三方处理，控制这

---

① Nina Hallowell, Louise Amoore, Simon Caney and Peter Waggett, "Ethical Issues Arising From the Police Use of Live Facial Recognition Technology. Interim Report of the Biometrics and Forensics Ethics Group Facial Recognition Working Group", February 2019, https://assets. publishing. service. gov. uk/media/5c755ffc40f0b603d660be32/Facial_Recognition_Briefing_BFEG_February_2019. pdf.

② Mark Andrejevic and Neil Selwyn, "Facial Recognition Technology in Schools: Critical Questions and Concerns", *Learning*, *Media and Technology*, Vol. 45, No. 2, 2020, pp. 115-128.

③ Luke Stark, "Facial Recognition is the Plutonium of AI", *XRDS: Crossroads*, *The ACM Magazine for Students*, Vol. 25, No. 3, April 2019, pp. 50-55.

④ Michal Kosinski, "Facial Recognition Technology Can Expose Political Orientation From Naturalistic Facial Images", *Scientific Reports*, Vol. 11, January 2021, pp. 1-7.

⑤ Ann Cavoukian, Michelle Chibba, and Alex Stoianov, "Advances in Biometric Encryption: Taking Privacy By Design From Academic Research to Deployment", *The Review of Policy Research*, Vol. 29, No. 1, January 2021, pp. 37-61.

些数据的人就可以通过"综合信息分析"推断出更多数据主体的隐私信息，如社会关系、行为习惯、情绪和生活状况，进一步侵犯隐私①。由于面部图像的收集、共享和处理是"非接触式的"，因此对个人心理健康、物质财富和个人尊严的伤害可能不容易被察觉。由于被忽视，数据主体没有机会及时采取纠正措施，危害可能被强烈放大②。

第三，人脸识别技术的使用可能侵犯个人自主权，即个人根据其价值观和信仰决定其行动和决策的能力③。例如，当局使用人脸识别技术作为安全基础设施（如闭路电视）的一部分时④，知情同意，即主体对处理其个人数据的授权⑤，通常被用于生物识别信息收集的"强制同意"所取代。当被要求同意使用人脸识别技术时，知情条款和条件协议中的大量信息也会让用户产生"同意疲劳"⑥。此外，人脸识别技术还可能限制个人保持"礼貌性疏忽"的能力，即限制在公共场所对他人表现

---

① 胡凌：《刷脸：身份制度、个人信息与法律规制》，《法学家》2021 年第 2 期。

② 顾理平：《智能生物识别技术：从身份识别到身体操控——公民隐私保护的视角》，《上海师范大学学报》（哲学社会科学版）2021 年第 5 期。

③ Dorota Mokrosinska, "Privacy and Autonomy: On Some Misconceptions Concerning the Political Dimensions of Privacy", *Law and Philosophy*, Vol. 37, No. 2, April 2018, pp. 117-143.

④ Sunil Patil, Bhanu Patruni, Dimitris Potoglou and Neil Robinson, "Public Preference For Data Privacy-A Pan-European Study on Metro/Train Surveillance", *Transportation Research Part A: Policy and Practice*, Vol. 92, October 2016, pp. 145-161.

⑤ Margit Sutrop and Katrin Laas-Mikko, "From Identity Verification to Behavior Prediction: Ethical Implications of Second Generation Biometrics", *The Review of Policy Research*, Vol. 29, No. 1, January 2012, pp. 21-36.

⑥ Lambèr Royakkers, Jelte Timmer, Linda Kool and Rinie van Est, "Societal and Ethical Issues of Digitization", *Ethics and Information Technology*, Vol. 20, No. 2, March 2018, pp. 127-142.

出兴趣的社会规范①。在这种情况下，人脸识别技术和个人自主之间无法调和的矛盾可能会有损个体的权利和言论自由②③。

第四，人脸识别技术甚至可能威胁到公共安全，因为面部信息（包括图像和模板）并不容易被删除，一旦被收集，数据主体将面临更大风险④。生物识别信息的特性使其容易被黑客攻击和滥用，导致潜在的生物安全威胁⑤。然而，目前与人脸识别技术相关的政策还不够完备，监管法律也不明确⑥。事实上，即使在欧盟、美国和中国等主要司法管辖区，也几乎没有适用于人脸识别技术的有约束力的规则⑦。

随着人脸识别技术使用量的快速增长，由于缺乏控制人脸

---

① Tamar Sharon and Bert‐Jaap Koops, "The Ethics of Inattention: Revitalising Civil Inattention As a Privacy‐Protecting Mechanism in Public Spaces", *Ethics and Information Technology*, Vol. 23, January 2021, pp. 331‐343.

② Ben Bradford, Julia Yesberg, Jonathan Jackson and Paul Dawson, "Live Facial Recognition: Trust and Legitimacy As Predictors of Public Support For Police Use of New Technology", *The British Journal of Criminology*, Vol. 60, No. 6, November 2020, pp. 1502‐1522.

③ Gary K. Y. Chan, "Towards a Calibrated Trust‐Based Approach to the Use of Facial Recognition Technology", *International Journal of Law and Information Technology*, Vol. 29, No. 4, Winter 2021, pp. 305‐331.

④ Ajay Agrawl, Joshua Gans and Avi Goldfarb eds. *The Economics of Artificial Intelligence: An Agenda*, Chicago: University of Chicago Press, 2019, pp. 423‐437.

⑤ Feng Zeng Xu, Yun Zhang, Tingting Zhang and Jing Wang, "Facial Recognition Check‐In Services At Hotels", *Journal of Hospitality Marketing & Management*, Vol. 30, No. 3, 2021, pp. 373‐393.

⑥ Xiaojun Lai and Pei‐Luen Patrick Rau, "Has Facial Recognition Technology Been Misused? a Public Perception Model of Facial Recognition Scenarios", *Computers in Human Behavior*, Vol. 124, November 2021, Article 106894.

⑦ Tambiama Madiega and Hendrik Mildebrath, "Regulating Facial Recognition in the Eu. European Parliamentary Research Service", 2021, https://www. europarl. europa. eu/RegData/etudes/IDAN/2021/698021/EPRS_IDA(2021)698021_EN. pdf.

识别技术的知识，法律方面也出现了困难①。与此同时，越来越多关于滥用人脸识别技术的案例被报道出来，特别是在私营部门②。在法庭上处理这些案件时，就会出现"科林格里奇困境"，控制后果既不及时、成本又高。对此，本书的重点是三个重要案例：

- 2022 年 2 月 10 日，欧洲数据保护委员会宣布对美国面部识别公司 Clearview AI 提起诉讼③。意大利监管局（Supervisory Agency）依据《通用数据保护条例》对该公司罚款 2000 万欧元。

- 2020 年 1 月，脸书被罚款 5.5 亿美元，作为其卷入的面部识别诉讼的处罚（Patel 诉脸书案）。此案件涉及的伊利诺伊州《生物识别信息隐私法案》，是美国第一部规范生物识别信息的法律④。

- 2021 年 9 月，中国消费者顾某起诉了城关物业公司，因为该公司使用人脸识别系统作为小区的门禁系统，却没有提供替代手段。天津市法院判决该公司删除顾某的面

---

① Vera Lúcia Raposo，"The Use of Facial Recognition Technology By Law Enforcement in Europe：A Non-Orwellian Draft Proposal"，*European Journal on Criminal Policy and Research*，Vol. 29，June 2022，pp. 515–533.

② Gabrielle M. Haddad，"Confronting the Biased Algorithm：The Danger of Admitting Facial Recognition Technology Results in the Courtroom"，*Vanderbilt Journal of Entertainment & Technology Law*，Vol. 23，No. 4，2021，pp. 891–917.

③ European Data Protection Board，"Facial Recognition：Italian Sa Fines Clearview Ai Eur 20 Million"（10 March，2022），https：//edpb. europa. eu/news/national-news/2022/facial-recognition-italian-sa-fines-clearview-ai-eur-20-million_en.

④ Illinois General Assembly，"Biometric Information Privacy Act，740 I. C. S. 14/1"，2008，https：//www. ilga. gov/legislation/ilcs/ilcs3. asp？ ActID = 3004&ChapterID = 57&Print = True.

部信息，并赔偿顾某 6200 元人民币（顾某诉城关物业案）。

基于这三个不同司法管辖区的案例，本研究探讨各司法辖区如何判断私营部门对人脸识别技术的合法或非法使用。通过确定共同的法律原则，本研究提出了规范该技术的潜在国际标准，以应对该技术被跨国界滥用的问题。

第二节　人脸识别应用的法律、法规和规则

一　欧盟法律：从下游到上游的治理

在制定保护个人数据和监管人工智能系统的国际标准方面，欧盟发挥了主导作用。任何生物特征数据的收集或处理都受《欧盟基本权利宪章》（以下简称《欧盟宪章》）以及有关个人数据保护和非歧视的先行二级立法监管①。《欧盟宪章》旨在确保对基本权利的高水平保护；与此相关的是人的尊严权（第 1 条）、尊重私人生活和保护个人数据（第 7 条和第 8 条）以及不歧视（第 21 条）②。尤为重要的是，《欧盟宪章》第 8 条明确承认个人数据保护权，在定义隐私方面发挥了先驱作

---

① Emilio Mordini and Dimitros Tzovaras, eds. , *Second Generation Biometrics：The Ethical, Legal and Social Context*, Springer, 2012.

② European Commission, "Proposal for a Regulation of the European Parliament and of the Council Laying Down Harmonised Rules on Artificial Intelligence（Artificial Intelligence Act）and Amending Certain Union Legislative Acts", 2021, https：//eur-lex. europa. eu/resource. html? uri = cellar: e0649735 - a372 - 11eb - 9585 - 01aa75ed71 a1. 0001. 02/DOC_1&format = PDF.

用，并影响了随后有关隐私权概念的法律的发展①。

关于二级立法，《通用数据保护条例》第 5 条规定了在处理个人信息时尊重个人基本权利的有力原则，包括"公平性、合法性和透明度""目的限制""数据最小化""准确性""存储限制"和"完整性和保密性"。基于这些原则，《通用数据保护条例》对包括人脸识别技术在内的人工智能技术进行了规范，强调针对数据处理的特定目的实施适当的技术和组织措施（如事先咨询和数据保护影响评估），从而对各行各业和各种背景下的所有利益相关者的人脸识别技术实施全面严格的监管②③④。除上述原则外，《通用数据保护条例》的核心是"设计保护隐私"和"默认保护隐私"⑤。一方面，"设计保护隐私"结合"透明性"原则，是降低人脸识别技术设计中固有风险的有效途径。另一方面，"默认保护隐私"的目的是通过采取建立相对较短的数据保留时间和限制个人数据的可访问性

————————

①　Maja Brkan，"The Essence of the Fundamental Rights to Privacy and Data Protection：Finding the Way Through the Maze of the Cjeu'S Constitutional Reasoning"，*German Law Journal*，Vol. 20，No. 6，September 2019，pp. 864-883.

②　Vera Lúcia Raposo，"The Use of Facial Recognition Technology By Law Enforcement in Europe：A Non-Orwellian Draft Proposal"，*European Journal on Criminal Policy and Research*，Vol. 29，June 2022，pp. 515-533.

③　Vera Lúcia Raposo，"（Do not）Remember My Face：Uses of Facial Recognition Technology in Light of the General Data Protection Regulation"，*Information and Communications Technology Law*，Vol. 32，No. 1，March 2022，pp. 45-63.

④　Feng Zeng Xu，Yun Zhang，Tingting Zhang and Jing Wang，"Facial Recognition Check-In Services At Hotels"，*Journal of Hospitality Marketing & Management*，Vol. 30，No. 3，2021，pp. 373-393.

⑤　Michelle Goddard，"The EU General Data Protection Regulation（Gdpr）：European Regulation That Has a Global Impact"，*International Journal of Market Research*，Vol. 59，No. 6，November 2017，pp. 703-705.

等措施，确保以最能保护隐私的方式处理个人数据①。其他义务是《数据保护执法指令》所特有的，包括明确区分个人数据和其他各类数据主体，以及在处理个人敏感数据时采取特别预防措施的严格义务。

2021 年 4 月公布的《欧盟人工智能法案提案》是第一个由主要司法管辖区实施的专门针对人工智能的法律。该提案为人工智能系统的提供者和用户规定了义务，并遵循基于风险的方法，将人工智能的使用区分为：一是不可接受的风险；二是高风险；三是低风险或最小风险。② 基于这一分类，欧盟计划禁止"实时"远程生物识别和基于人工智能的社会评分系统，并加强对特定领域高风险人工智能应用的限制。

个人数据保护权是《欧盟宪章》规定的一项基本权利。在人脸识别应用程序侵犯个人隐私时，《欧盟宪章》支持个人的合法权利。在这方面，《欧盟宪章》采用"下游"方法保护隐私。③ 目前，《通用数据保护条例》中的"设计保护隐私"和"默认保护隐私"概念通过自动化和自主程序为隐私保护提供了一个全面的框架④。《人工智能法案》旨在建立一个"值得

---

① Anna Romanou, "The Necessity of the Implementation of Privacy By Design in Sectors Where Data Protection Concerns Arise", *Computer Law & Security Report*, Vol. 34, No. 1, February 2018, pp. 99-110.

② European Commission, "Proposal For a Regulation of the European Parliament and of the Council Laying Down Harmonised Rules on Artificial Intelligence (Artificial Intelligence Act) And Amending Certain Union Legislative Acts", 2021, https://eur-lex. europa. eu/resource. html? uri = cellar: e0649735 - a372 - 11eb - 9585 - 01aa75ed71 a1. 0001. 02/DOC_1&format=PDF.

③ Maria Eduarda GonçAlves and Maria InêS Gameiro, "Security, Privacy and Freedom and the Eu Legal and Policy Framework For Biometrics", *Computer Law & Security Report*, Vol. 28, No. 3, June 2012, pp. 320-327.

④ Anders Nordgren, "Privacy By Design in Personal Health Monitoring", *Health Care Analysis*, Vol. 23, 2015, pp. 148-164.

信赖的"人工智能生态系统，随着该法案的通过，欧盟已经启动了应对人工智能系统性风险的实质性规划。在这些方面，欧盟已经将人脸识别技术及其他人工智能技术的治理从"下游"转移到"上游"。

二　美国法规：从私营部门到公共部门

在美国，一些州已经通过了专门的立法，对商业实体收集和处理生物识别信息进行管理①。伊利诺伊州的《生物识别信息隐私法》于 2008 年颁布，它不仅是此领域的第一部州法律，还是有关商业实体收集、使用和共享生物识别信息的最严格、最全面的州法律。如前所述，该法案启发了得克萨斯州、华盛顿州和加利福尼亚州的类似法律的颁布。不过，这些法律主要监管私营部门，即个人和公司，并不涉及公共部门②。

尽管在联邦层面没有具体或全面的立法监管人脸识别技术的应用，但美国参议院对 2019 年《面部识别技术授权法案》进行了广泛讨论。该法案要求警方在使用人脸识别技术进行监视之前，必须获得法官的授权③。与《生物识别信息隐私法》不同，参议院的法案更侧重于对公共部门的监管。参议院还在

---

① Christopher O'Neill, Niel Selwyn, Gavin Smith, Mark Andrejevic and Xin Gu, "The Two Faces of the Child in Facial Recognition Industry Discourse: Biometric Capture Between Innocence and Recalcitrance", *Information, Communication & Society*, Vol. 25, No. 6, 2022, pp. 752-767.

② Meredith Van Natta, Paul Chen, Savannah Herbek, Pishabh Jain, Nicole Kastelic, Evan Katz, Micalyn Struble, Vineel Vanam and Niharka Vattikonda, "The Rise and Regulation of Thermal Facial Recognition Technology During the COVID-19 pandemic", *Journal of Law and the Biosciences*, Vol. 7, No. 1, June 2020, pp. 1-17.

③ Claire Poirson, *The Legal Regulation of Facial Recognition*, Cham: Springer, 2021, pp. 283-302.

2020 年提出了《人脸识别道德使用法案》，要求政府在制定指导方针之前暂停使用人脸识别技术①。

美国现在正处于保护生物识别信息的十字路口。美国的一些城市，如加利福尼亚州的旧金山、奥克兰和圣地亚哥，甚至禁止政府官员使用人脸识别技术。州和联邦一级的立法者正开始制定一种全面的方法来规范私营和公共部门的生物识别信息的处理②。

三 中国规则：从"九龙治水"到"干中学"

在中国，还没有综合性的法律来确定与人脸识别技术相关的诉讼依据。因此，各政府部门、社区、公共机构和企业在应用人脸识别技术时几乎没有任何限制。拒绝参与面部信息收集请求的个人用户可能会被拒绝使用相关服务，而对这种待遇的投诉往往成本高昂且难以追究③。

1982 年的《中华人民共和国宪法》和 1986 年的《中华人民共和国民法通则》都没有明确承认隐私权。直到 21 世纪初，政府才开始关注数据保护问题④。2009 年《中华人民共和国刑法修正案（七）》第 7 条包括两个与侵犯个人隐私相关的罪名。与西方国家的法律不同，中国的法律将滥用公民个人信息

① Senate-Homeland Security and Governmental Affairs, "Ethical Use of Facial Recognition Act", 2020, https：//www. congress. gov/bill/116thcongress/senate－bill/3284/text.

② Elizabeth A. Rowe, "Regulating Facial Recognition Technology in the Private Sector", *Stanford Technology Law Review*, Vol. 24, No. 1, 2020, pp. 1－55.

③ 邢会强：《人脸识别的法律规制》，《比较法研究》2020 年第 5 期。

④ Yang Feng, "The Future of China'S Personal Data Protection Law：Challenges and Prospects", *Asia Pacific Law Review*, Vol. 27, No. 1, August 2019, pp. 62－82.

定为刑事犯罪，情节严重将被处以罚款和监禁等处罚。2010
年《侵权责任法》和 2012 年《关于加强网络个人信息保护的
决定》也对个人信息保护做出了规定。2013 年颁布的《消费
者权益保护法修正案》增加了有关收集消费者个人信息和保障
其安全的规定。2017 年，《网络安全法》（CSL）首次对个人
信息进行了法律定义，并将生物识别信息列为敏感个人信息，
应受到特殊的法律保护。《网络安全法》的颁布表明，中国已
经加快通过有关个人信息保护的立法①。然而，这些法律和法
规在很多情况下是分散的、不一致的、不可行的，这导致了个
人信息保护领域的立法空白②。这种空白通常被形象地比喻为
"九龙治水"，指许多法律只规定了一个与隐私保护相关的条款
或条文。2019 年 10 月，市民郭某指控杭州野生动物园通过人
脸识别技术收集他的生物识别信息③。这是中国首例与该技术
使用有关的法律案件，由于缺乏具体的相关法律规定，全国范
围内对该技术滥用的担忧日益加剧④。"郭某诉杭州野生动物
园案"判决结束后，2020 年 5 月《中国民法典》颁布，明确
规定个人有权保护自己的信息。

---

① Yu-Li Liu, Wenjia Yan and Bo Hu, "Resistance to Facial Recognition Payment
in China: The Influence of Privacy – Related Factors", *Telecommunications Policy*,
Vol. 45, No. 5, June 2021, Article 102155.

② Zhong Wang and Qian Yu, "Privacy Trust Crisis of Personal Data in China in the
Era of Big Data: The Survey and Countermeasures", *Computer Law & Security Report*,
Vol. 31, No. 6, December 2015, pp. 782-792.

③ 杭州市富阳区人民法院，郭兵诉杭州野生动物园有限公司 [（2019）浙 0111
民初第 6971 号]，https://zh-cn.chinajusticeobserver.com/a/china-s-first-facial-rec-
ognition-case#google_vignette，2021 年 2 月。

④ Qingxiu Bu, "The Global Governance on Automated Facial Recognition (Afr):
Ethical and Legal Opportunities and Privacy Challenges", *International Cybersecurity Law
Review*, Vol. 2, No. 1, 2021, pp. 113-145.

2021 年 8 月 20 日，中国颁布了第一部相关的综合性法律——《个人信息保护法》（PIPL），结束了"九龙治水"的隐私保护时代。《个人信息保护法》第 28 条将生物识别信息归类为敏感信息，第 26 条要求安装人脸识别技术的工作必须符合国家有关规定，并明确公示。收集的个人图像和个人身份信息只能用于维护公共安全，除非获得个人的"单独同意"①。

尽管个人信息保护领域的法律发展仍处于早期阶段，但人脸识别技术的显著扩张已经引发了中国民众对面部信息保护的隐私担忧②。中国的人脸识别技术相关法规和规章遵循了"干中学"的实际路径③。由于规范信息技术的立法总是滞后一步，"郭某诉杭州野生动物园案"的判决缺乏相关的法律先例④。本案判决后，《最高人民法院关于审理使用人脸识别技术处理个人信息相关民事案件适用法律若干问题的规定》（以下简称《最高人民法院规定》)⑤ 出台，数据保护的立法制度继续努力应对信息技术应用的影响。

---

① 全国人民代表大会：《中华人民共和国个人信息保护法》，https://www.audit. gov. cn/n8/n28/c10241260/part/10241606. pdf，2021 年 8 月 20 日。

② Yang Feng，"The Future of China's Personal Data Protection Law: Challenges and Prospects"，*Asia Pacific Law Review*，Vol. 27，No. 1，2019，pp. 62–82.

③ Yu-li Liu，Wenjia Yan and Bo Hu，"Resistance to Facial Recognition Payment in China: The Influence of Privacy – Related Factors"，*Telecommunications Policy*，Vol. 45，No. 5，June 2021，Article 102155.

④ Qingxiu Bu，"The Global Governance on Automated Facial Recognition（Afr）: Ethical and Legal Opportunities and Privacy Challenges"，*International Cybersecurity Law Review*，Vol. 2，No. 1，2021，pp. 113–145.

⑤ 中华人民共和国最高人民法院公报：《最高人民法院关于审理使用人脸识别技术处理个人信息相关民事案件适用法律若干问题的规定》，http://gongbao. court. gov. cn/Details/118ff4e615bc74154664ceaef3bf39. html？ sw =% E4% BA %BA%E8%84%B8%E8%AF%86%E5%88%AB，2021 年 7 月 27 日。

对人脸识别技术立法的调查显示，所有三个司法管辖区都倾向于根据一套法律理论来规范人脸识别技术的使用，并通过立法来保护敏感的生物识别信息。然而，以往的研究相对较少关注这些法规在实际人脸识别技术案件中的实施和执行情况。本书旨在通过案例分析，以下列研究问题为导向，对美国、欧盟和中国的法律适用进行比较研究。

问题 1：美国、欧盟和中国的司法机构如何判决人脸识别技术案件，司法结果有何不同？

问题 2：这些判决和结果体现了哪些原则和价值观，它们在不同司法管辖区有多大程度上不同？

第三节　欧盟、美国和中国的人脸识别侵权典型案例

以上总结的三个案例是本书探讨这些监管框架实际执行情况的基础。所采用的方法是对这三个案例进行文本分析和文献分析："意大利监管局诉 Clearview AI 案""Patel 诉脸书案"和"顾某诉城关物业公司案"。文本分析用于研究这三个案例中出现的所有相关信息，文献分析仅用于研究书面官方文件。这些案件揭示了各个司法管辖区如何在私营部门实施其法律原则，并对人脸识别技术案件进行判决。

一　欧盟：意大利监管局诉 Clearview AI 案

美国人脸识别公司 Clearview AI 利用其开创性的基于人脸

识别技术的应用程序在网上搜索了大量自拍照①，从脸书等网站获取了超过 30 亿张图片，创建了一个前所未有的数据库，供包括意大利在内的世界各地的执法部门使用②。

首先，Clearview AI 公司利用人脸识别技术收集、处理和存储个人的生物识别数据——如前所述，这些数据是《通用数据保护条例》规定下的一类特殊个人数据——因此未能满足《通用数据保护条例》第 9 条中提到的特殊要求，这违反了第 5 条（e）项规定的"储存限制"原则。

其次，意大利监管局认为，Clearview AI 公司在没有以透明、简洁和易懂的方式告知数据主体的情况下，抓取了这些图像。相反，该公司网站上的隐私政策缺乏诸如合法利益声明和数据保留期限等基本要素。在欧盟，只有在符合《通用数据保护条例》第 13、14、15 条规定的条件时，才能直接从数据主体处收集这类敏感数据。

最后，由于数据主体没有签署合同或同意 Clearview AI 公司处理他们的数据，公司对面部信息的处理是不透明的，因此这种行为是非法的——违反了第 5 条（a）项。此外，因为 Clearview AI 作为一个私营公司，出于商业目的（而不是服务于公共利益或学术研究）在意大利境内收集面部信息，它的行为不符合第 5 条（b）项中的"目的限制"原则和第 6 条中的"处理的合法性"原则。此外，作为控制和处理数据的部门，

---

① Joe Purshouse and Liz Campbell, "Automated Facial Recognition and Policing: A Bridge Too Far?", *Legal Studies*, Vol. 42, No. 2, August 2021, pp. 209-227.

② Xiaojun Lai and Pei-Luen Patrick Rau, "Has Facial Recognition Technology Been Misused? a Public Perception Model of Facial Recognition Scenarios", *Computers in Human Behavior*, Vol. 124, No. 8, June 2021, Article 106894.

Clearview AI 公司未能以书面形式指定一名欧盟境内的代表负责确保公司对个人信息的处理符合《通用数据保护条例》第27条的规定，而且该公司没有充分和及时地回应用户的请求，这违反第12条的规定。

鉴于这些违规行为，意大利监管局下令 Clearview AI 公司停止通过在线抓取面部图像来处理面部特征信息，以及清除其数据库中收集的生物特征数据，并于2022年2月支付总计2000万欧元（当时约合2050万美元）的罚款①。

二 美国：Patel 诉脸书案

2010年，脸书推出了"标签建议"功能，该功能使用人脸识别技术从用户上传的照片中提取几何数据，将其与数据库中已经存储的图形数据进行比较，并对照片中的个人进行标记②。

首先，《生物识别信息隐私法》第15条规定，所有拥有生物识别信息的私营部门必须制定书面政策，内容包括数据保留时间表、收集目的和数据销毁指南等基本要素。然而，脸书没有通知用户数据被保留或收集生物数据的目的，也没有按照法案的要求以书面形式提供数据销毁时间表③。

---

① European Data Protection Board，"Facial Recognition：Italian Sa Fines Clearview Ai Eur 20 Million"（10 March，2022），https：//edpb. europa. eu/news/national-news/2022/facial-recognition-italian-sa-fines-clearview-ai-eur-20-million_en.

② Ben Buckley and Matt Hunter，"Say Cheese！Privacy and Facial Recognition"，*Computer Law & Security Report*，Vol. 27，No. 6，December 2011，pp. 637-640.

③ Xiaojun Lai and Pei-Luen Patrick Rau，"Has Facial Recognition Technology Been Misused？a Public Perception Model of Facial Recognition Scenarios"，*Computers in Human Behavior*，Vol. 124，November 2021，Article 106894.

其次，《生物识别信息隐私法》第 15 条还规定，知情同意必须以书面形式呈现，这意味着"点击—接受"隐私合同不构成自由同意，因为用户必须同意注册账户的条款和条件，从而允许脸书根据其政策收集他们的数据①。脸书将条款和条件协议与提供服务关联起来，这是一种"授权捆绑"。不平等的权力关系导致对个人数据的强制收集，对自愿收集生物特征数据构成了伤害。

再次，脸书使用人脸识别技术将用户上传的照片转换为数字化的人脸，并将人脸模板存储在数据库中。然后，它将这些模板与个人身份、各种活动和偏好以及图像的使用联系起来，例如，利用人脸识别来解锁个人的手机或用于移动银行业务。在此过程中，脸书侵犯了个人的隐私权，损害了他们的具体利益②。

最后，法院在"Patel 诉脸书案"中作出有利于原告的判决，认为脸书违反了伊利诺伊州的《生物识别信息隐私法》，既没有制定涵盖数据保留时间表、数据收集目的和数据销毁指南的书面政策，也没有获得用户的自由同意。这一判决表明，该公司不仅在程序上违反了相关规定，而且还对用户的隐私权等具体利益造成了损害。因此，法院判定脸书应该支付 5.5 亿美元来解决集体诉讼。

---

① Hoyt, B., "Patel V. Facebook, Inc. 932 F. 3D 1264 (9Th Cir. 2019)", *Intellectual Property and Technology Law Journal*, Vol. 24, No. 2, 2019, pp. 365-368.

② United States Court of Appeals For the Ninth Circuit, "Patel V. Facebook, Inc., 932 F. 3D 1264 (9Th Cir. 2019)", 2019, https://casetext.com/case/patel-v-facebook-inc-2?_cf_chl_jschl_tk__=pmd_bohHpp6Vk7.suLmo1vK.W2u0FpFQX0v1pQ9tibISmKE-1634102058-0-gqNtZGzNAlCjcnBszQil.

三 中国：顾某诉城关物业案

2021 年年初，男子顾某从城关物业公司租了一套公寓，该公司要求他提供面部信息，用于社区的封闭式入口系统。顾某拒绝了这一要求，并要求使用门禁卡，但公司经理坚持认为，如果顾某坚持如此，就会被视为违约。最终，顾某勉强同意提供自己的面部信息以及姓名、身份证号码和居住信息。随后，在 8 月 1 日，《最高人民法院规定》生效，这再次唤起顾某对人脸识别技术的认识和担忧。他要求物业公司删除他的面部信息，并提供另一种进入社区的方式，比如门禁卡，但该公司再次拒绝，于是顾某将物业公司告上法庭。

2021 年 11 月 10 日，天津市和平区人民法院对这起中国首例人脸识别技术案件做出判决。根据《民事诉讼法》第 64 条，顾某有责任提供证据来支持他的主张，法院认为他的证据不足以证明该物业公司侵犯了他的隐私权。除了认定该公司收集了生物识别信息的行为合法，法院还认为，这样做是为了帮助限制 COVID-19 的传播。顾某对这一结果表示不满，并提起上诉。2022 年 5 月 18 日，二审结束后，天津市第一中级人民法院撤销了下级法院的判决，判令该公司在 5 天内删除顾某的面部信息，并支付律师费 6200 元。

在初审中，法院将顾某的诉讼定义为侵犯隐私权，而上诉法院则将其归类为侵犯个人信息权。根据《个人信息保护法》第 15 条，个人有权随时撤回对公司的同意，但该公司拒绝了顾某删除其生物识别信息的请求。再者，根据《最高人民法院规定》第 10 条，个人保留拒绝使用人脸识别技术进行身份验证的权利，因此物业公司应按照顾某的要求提供替代识别技术。另外，只允许使用人脸识别技术进行身份验证的政策违反了《最高人民法院规定》第 2 条第（8）款规定的合法性、正当性和必要性原则。此外，根据《最高人民法院规定》第 8 条以及《民法典》第 1182 条，当面部信息的处理侵犯了数据主体的人身权益并造成财产损失时，法院有义务支持数据主体的诉讼请求，包括赔偿其律师费①。

第四节　欧盟、美国和中国人脸识别执法异同及其伦理

这三个案例中的每一个都明显违反了与私营部门具体使用人脸识别技术有关的适用法律和法规（见表 2.1）。虽然这些案件发生在三个具有不同文化传统和意识形态的国家，但其司法结果既有一些相似之处，也有前文所提到的差异。通过比较分析这些差异，我们可以看出每个监管框架背后都有一些共同原则和价值观。

表 2.1　欧盟、美国和中国私营部门首例人脸识别技术案件比较

类别	欧盟：意大利监管局诉 Clearview AI 案	美国：Patel 诉脸书案	中国：顾某诉城关物业案
案件性质	行政处罚、国家案件	民事诉讼、集体诉讼	民事诉讼、个人诉讼

① 《判决书全文 ｜ 天津人脸识别案：小区以刷脸作为唯一通行方式违法》，数据法盟，https://posts.careerengine.us/p/62a4bd6beb8ff053488f5ed8，2022 年 6 月 11 日。

类别	欧盟：意大利监管局诉Clearview AI案	美国：Patel诉脸书案	中国：顾某诉城关物业案
监管机构	意大利监管局	美国地方法院（伊利诺伊州）	天津市和平区人民法院、天津市第一中级人民法院
使用人脸识别技术的目的	向第三方提供服务	将标签建议和其他功能应用到照片中	进入门禁社区
数据主体	意大利网民	伊利诺伊州的脸书用户（约100万）	顾某，一个租客
法律依据	《通用数据保护条例》	伊利诺伊州《生物识别信息隐私法》	《最高人民法院规定》《个人信息保护法》《民法典》
违规行为	1. 缺乏知情同意［第5条第（1）款（a）项；第12条；第13条；第14条］； 2. 缺乏合法的处理目的［第5条第（1）款（b）/（e）项；第6条］； 3. 必要性原则［第5条第（1）款（e）项］； 4. 不符合处理条件（第9、12、13、14条）； 5. 缺乏数据控制者的代表（第27条）	1. 保护生物特征数据的权利［第5（g）节］； 2. 缺乏书面知情同意书（第10节） 3. 缺乏法律授权［第15（a）/（b）节］； 4. 有害影响（第14节）	1. 知情同意和撤销同意（《最高人民法院规定》第15条）； 2. 关于物业公司使用人脸识别技术的法规（《最高人民法院规定》第10条）； 3. 违规认定（《民法典》第1182条）； 4. 保护生物识别信息的权利（《民法典》第1034条）； 5. 有关处理生物识别数据的原则（《民法典》第1035条）
罚款	2000万欧元（约合2035万美元）	和解总金额为6.5亿美元（每人200—400美元）	律师费人民币6200元（约904美元）
有关面部信息的补救措施	删除所收集的数据，包括面部信息	不删除收集的面部信息	在五天内删除顾某的面部信息

一 执法上的相似之处

(一) 相似法律基础:"知情同意"原则

知情同意是欧盟、美国和中国对人脸识别技术使用进行监管的一个共同方面。一般而言,对于任何人脸识别技术应用,控制和处理数据的一方必须:一是向数据主体提供有关其面部信息处理的信息,如目的、保留期限、风险和后果;二是获得主体的明确知情同意;三是履行与个人数据处理相关的任何其他法律义务。

在这三个案例中,知情同意的原则都受到了质疑。因此,在欧盟的案例中,Clearview AI 公司在未获得知情同意的情况下,擅自获取用户的照片并处理他们的面部生物识别信息。在美国的案例中,脸书以符合其隐私政策的方式收集、存储、占有和交易其用户的生物特征数据,但该政策不符合《生物识别信息隐私法》中关于书面知情同意的要求。在中国的案例中,城关物业公司采用人脸识别技术方式向其租户授予访问权,并拒绝了采用其他访问方式的请求,从而迫使顾某同意。因此,在这三个司法管辖区中,主要的法律问题是原告的知情同意是否符合"自由给予"的要求,以及是否代表"具体和明确的意愿"的要求①。Clearview AI 公司在未与数据主体签订合同的情况下从在线网站收集了他们的面部信息,脸书的"标签建议"功能不符合《生物识别信息隐私法》对书面同意的要求,而城关物业则违反了与租户签订的合同,因为它不允许租户

---

① European Parliament, "General Data Protection Regulation", 2016, https: // eur-lex. europa. eu/legal-content/EN/TXT/PDF/? uri=CELEX: 32016R0679.

撤销。

从这个角度来看，履行知情同意原则包括三个步骤。首先，"告知"不仅仅意味着向数据主体或用户提供信息，而是以一种他们能够理解的清晰的方式提供信息。其次，《通用数据保护条例》《生物识别信息隐私法》和《个人信息保护法》都要求同意必须"明确、简洁、具体和细化，可自由给予和可撤销"①。最后，数据主体可以随时撤回"知情同意"。因此，法院在这三个案件中都认定原告违反了知情同意原则："意大利监管局诉 Clearview AI 案"是一个"无知情同意"的案件，"Patel 诉脸书案"是一个"知情但无同意"的案件，"顾某诉城关物业案"则是一个"无撤回同意"的案件。

知情同意原则起源于前数字时代的《赫尔辛基宣言》，在当前的人工智能时代有局限性。因此，中国的《个人信息保护法》引入了"单独同意"的概念来描述"知情同意"原则在生物识别信息处理中的程序应用，从而明确了在何种条件下应给予知情同意，以及控制数据的一方应向数据主体发出单独邀请以获得其授权。单独同意确保数据主体有权了解所有必要的真相，以保护其个人信息②。

（二）作为共同标准的"最小必要"原则

这三个案例都强调个人信息处理遵循"最小必要"原则。根据美国《健康保险可携性和责任法案》（HIPAA）的隐私规

① Eugenijus Gefenas, J. Lekstutiene, V. Lukaseviciene, M. Hartlev, M. Mourby and K. Ó Cathaoir, "Controversies Between Regulations of Research Ethics and Protection of Personal Data: Informed Consent At a Cross-Road", *Medicine Healthcare & Philosophy*, Vol. 25, No. 1, 2022, pp. 23-30.

② Wang Geng and Zhang Chaolin, "Legal Regulation of Government Applications of Facial Recognition Technology: A Comparison of Two Approaches", *US-China Law Review*, Vol. 19, No. 6, June 2022, pp. 259-266.

则，"最小必要"原则通常适用于执法场合，以确保个人数据的收集、使用和披露仅限于实现预期目的所需要的范围。关于面部信息的保护，"最小必要"原则要求数据处理者将其活动限于尽可能少的个人信息上，以满足其特定需求，并在这些需求满足后立即删除这些数据。因此，该标准包括：一是关于处理面部信息的合法和明确目的的必要性原则；二是关于最小化面部信息的所有收集和处理的限制性原则，包括使用最少数量、最短存储周期和最小的可访问性。

依次考虑每一个方面，必要性原则主要与处理个人数据的行为和目的相关。① 根据《通用数据保护条例》第 5 条第（1）款（b）项，敏感数据的处理应服务于公众利益、有助于学术研究或为其他合法目的提供统计数据。然而，Clearview AI 公司处理面部图像并将其转移给第三方，完全是出于商业目的，脸书的"标签建议"同样不符合《生物识别信息隐私法》中规定的公共福利、安保和安全等原则。在中国，根据《最高人民法院规定》第五条规定，人脸识别技术的合法用途包括卫生、安全等公共利益方面。一审法院确认城关物业公司在特殊时期使用人脸识别技术作为遏止传染病传播的措施，确属公共安全和卫生问题。在某些情况下，该技术的使用是不合法的，因为它有可能导致监视、剥夺公民权和社会控制，而不是服务于公共利益和科学目的。② 在本书分析的三个案例中，公共利

---

① 金龙君、翟翌：《论个人信息处理中最小必要原则的审查》，《北京理工大学学报》（社会科学版）2022 年第 4 期。

② Alison B. Powell, Funda Ustek-Spilda, Sebastián Lehuedé and Irina Shklovski, "Addressing Ethical Gaps in 'Technology For Good': Foregrounding Care and Capabilities", *Big Data & Society*, Vol. 9, No. 2, August 2022, pp. 1–12.

益的概念是处理个人数据的主要考虑因素。

限制性原则或最低限度原则在这三种情况下都是共同的，并且与个人数据处理的各个方面密切相关。Clearview AI 公司通过抓取、分析和储存面部信息，违反了最低限度原则的“最少处理量”，因为它本可以在不存储图像和面部信息的情况下实现其目的。虽然《生物识别信息隐私法》要求销毁这些面部信息，但脸书将其用户的面部模板存储在数据库中，从而违反了最低限度原则的“最短数据存储周期”。城关物业公司并不需要限制进入其面部识别系统的权限（因为门禁卡就可以达到这一目的），因此，这样做违反了将敏感面部信息的访问权限限制在尽可能少的数据处理者的原则。综上所述，三起案件的被告都违反了最低必要性原则，根据该原则，个人信息的处理应有明确合理的目的，且不得超出用户同意的范围。私营部门的各方有责任以符合最低必要性要求的方式使用面部信息。

二　执法上的不同之处

（一）不同的侵权判定

在欧盟，负责保护数据的机构主要关注违反法规的行为，并在发现此类违法行为时，确定侵权行为的性质和程度，而不管它是否造成损害。《通用数据保护条例》第 82 条规定，遭受实质性或非实质性损害的个人可以从控制或处理其数据的一方获得赔偿。因此，无论 Clearview AI 公司是否对意大利公民造成实质损害，它都违反了与个人数据处理有关的关键原则，因此必须向数据主体支付赔偿。同样，瑞典数据保护管理局（DPA）对一所瑞典学校进行了罚款，原因是该校侵犯了学生作为数据主体的权利，即使没有对他们造成直接损害①。

在美国，对脸书违法行为的裁定强调的是对用户个人权利和具体利益的损害，相当于程序性违法。因此，居住在伊利诺伊州的三名脸书用户根据《生物识别信息隐私法》第 20 条对脸书提起集体诉讼，认为该公司违反法定要求，构成了侵犯他们的实质性隐私权②。"Patel 诉脸书案"的裁决表明，任何私营部门一旦违反《生物识别信息隐私法》条款，无论是疏忽、故意还是鲁莽地违反，都应向胜诉方或任何"受害者"支付一定数额的违约金或实际损害赔偿金。

相比之下，在中国的案件中，对侵权的认定强调不利后果和实质性损害，而不是程序上或法定上违反适用法律。根据《民事诉讼法》第 64 条，原告必须提供物业公司侵犯其隐私权的证据及其具体损害后果。也就是说，需要具体的证据证明他的个人信息被泄露、篡改或丢失，或其隐私权受到侵犯。因此，"顾某诉城关物业公司案"和"郭某诉杭州野生动物园案"的判决都表明，公民必须积极保护自己的隐私权。郭某和顾某都努力争取个人权益和自主权，跳出了"集体主义"的束缚。

因此，在侵权判定方面，欧盟司法管辖区将非法处理个人数据所产生的风险视为损害。美国司法管辖区首先考虑在使用

① European Data Protection Board, "Facial Recognition in School Renders Sweden's First GDPR Fine", 2019, https://www.edpb.europa.eu/news/national-news/2019/facial-recognition-school-renders-swedens-first-gdpr-fine_sv.

② United States Court of Appeals For the Ninth Circuit, "Patel v. Facebook, Inc., 932 F.3d 1264 (9th Cir. 2019)", 2019, https://casetext.com/case/patel-v-facebook-inc-2?_cf_chl_jschl_tk_=pmd_bohHpp6Vk7.suLmo1vK.W2u0FpFQXOv1pQ9tibISmKE-1634102058-0-gqNtZGzNAlCjcnBszQil.

人脸识别技术时对个人数据的处理是否违反了程序，其次判断隐私权是否受到侵犯，最后判断具体利益是否受到侵犯。中国司法管辖区在判定侵权时，既考虑是否违反程序，也考虑了是否有不利后果，但往往忽视潜在风险。

（二）补救措施和处罚

欧盟严格遵守《通用数据保护条例》的规则在补救措施和惩罚措施方面的规定。根据《通用数据保护条例》第83条第（4）款，对违规行为的处罚最高可达1000万欧元（约合1160万美元），或上一财政年度全球年营业额的2%①。虽然Clearview AI公司处理的数据主体上传的面部图像的确切数量尚未确定，但该公司被罚款2000万欧元，是最高1000万欧元的两倍，可能相当于该公司年营业额的2%。在责任方面，数据控制者要对不当处理面部信息处理所造成的损害负责。要免除责任，控制和处理数据的各方必须证明，他们对侵犯数据主体的隐私或侵犯其自主权没有任何责任。数据主体还享有被遗忘的权利，即应其要求删除个人数据。本案的结果表明，欧盟的数据保护还包括补救措施和惩罚措施。

美国的执法则更注重处罚而非补救。因此，《生物识别信息隐私法》规定，胜诉方可以获得罚款、律师费和诉讼费。根据该法案第20条，因疏忽而无意间违反该法条款的私营部门，将面临1000美元的行政罚款，故意违反该法的私营部门，将面临5000美元的行政罚款；因此，无意违反和故意违反之间的区别是明确的。尽管如此，"Patel诉脸书案"是迄今为止规模最大的侵犯隐私案之一，因为该案涉及伊利诺伊州的160万脸书用户。最后，脸书同意了6.5亿美元的和解金额，这符合利益相关者的最佳利益，每位用户大约从和解金中获得 200—400 美元，总额巨大，但与脸书的总营业额相比相对较小。该和解代表了不同利益相关方之间的妥协，其结果表明，在美国滥用人脸识别技术有可能面临巨大的经济责任。尽管被处以巨额行政罚款，但法院并没有责令脸书删除其收集并存储在数据库中的面部信息。不过，在法院判决一个月后，脸书将"标签建议"的默认设置从"退出"选项改为"选择"选项。

中国的执法重点是消除违法行为的后果。与欧盟和美国相比，中国法院的罚款和刑罚是最低的：被告获得 6200 元人民币（约 904 美元）支付其律师费用。《最高人民法院规定》第 8 条，自然人因侵权行为支付的合理费用可以认定为财产损失，这再次表明中国与之相关的重点并不在于经济处罚。在责任规则方面，数据主体不仅必须证明对其个人信息的处理不恰当，而且必须证明造成了实质性的损害①。由于权力关系不平衡，判定人脸识别技术用户和数据主体的个人信息侵权行为，尤其是损害的认定方面存在相当大的障碍。尽管法院责令该物业公司删除已经被访问的租户的个人信息，但该公司拒绝遵守。由于没有相关部门监督法院判决的执行，也没有关于执行诉讼判决的执行的法律法规，该用户一直在为掌控自己的面部信息而斗争。因此，让受害者不那么脆弱似乎是一项艰巨的任务。与欧盟和美国的行政罚款相比，中国的行政罚款要低得多，这是对非法使用人脸识别技术的软惩罚。

---

① Weiwei Wang, "Tort law in China", F. Fiorentini and M. Infantino, eds. , *Mentoring Comparative Lawyers*: *Methods*, *Times*, *and Places*, Cham: Springer, 2019, pp. 75-91.

同样，2022年7月，大型叫车公司滴滴出行（Didi Global）因收集了1.07亿条用户面部信息和年龄、地理位置等敏感信息而被罚款82.6亿元人民币（约合12亿美元）。然而，国家网络信息办公室并没有具体规定针对非法处理面部信息的罚款金额[1]。中国官方媒体中央电视台在2021年披露，另一家中国公司旷视科技（Megvii，一家以面部识别平台Face++闻名的中国领先人脸识别技术公司）大规模滥用面部图像。然而，当局没有对旷视科技处以罚款，这一结果表明，在中国，非法使用人脸识别技术的相关理由不透明，处罚也没有得到执行。这些案例表明，在中国，个人并不能控制自己的个人信息或享有隐私权，而只是拥有受法律保护的利益[2]。此外，这些利益仅仅是个人通过防止其人身权和财产权受到侵害而享有的利益，或者与因非法披露、泄露或破坏个人信息而受到损害的个人尊严和自由有关的利益。

三 执法差异的伦理与文化诠释

这三项判决的不同结果可归因于这三个司法管辖区的法律制度，而这三个司法管辖区的法律制度又反映了各自不同的伦理和法律倾向。

（一）独特的技术伦理

在伦理哲学中，结果主义（或结果主义伦理学）和非结果主义（或义务论伦理学）是两种占主导地位的规范性理论。从

---

① 中华人民共和国国家互联网信息办公室：《国家互联网信息办公室有关负责人就对滴滴全球股份有限公司依法作出网络安全审查相关行政处罚的决定答记者问》，中央网络安全和信息化委员会办公室官网，http://www.cac.gov.cn/2022-07/21/c_1660021534364976.htm，2022年7月21日。

② 程啸：《论大数据时代的个人数据权利》，《中国社会科学》2018年第3期。

义务论的角度来看，行为的对错取决于行为本身而非结果。相比之下，结果主义伦理学强调基于结果区分行为的对错①，包括功利主义的方法，即把他人放在第一位，以及利己主义的方法，即把对自己有利的事情放在第一位②。

　　欧盟司法管辖区认可义务论伦理学，重点关注人脸识别技术的使用而非后果。在意大利监管局开出罚款之前，Clearview AI 公司已经收到了两家致力于保护个人隐私的组织的投诉和警告。虽然 Clearview AI 公司没有对意大利公民造成实质性损害，但它在处理用户的个人数据之前没有获得用户的书面同意，所以意大利监管局强制要求该公司停止进一步收集和处理意大利用户的生物特征数据，除非它符合《通用数据保护条例》规定的条件。未获得同意，构成侵权。在这方面，欧盟的人脸识别技术法规符合义务论伦理学③。

　　美国司法机关遵循一种符合结果主义伦理学的方法，并在此过程中表现出一种普遍的利己主义，即人们通过使用技术寻求自身利益④。美国第九巡回上诉法院认真对待了脸书的"标签建议"造成具体损害的可能性，认为未经同意使用人脸识别

　　① Mónica Bessa Correia, Guilhermina Rego and Rui Nunes, "The Right to Be Forgotten and Covid-19: Privacy Versus Public Interest", *Acta Bioethica*, Vol. 27, No. 1, June 2021, pp. 59-67.

　　② Cheolho Yoon, "Ethical Decision-Making in the Internet Context: Development and Test of an Initial Model Based on Moral Philosophy", *Computers in Human Behavior*, Vol. 27, No. 6, November 2011, pp. 2401-2409.

　　③ Mónica Bessa Correia, Guilhermina Rego and Rui Nunes, "The Right to Be Forgotten and COVID-19: Privacy Versus Public Interest", *Acta Bioethica*, Vol. 27, No. 1, June 2021, pp. 59-67.

　　④ Cheolho Yoon, "Ethical Decision-Making in the Internet Context: Development and Test of an Initial Model Based on Moral Philosophy", *Computers in Human Behavior*, Vol. 27, No. 6, November 2011, pp. 2401-2409.

技术构成了对私人事务和具体利益的侵犯。然而，脸书用户提起了集体诉讼，这表明了他们对侵犯隐私具有集体责任感，对个人数据保护具有共同利益。

中国也遵循了结果主义的方法，重视功利主义价值观，鼓励人们在规范信息技术时把他人放在首位，并根据使用信息技术的后果来区分是非①。虽然人脸识别技术的使用可能会产生负面影响，但相比于美国和一些欧盟国家，中国人对人脸识别技术的接受程度更高②。主要是因为中国人倾向于将人脸识别技术的使用与便利、高效和更好的服务联系在一起——特别是支付宝和微信支付等电子支付系统③。一审法院驳回了租户的申诉，因为使用人脸识别技术有可能使他人受益。因此，该裁决反映了中国的集体主义文化价值观，在这种文化背景下，个体倾向于放弃一定程度的隐私以换取利益。

（二）不同的文化规范

意大利等欧盟国家普遍强调人权和人的尊严，对违反《通用数据保护条例》的行为进行行政罚款和补救是执法中不可或缺的一部分④⑤。此外，欧盟的数据保护相对透明和公开。如

---

① Richard Herschel and Virginia M. Miori, "Ethics & Big Data", *Technology in Society*, Vol. 49, May 2017, pp. 31-36.

② Genia Kostka, Léa Steinacker and Miriam Meckel, "Between Security and Convenience: Facial Recognition Technology in the Eyes of Citizens in China, Germany, the United Kingdom, and the US", *Public Understanding of Science*, Vol. 30, No. 6, March 2021, pp. 671-690.

③ Yu-li Liu, Wenjia Yan and Bo Hu, "Resistance to Facial Recognition Payment in China: The Influence of Privacy-Related Factors", *Telecommunications Policy*, Vol. 45, No. 5, 2021, Article 102155.

④ 何能高、王婧垫：《生物识别技术应用的法律风险与规则规范——以郭兵案为例》，《中国司法》2021 年第 6 期。

⑤ 程啸：《论大数据时代的个人数据权利》，《中国社会科学》2018 年第 3 期。

前所述，在意大利监管局调查 Clearview AI 公司之前，该公司已经收到了来自两个致力于保护个人隐私和基本权利的组织发出的警告以及四起投诉。此外，欧盟国家已经建立了数据保护机构，如意大利监管局和瑞典数据保护局等。这些国家的公民倾向于相信相关机构会保护他们的隐私和个人数据，并保持对公共数据的开放访问，而不是担心个人的隐私[1][2]。

与欧盟公民相比，美国公民在隐私权方面表现出的集体责任感较弱，他们更倾向出于财产目的而非人的尊严保护个人数据。美国人口的种族多样性对人脸识别技术立法有很大影响，因为如前所述，该技术有时涉及种族歧视和偏见[3]。美国的人脸识别技术立法更注重个人、公共和商业利益之间的平衡[4]。此外，美国人脸识别技术的使用与公共安全的关系更密切，而非便利和高效，特别是在"9·11"袭击之后[5]。

在本书考虑的三种文化背景中，中国公民对隐私被侵犯的风险意识最低，尤其是老年人和女性[6]。中国独特的民族特色，

① Richard M. Hessler, "Privacy Ethics in the Age of Disclosure: Sweden and America Compared", *The American Sociologist*, Vo. 26, No. 2, June 1995, pp. 35-53.

② Stephen Cory Robinson, "Trust, Transparency, And Openness: How Inclusion of Cultural Values Shapes Nordic National Public Policy Strategies For Artificial Intelligence (AI)", *Technology in Society*, Vol. 63, November 2020, Article 101421.

③ 邢会强：《人脸识别的法律规制》，《比较法研究》2020 年第 5 期。

④ 何能高、王婧莹：《生物识别技术应用的法律风险与规则规范——以郭兵案为例》，《中国司法》2021 年第 6 期。

⑤ Genia Kostka, Léa Steinacker and Miriam Meckel, "Between Security and Convenience: Facial Recognition Technology in the Eyes of Citizens in China, Germany, The Unitedkingdom, And the US", *Public Understanding of Science*, Vol. 30, No. 6, March 2021, pp. 671-690.

⑥ Zhong Wang and Qian Yu, "Privacy Trust Crisis of Personal Data in China in the Era of Big Data: The Survey and Countermeasures", *Computer Law & Security Report*, Vol. 31, No. 6, December 2015, pp. 782-792.

包括政治、经济和社会环境，使其对人脸识别技术的支持率高于美国和一些欧盟国家⑤。然而，在中国，无论是私人社交网络还是公共部门，都存在严重的隐私信任危机⑥。因此，滴滴出行因收集大量面部信息和其他敏感信息而被处以82.6亿元人民币的罚款，但对非法收集面部信息尚未有具体的罚款规定。

第五节　结论

人脸识别技术是一把双刃剑，在带来便利和效率的同时，也带来了公众对隐私、自主性和安全性的担忧。对该技术的应用进行监管构成了一个"科林格里奇困境"，立法者们现在站在十字路口，需要就如何监管这项技术做出意义深远的决定——毫无疑问，它必须受到监管。本书考虑了欧盟、美国和中国与人脸识别技术和面部信息相关的法律法规。总体而言，本书的研究结果表明，从各个司法管辖区来看，欧盟有关人脸识别技术和其他人工智能技术的立法重点已经从"下游"治理转向"上游"治理。在美国，已经开始努力对人脸识别技术的公共和私人使用进行监管。在中国，"九龙治水"正在转向"干中学"，公众对隐私的关注和保护意识日益增强。所有这些趋势都表明，政府部门都在加强对人脸识别技术的监管，以避免引发或加剧伦理、法律和社会问题。

关于欧盟、美国和中国法院判决私营部门的人脸识别技术案件，以及判决结果所代表的基本原则和价值观，知情同意原则和收集处理生物识别信息的必要性代表了共同的法律基础。

同时，各法院的判决在侵权认定、行政罚款标准和司法结果方面都有所不同，这是各司法管辖区采用不同的技术伦理和途径来规范和保护人脸识别技术中使用的生物识别数据的体现。

这项研究是首批在实际案例中比较三个司法管辖区如何执行和实施人脸识别技术法规的研究之一，也是首批将人脸识别技术的传播描述为呈现"科林格里奇困境"的研究之一。不同的技术伦理和保护面部信息的途径自然会影响立法，进而影响侵权的判定和行政罚款的数额。这些问题表明，所有这些司法管辖区都缺乏针对人脸识别技术和其他生物识别技术使用的健全监管框架，需要进行更多研究来考虑如何将这些技术的通用监管框架标准化和情境化。

第三章　人脸识别应用中的 "知情—同意" 困境[*]

在 "郭某诉杭州野生动物世界" 案中，野生动物世界将人脸识别作为入园通行认证方式，引发公众关于 "必要性" 以及 "非自愿同意" 的争议：（1）收集人脸信息是否符合个人信息处理的 "必要原则"？（2）"不同意人脸识别就无法入园" 的规则是否导致消费者 "非自愿同意"？争议背后是人脸识别应用 "必要性" 边界的模糊、"目的正当性" 和 "最小必要" 原则之间存在张力，以及 "知情—同意" 原则在人工智能时代保护个人信息的局限。在我国《个人信息保护法》正式施行的背景下，建议监管部门及时出台人脸识别应用的必要场景范围，有效同意的合规程序与标准合同，非法处理人脸信息的行政处罚标准、损害赔偿责任等细则和标准，切实规范人脸识别在各类场景中的应用。

---

[*] 本章执笔者：王敏、钟焯（武汉大学新闻与传播学院硕士研究生）。

第一节 个人信息保护制度中的 "知情—同意" 原则

人脸识别作为"十三五"期间加速落地的智能技术之一，被广泛应用于交通安检、公安防范、门禁考勤、金融支付、刷脸登录、面部分析等场景①，预计在"十四五"时期迎来爆发式增长。但是，人脸识别应用中采集和处理的面部特征、肖像轮廓、微表情特征等生物识别信息属于敏感个人信息，具有高度人格尊严属性、唯一性、不可变更性、人身和财产犯罪关联性等特性②，一旦被泄露、伪造、滥用，会造成隐私、财产、伦理甚至国家安全等方面的巨大风险③④，甚至造成永久性的伤害与损失⑤，引发公众对个人隐私和数据安全的担忧。风险层面，人脸识别技术存在误差、身份认证被破解、人脸信息泄露⑥，以及算法歧视等风险⑦。现实层面，存在非法采集、秘

---

① 张重生：《人工智能、人脸识别与搜索》，电子工业出版社 2020 年版，第 8—10 页。

② 王德政：《针对生物识别信息的刑法保护：现实境遇与完善路径——以四川"人脸识别案"为切入点》，《重庆大学学报》（社会科学版）2021 年第 2 期。

③ 林凌、贺小石：《人脸识别的法律规制路径》，《法学杂志》2020 年第 7 期。

④ 罗斌、李卓雄：《个人生物识别信息民事法律保护比较研究——我国"人脸识别第一案"的启示》，《当代传播》2021 年第 1 期。

⑤ 商希雪：《生物特征识别信息商业应用的中国立场与制度进路——鉴于欧美法律模式的比较评价》，《江西社会科学》2020 年第 2 期。

⑥ 邢会强：《人脸识别的法律规制》，《比较法研究》2020 年第 5 期。

⑦ 胡晓萌、李伦：《人脸识别技术的伦理风险及其规制》，《湘潭大学学报》（哲学社会科学版）2021 年第 4 期。

密比对、信息泄露等问题，严重侵犯公民基本权利。[①] 在我国"人脸识别第一案"——郭某诉杭州野生动物世界案中，法院也强调："生物识别信息具备较强的人格属性，一旦被泄露或者非法使用，可能导致个人受到歧视或者人身、财产安全受到不测危害，更应谨慎处理和严格保护。"因此，有效保护人脸识别应用中的敏感个人信息，可促进智能技术的价值规范和风险防范，保护个人隐私、财产和尊严，维护公共利益和国家生物安全。

国内外个人信息保护的立法规范虽然存在"特殊保护"与"一般保护"两种制度[②]，但人脸信息属于生物识别信息，其作为敏感个人信息的属性以及原则上不能被处理用作商业目的已得到国内外立法的普遍认同。这在欧盟《一般数据保护条例》（GDPR）、美国多州立法以及我国《个人信息保护法》中均有所体现。除需要满足一般信息处理的"合法、正当、必要"等原则外，信息主体"知情—同意"成为"能够处理"生物识别信息的理论密钥，并且"知情—同意"的现实要求比一般信息处理更高。

美国伊利诺伊州《生物识别信息隐私法案》（BIPA）是针对生物识别信息专门立法保护的典型，其中就规定原则上禁止任何"私人实体"处理个人生物识别信息，同时强化信息主体的知情权、同意权，充分保障个人的信息自决权，强化"私人

---

① 李婕：《人脸识别信息自决权的证立与法律保护》，《南通大学学报》（社会科学版）2021 年第 5 期。

② 王德政：《针对生物识别信息的刑法保护：现实境遇与完善路径——以四川"人脸识别案"为切入点》，《重庆大学学报》（社会科学版）2021 年第 2 期。

实体"的告知、安全保障等义务①。在综合立法保护模式中，欧盟 GDPR 规定，数据主体明确同意一个或多个特定目的的个人数据处理，是生物识别信息被处理的合规要求。此处，"明确"一词意味着必须作出明确的同意声明，形式不仅限于签署书面声明。

我国《个人信息保护法》中第 26 条规定，"在公共场所安装图像采集、个人身份识别设备，应当为维护公共安全所必需，遵守国家有关规定，并设置显著的提示标识。所收集的个人图像、身份识别信息只能用于维护公共安全的目的，不得用于其他目的；取得个人单独同意的除外"。第 28 条将生物识别信息纳入敏感个人信息，规定"只有在具有特定的目的和充分的必要性，并采取严格保护措施的情形下，个人信息处理者方可处理敏感个人信息"。第 29 条规定，"处理敏感个人信息应当取得个人的单独同意；法律、行政法规规定处理敏感个人信息应当取得书面同意的，从其规定"。第 30 条规定，"个人信息处理者处理敏感个人信息的，还应当向个人告知处理敏感个人信息的必要性以及对个人权益的影响"。以上规定，强调了对包括人脸信息在内的敏感个人信息的处理应充分必要，严格告知并取得明确同意。

现阶段，除了《个人信息保护法》，《最高人民法院关于审理使用人脸识别技术处理个人信息相关民事案件适用法律若干问题的规定》（以下简称"《规定》"），是我国第一部专门规

---

① 付微明：《个人生物识别信息的法律保护模式与中国选择》，《华东政法大学学报》2019 年第 6 期。

制人脸识别应用的法律文件。其中，第 2—5 条和第 10 条都强调 "知情—同意" 对于人脸信息处理活动的必要性，可以说，"知情—同意" 原则是《规定》的核心要义。

第二节 "郭某诉杭州野生动物世界" 案例概述

2019 年 4 月 27 日，郭某向杭州野生动物世界有限公司（以下简称野生动物世界）购买了以指纹识别方式入园的双人年卡，并支付卡费 1360 元。郭某办理年卡时，野生动物世界在年卡中心通过店堂告示的方式，公示了年卡的 "办理流程" 和 "使用说明"。其中，办理流程包括拍照、扫描指纹后激活年卡，使用说明包含持卡人游览园区需同时验证年卡及指纹入园等内容。郭某与其妻子留下姓名、身份证号码，拍照并录入指纹，还登记留存了电话号码等信息。

在双方服务合同履行过程中，野生动物世界在未经协商和同意的情况下，出于提高游客检票入园的通行效率等原因，单方面将进入园方式从指纹识别变更为人脸识别，并将原店堂告示更换为涉及人脸识别的告示，于 2019 年 10 月 7 日停用指纹识别闸机。在过渡期间，野生动物世界先后于 2019 年 7 月 12 日和 10 月 17 日，向包括郭某在内的年卡客户群发两条短信，告知年卡系统已升级，通知其到年卡中心激活人脸识别系统，若不激活，将无法正常入园。短信的部分内容为：年卡系统已升级，用户可刷脸快速入园，请未进行人脸激活的年卡用户携带实体卡至年卡中心激活！如有疑问请致电 0571-5897××××。

2019年10月26日，郭某到野生动物世界年卡中心交涉，野生动物世界再次表示，若不激活人脸识别系统，将无法入园。郭某表示其妻子不同意激活，并咨询在不注册人脸识别的情况下能否退卡费。双方未能就退卡方案达成一致。郭某认为，不论是录入指纹信息还是注册人脸识别，野生动物世界均在强制收集敏感个人信息；办理年卡时，野生动物世界故意隐瞒年卡用户可通过人工验证入园的情况，诱使其作出错误意思表示；用户凭身份证件和年卡就足以达到认证条件，收集和使用指纹信息不符合"合法、正当、必要"原则等。郭某向法院提起诉讼，诉请除确认野生动物世界店堂告示和短信通知中涉及指纹识别和人脸识别的内容无效、野生动物世界存在违约且欺诈行为外，并要求删除其提交的全部个人信息。野生动物世界则辩称，其公示了收集信息的目的及范围，在完全拥有充分自主选择权的情形下，郭某的选择是同意提供个人生物识别信息，换取优惠价格。收集和使用都是在郭某同意的情况下实施的，没有任何证据证明其有过任何泄露、出售、非法提供、不当使用包括郭某在内所有年卡用户个人信息的实际违法违约情形。

法院审查后认定，在郭某办理年卡期间，野生动物世界只有通过采集游客个人指纹及人脸面部信息后办理年卡一种方式，没有其他年卡办理方式；在特殊情况如指纹破损或游客未带身份证件或年卡可经人工核验入园，因此不存在故意隐瞒其他入野生动物世界的方式误导郭某作出消费决定的欺诈行为。法院认为，野生动物世界使用指纹识别、人脸识别等生物识别技术，以达到甄别年卡用户身份、提高年卡用户入园效率的目的，符合法律规定的"合法、正当、必要"三原则的要求。

事实上，野生动物世界在为郭某办理年卡的过程中，除收集指纹信息外，已通过拍照的方式收集了人脸信息。在庭审中，野生动物世界表示此举系为后续采用人脸识别方式入园做准备。法院认为，尽管"办理流程"规定包含"至年卡中心拍照"，但其并未告知拍照即已完成对人脸信息的收集及其收集目的，当事人同意拍照的行为，不应视为对收集人脸识别信息的同意。合同双方在办卡时签订的是采用指纹识别方式入园的服务合同，野生动物世界收集郭某人脸识别信息，超出了必要原则的要求，不具有正当性，野生动物世界欲利用收集的照片扩大信息处理范围，超出事前收集目的，表明其存在侵害郭某面部特征信息之人格利益的可能与危险。

2020 年 11 月 20 日，杭州市富阳区人民法院作出一审判决，判令野生动物世界赔偿郭某合同利益损失及交通费共计1038 元；删除郭某办理指纹年卡时提交的包括照片在内的面部特征信息；驳回郭某其他诉讼请求。郭某与野生动物世界均不服，向杭州市中级人民法院提起上诉。2021 年 4 月 9 日，二审宣判，杭州中院鉴于指纹识别闸机已停用，在原判决的基础上增判野生动物世界删除郭某办理指纹年卡时提交的指纹识别信息，驳回其他诉讼请求。

本案被媒体称为国内"人脸识别第一案"，在受到舆论普遍关注的同时，也引发学术讨论。有学者认为该案虽为私益诉讼，却在追求公益上的效果，探求经营者采集生物识别信息和消费者选择权的边界，进而追问在何种范围内个人可以抵抗数字时代的裹挟①。还有学者从个人信息处理活动涉及的主体层面指出该案的启示意义，即信息主体要知晓并保护权利；信息处理者要谨慎对待个人信息、遵守"合法、正当、必要"等原则②。

综上案情梳理，本书认为，本案中的个人信息处理纠纷焦点在于：（1）入园身份验证采用指纹识别、人脸识别技术是否具有必要性；（2）不提供指纹或人脸信息就无法办理年卡入园这一入园规则，本身是否充分尊重了信息主体的选择权，消费者对此规则的同意是否有效。

第三节　"郭某诉杭州野生动物世界"案例评析

一　人脸识别应用的必要性界定

"只是去看个动物，为啥非要刷脸"，道出了公众对私主体应用人脸识别技术必要性的困惑。在经济效益的驱动下，原本可由传统方式达到目的的场景，纷纷以提高效率、保障安全等为由应用人脸识别技术，如本案中的身份核验闸机、小区门禁、考勤打卡、电子设备解锁等。然而，技术先行和工具理性并不能消解公众对私主体收集敏感个人信息的忧虑，在效率和安全不能得到充分论证的情况下，用人脸识别替代传统解决方案的必要性被打上问号。

---

① 张谷：《寻找"人脸识别第一案"中的阿基米德支点》，《人民法院报》2021年4月10日第2版。

② 丁晓东：《个人生物识别信息应受严格保护》，《人民法院报》2021年4月10日第2版。

在我国现行法律体系和国际法律规范中，"必要"原则是个人信息处理的基本原则之一。如我国《民法典》第一千零三十五条规定，"处理自然人个人信息的，应当遵循合法、正当、必要原则，不得过度处理"。《消费者权益保护法》《网络安全法》《数据安全法》等法律同样有明确规定。《个人信息保护法》则有多处体现必要原则，"遵循合法、正当、必要和诚信原则""采取对个人权益影响最小的方式""不得过度收集""保存期限应当为实现处理目的所必要的最短时间""为实现处理目的不再必要，个人有权请求删除"，"为订立、履行个人作为一方当事人的合同所必需"等。并且，《个人信息保护法》对处理敏感个人信息的必要性作了特别规定，"只有在具有特定的目的和充分的必要性，并采取严格保护措施的情形下，个人信息处理者方可处理敏感个人信息""还应当向个人告知处理敏感个人信息的必要性以及对个人权益的影响"。欧盟 GDPR 第 5 条规定：收集的个人数据应是充分、相关且应限于为实现该个人数据处理目的所需的最小限度内（"数据最小化"）；美国法也有"数据最小化"的相关规定。

但对于究竟什么是必要原则，以及如何界定充分必要，法律没有给出进一步的规定，学界的讨论亦没有广泛、深入展开。有学者认为，必要原则不应割裂其同正当原则的关系而讨论，"正当、必要"实际上是比例原则在私法中的体现，指出必要原则应包括合理关联性、最小损害性、利益均衡性、最大有效性等方面的内容①。大体上看，多数学者都从类似"相关

---

① 刘权：《论个人信息处理的合法、正当、必要原则》，《法学家》2021 年第 5 期。

性""比例性""框架合力"等角度细化必要原则的内涵和适用条件，如"与服务直接相关""处理活动限定在必要的范围"和"受到合法、正当与同意等基本原则的限制"①，"最小必要原则包括相关性、最小化、合比例性三个子原则"②。

有国外学者从欧盟法院提出的必要性测试要素出发，认为应与实现控制人或第三方追求的合法利益直接相关，且是对信息主体权利限制的最少措施③。也有学者提出必要性不等于不可替代性，"如果有另一种方式来追求相同的目标，但需要不成比例的努力，那么处理可能被认为是必要的"④。实际上，我国已有效力相对较低的技术规范对必要原则作了界定，2020年10月起实施的《信息安全技术 个人信息安全规范》其中明确规定，"最小必要——只处理满足个人信息主体授权同意的目的所需的最少个人信息类型和数量""要求包括'直接相关''最低频率'和'最少数量'"。2021年，国家网信办等

---

①　卢家银：《网络个人信息处理中必要原则的涵义、法理与适用》，《南京社会科学》2021年第12期。

②　武腾：《最小必要原则在平台处理个人信息实践中的适用》，《法学研究》2021年第6期。

③　Kamara, I., & De Hert, P., "Understanding the Balancing Act Behind the Legitimate Interest of the Controller Ground", E. Selinger, J. Polonetsky, & O. Tene (eds.), *The Cambridge Handbook of Consumer Privacy*, Cambridge：Cambridge University Press, 2018, pp. 321–352.

④　Kamara, I., & De Hert, P., "Understanding the Balancing Act Behind the Legitimate Interest of the Controller Ground", E. Selinger, J. Polonetsky, & O. Tene (eds.), *The Cambridge Handbook of Consumer Privacy*, Cambridge：Cambridge University Press, 2018, pp. 321–352. Kosta, Eleni, *Consent in European Data Protection Law*, Leiden：Martinus Nijhoff Publishers, 2013. 转引自 Gil González, E., de Hert, P., "Understanding the Legal Provisions That Allow Processing and Profiling of Personal Data—An Analysis of GDPR Provisions and Principles", *ERA Forum*, Vol. 19, No. 4, 2019, pp. 597–621。

部门联合印发的《常见类型移动互联网应用程序必要个人信息范围规定》，列出了各应用程序必要个人信息范围的详细清单。

本案中，法院认为野生动物世界使用指纹识别、人脸识别等生物识别技术，以达到甄别年卡用户身份、提高年卡用户入园效率的目的，该行为本身符合法律规定的"合法、正当、必要"三原则的要求。年卡客户不同于单次购票用户，其在购买年卡后可以在特定时段内不限次数畅游，野生动物世界对不同客户群体采用差异化的入园查验方式具有必要性和合理性。对此，郭某对媒体表示，如果依据手机号和姓名完全可以认定入园者的身份，指纹识别和人脸识别就不具备必要性[①]。另有研究者也指出，法院并未就三原则的适用性展开具体的论证，仅审查了"甄别年卡用户身份""提高年卡用户入园效率"这一目的的正当性[②]，但目的正当性并不等同于必要合理。实际上，法院以有关人脸识别的店堂告示对郭某不发生法律效力为据，回避了对收集比指纹信息敏感程度更高的人脸信息进行更深入的审查，从而没有明确回答人脸识别应用的界限问题。关于认定野生动物世界收集郭某人脸信息超出必要原则的裁判理由仅在于"签订的是采用指纹识别方式入园的服务合同"，而非人脸识别应用本身的必要性和合理性。耐人寻味的是，倘若野生动物世界自营业之日安装的便是针对年卡用户人脸识别的闸机，双方为此需签订"以人脸识别方式入园的服务合同"，那是否意味着收集人脸信息是自然而然必要的？

[①]   王珊珊：《"人脸识别第一案"原告上诉 个人信息保护诸多局限待解》，《中国青年报》2020 年 12 月 21 日第 4 版。

[②]   丁宁：《场景正义之于商业场景中人脸信息保护——对"人脸识别第一案"的再审视》，《郑州航空工业管理学院学报》（社会科学版）2021 年第 3 期。

可见，在人脸识别应用中，"目的正当"和"最小必要"之间存在巨大的张力。表面上看，实践中人脸识别的诸多用途虽然目的正当，但并不具有必要性，而且很难量化论证应用给信息主体和信息处理者带来的收益与风险损害合乎比例，以及双方的成本收益是平衡的。《南方都市报》的报道提到，一审时，郭某的代理律师曾追问野生动物世界启用人脸识别后，年卡用户的通行效率提升了多少？是否有相关的定量分析与数据支撑？野生动物世界代理律师未能当庭说明。人脸信息不同于一般个人信息，具有强人格、弱财产属性，处理此类信息对信息主体的伤害风险难以预估，一旦泄露容易造成终身威胁。从这个角度来说，所谓便利性、提升服务质量等理由均不足以支撑人脸识别应用的必要性。如果以经济效益优先，在大部分公众尚未清晰认识人脸信息处理对自身潜在的风险时，私主体就大肆片面鼓动人脸识别的正向功能，未经全面评估即实施人脸识别，这是不公平的，野蛮生长必将带来技术的反噬。对于为公共利益而应用的行为，也有学者基于人脸识别的社会交往选择是"先疑"而非"先信"引起信任危机，"全面监控影响公民的自主和选择""忽视个人利益"等判断质疑人脸识别的正当性和必要性，认为其应当仅限于涉及一些重要场合和重大安全事件中使用[1]。在域外，2019 年瑞典数据监管机构（DPA）曾对当地一所高中因违反 GDPR 开出金额为 20 万瑞典克朗（当时约合人民币 14 万元）的罚单，因为该高中出于监控学生

---

① 刘佳明：《人脸识别技术正当性和必要性的质疑》，《大连理工大学学报》（社会科学版）2021 年第 6 期。

出勤率的目的收集人脸信息，超出了特定目的（监控出勤率）所需的个人数据，即便这种收集是基于学生家长的同意。

本书认为，在技术进步的过程中，效率与必要、隐私安全的矛盾不可避免，如果认为收集人脸信息显然不是实现野生动物世界服务所必需的，采用人工验证方式完全足够，那是否意味着故步自封、阻碍创新技术的落地？如果认为收集人脸信息为了提高入园效率，目的正当即可实施，那我们未来是否将持续臣服于任何技术带来的高效率？如何平衡这样的矛盾，想必绝不可能用一份必要范围清单就可以一劳永逸式地解决。不可否认，在技术欠成熟期，准入清单是必需的，在人脸识别呈滥用之势时，有关部门应根据主体、场景、合同成本等及时划定使用范围、必要标准，严格要求信息处理者进行必要性评估，充分论证人脸识别方案的必要性，将严格的安全保护措施融入整体设计。更重要的是，需要依靠信息主体明确的"知情—同意"，在提供替代性方案的基础上，由信息主体理性选择对自己可能造成困扰和侵害最小的处理方式来弥合目的正当和最小必要要求的张力，以实现信息主体的信息自决与隐私自治。

二 人脸识别"知情—同意"面临的有效性困境

郭某在接受《南方都市报》采访时提到，法院虽然认定野生动物世界构成违约，但回避了对"未注册人脸识别的用户将无法正常入园"这一霸王条款的审查，而这正是其起诉的关键。有律师对媒体表示，各类主体在使用人脸识别技术的时候，不能光强调权利、不谈义务。野生动物世界应该充分尊重消费者的选择权，比如保留其他入园方式，让不接受人脸识别的消费者可以通过其他途径入园①。

本案中，法院认为，店堂告示以醒目的文字告知购卡人需要提供包括指纹在内的部分个人信息，保障了消费知情权与对个人信息的自决权，郭某系自行决定提供该信息成为年卡客户。换言之，法院基于"明示同意"前提认可野生动物世界对郭某指纹信息的收集。同时，法院认定野生动物世界并未告知拍照即已完成对人脸信息的收集，亦未告知其收集目的，当事人同意拍照的行为不应视为对收集人脸识别信息的同意，从而判令野生动物世界删除收集的面部特征信息。可见，"知情—同意"原则在本案中已然发挥了保护信息主体的基础作用。但如郭某所述，法院并没有认定"未注册人脸识别的用户将无法正常入园"以及原规则中"指纹识别作为年卡用户唯一入园方式"等条款的强制性，而认为郭某自行决定提供指纹信息成为年卡客户表明其选择权并未受到限制或侵害，这也折射出这一原则在司法实践中的模糊性和有效性困境。

信息主体是否拥有不同意人脸识别的权利？在有且仅有一种以生物识别为身份核验方式的条件下，信息主体的同意是否是"强迫同意"或"非自愿同意"？在个人信息处理活动中，信息主体在充分知情的情况下同意处理通常被作为信息处理的条件之一，"知情—同意"原则充分体现了尊重人的自治与自由意志②。实际上，该原则虽早已被视为国际通行的个人信息

---

① 卢越：《因不接受动物园规定的面部识别入园方式，消费者提起诉讼，"人脸识别第一案"近日开庭 只是看个动物，为啥强制"刷脸"》，《工人日报》2020年6月24日第4版。

② 郭春镇：《对"数据治理"的治理——从"文明码"治理现象谈起》，《法律科学（西北政法大学学报）》2021年第1期。

保护基本原则，但同时也饱受争议。该原则在立法层面被广泛接纳，但实施现状不尽如人意，保护作用大打折扣、异化为信息处理者在法律上免责的手段①等现象，引起了学者对"知情—同意"原则的广泛质疑和批评。最为重要的是，根植于"前信息时代"的"知情—同意"原则框架②在人工智能时代（包括人脸识别应用场景）的适用性困境甚至是必要性问题，成为学界争论的焦点。

"知情—同意"原则在目前的互联网平台合规实践中，往往外化为经营者提供一份包含收集个人信息目的、范围、使用方式的用户协议或隐私政策，由用户点击同意并使用，互联网平台在线上应用人脸识别时也以此方式获取用户同意授权。目前研究也多从隐私政策出发阐明"知情—同意"原则的局限和实现难题。国内外学者常引用丹尼尔·沙勒夫（Daniel J. Solove）的观点，认为"知情—同意"难以起到保护的主要原因是，这种过度依赖自我管理的模式所存在的信息主体认知问题和结构问题，以及"充分告知"与"简单易懂"的根本性内在悖论，其中结构问题涉及信息过载、孤立同意的数据聚合、风险难以提前预测等③。有学者从纵向上认为，"知情"环节的鸿沟、"同意"环节的失灵、"执行"环节的未知都使之流于形式④。

---

① 田野：《大数据时代知情同意原则的局限与出路——以生物资料库的个人信息保护为例》，《法制与社会发展》2018 年第 6 期。

② 范为：《大数据时代个人信息保护的路径重构》，《环球法律评论》2016 年第 5 期。

③ Daniel J. Solove，"Privacy Self-Management and the Consent Dilemma"，*Harvard Law Review*，Vol. 126，No. 7，2013，pp. 1880-1903.

④ 范海潮、顾理平：《探寻平衡之道：隐私保护中知情同意原则的实践困境与修正》，《新闻与传播研究》2021 年第 2 期。

　　本书认为,实践中"知情—同意"普遍存在有效性不足的问题,即并不能起到理想的"实现信息对称和信息自决"的目标。首先在知情层面,"知情"是"同意"的内在规范要求,只有充分告知"同意"所针对的内容,个人才能做出有效的同意①。如果用户对收集的个人信息内容、目的、范围等不了解,甚至略过直接点击同意,那么同意的动作也仅仅是形式的、自欺欺人的。沙勒夫认为,信息主体难以理性判断信息处理的影响,如缺乏专业知识,大数据时代信息流通使得处理目的难以预知,以及因阅读晦涩繁杂告知内容的时间成本高昂而消极管理个人信息②。还有学者认为,在互联网中确保"知情—同意"需要遵循信息披露、能力、理解、自愿和同意五项原则,但理解和自愿可能是最难实现的③。对于人脸识别,"刷脸"并不能直接带来有形的伤害,私主体可能将人脸识别风险隐藏在繁杂的隐私条款中,在实体场景中,可能通过口头告知说服等片面主张人脸识别的便利性,而导致信息主体并非真正的"知情",觉得只是"刷一下脸而已",有学者总结,这是"诱导获取的同意"④。

　　其次,在同意层面,如果信息处理者以优势地位仅提供唯

---

　　①　陆青:《个人信息保护中"同意"规则的规范构造》,《武汉大学学报》(哲学社会科学版)2019年第5期。

　　②　Daniel J. Solove, "Privacy Self-Management and the Consent Dilemma", *Harvard Law Review*, Vol. 126, No. 7, 2013, pp. 1880–1903.

　　③　Masooda Bashir, April D. Lambert, Carol Hayes and Jay P. Kesan, "Online Privacy and Informed Consent: The Dilemma of Information Asymmetry", *Proceedings of the Association for Information Science and Technology*, Vol. 52, 2015, pp. 1–10.

　　④　王旭:《人脸识别准入规则的失灵风险与制度重构》,《大连海事大学学报》(社会科学版)2021年第6期。

一选择，常处于弱势的信息主体便难以自由作出同意与否的决定①，不同意收集平台索要的个人信息就无法使用或享受服务，如本案中郭某不同意人脸识别就无法入园。在另一些主客体地位不平等的环境中，如工作、教育场景，员工或学生并不能发自内心作出同意或反对，比如被迫同意刷脸签到②。超授权和目的范围的二次使用实现人脸识别数据的功能性扩展，包括与其他关联实体或数据库进行交叉对比，在人脸信息基础上深度分析其他个人信息③，也使得单次"一揽子"式同意的意义被削弱。

概言之，无论是信息主体本身理性的不足还是信息处理者的强制选择，抑或大数据时代结构性问题导致的"同意疲倦"④"无法预知"等，"知情—同意"的有效性堪忧。同时在实体场景中还存在因"隔空捕捉信息"⑤导致的直接"非知情""非同意"现象，为公众和学界所诟病："非接触性"极大地破坏了个人信息保护中的同意规则⑥，"通过摄像头自动拍摄而无需接触"严重侵犯了信息自决⑦，被采集对象往往毫

---

① 徐丽枝：《个人信息处理中同意原则适用的局限与破解思路》，《图书情报知识》2017 年第 1 期。

② 郭春镇：《数字人权时代人脸识别技术应用的治理》，《现代法学》2020 年第 4 期。

③ 林凌、贺小石：《人脸识别的法律规制路径》，《法学杂志》2020 年第 7 期。

④ 吕炳斌：《个人信息保护的"同意"局限及其出路》，《法商研究》2021 年第 2 期。

⑤ 蒋洁：《人脸识别技术应用的侵权风险与控制策略》，《图书与情报》2019 年第 5 期。

⑥ 潘林青：《面部特征信息法律保护的技术诱因、理论基础及其规范构造》，《西北民族大学学报》（哲学社会科学版）2020 年第 6 期。

⑦ 于洋：《论个人生物识别信息应用风险的监管构造》，《行政法学研究》2021 年第 6 期。

无察觉，从而错失判断风险并明确表达同意或拒绝的机会①；人脸信息具有易采性，可以在不知不觉中偷偷采集②。本案中郭某只是被告知去年卡中心拍照，就已经被收集人脸信息。2021年，更是有新闻爆出房地产行业中多地售楼部安装了人脸识别系统，在未明示征得消费者同意的情况下使用人脸识别软件。然而，即便有遵守之心，与大数据分析所求对象范围之广类似，人脸识别的算法训练以及在"由N识别1"的模式下，也需要模糊的对象，由此面临"到底要谁的同意权""就算能够定出谁要给予同意，但又是否可以达成一致同意"的难题③，从而又回到有效性症结上。

对于上述"知情—同意"原则面临的困境，我国《个人信息保护法》第14条明确"基于个人同意处理个人信息的，该同意应当由个人在充分知情的前提下自愿、明确作出"，第16条"个人信息处理者不得以个人不同意处理其个人信息或者撤回同意为由，拒绝提供产品或者服务；处理个人信息属于提供产品或者服务所必需的除外"已经对"强制二选一"做出回应，这必将是在日后个人信息纠纷中重点审理的对象。在一些地方的立法实践中，如杭州市新修订的《杭州市物业管理条例》已经规定"物业服务人不得强制业主、非业主使用人通过提供人脸、指纹等生物信息方式进入物业管理区域或者使用共有部分"。进一步来说，如何提高"知情—同意"的有效性，

① 石佳友、刘思齐：《人脸识别技术中的个人信息保护——兼论动态同意模式的建构》，《财经法学》2021年第2期。
② 邢会强：《人脸识别的法律规制》，《比较法研究》2020年第5期。
③ 黄柏恒：《大数据时代下新的"个人决定"与"知情同意"》，《哲学分析》2017年第6期。

包括"在何种情景条件下用户的同意符合充分知情、自愿""经营者允许用户不同意的边界在何处""哪些是产品或服务所必需的信息"等问题都是学界和业界亟待细化的方向，也即是，必要原则和"知情—同意"原则的学术讨论和司法适用无法割裂。针对人脸信息等敏感个人信息，如开篇理论背景所述，《个人信息保护法》对"知情—同意"已作出更严格、更高的要求。本案中，野生动物世界仅通过店堂告示的形式告知消费者需要收集指纹信息或人脸信息，在《个人信息保护法》施行的背景下，不符合"单独同意"程序的要求。

第四节 "知情—同意"有效性困境
及其实现路径

本案例折射出人脸识别应用"必要性"的模糊和"知情—同意"有效性的困境等问题，可与"瑞典一中学使用面部识别监测学生的出勤率被监管机构处罚"以及"美国 Patel 等人诉脸书公司擅自应用照片人脸标注功能"等国际案例作横向对比（见表 3.1），笔者有如下分析。

表 3.1　　中国、欧盟和美国人脸识别案例的比较分析

案件	（中国）郭某诉杭州野生动物世界	（瑞典）DPA 诉 Skellefteå 中学教育委员会（Secondary Education Board in Skellefteå）	（美国）Patel 等诉脸书公司（Facebook, Inc.）
性质	民事诉讼	行政处罚	民事诉讼（集体诉讼）

续表

案件	（中国）郭某诉杭州野生动物世界	（瑞典）DPA 诉 Skellefteå 中学教育委员会（Secondary Education Board in Skellefteå）	（美国）Patel 等诉脸书公司（Facebook, Inc.）
审理/执法机构	浙江省杭州市中级人民法院	瑞典隐私保护局（IMY，前称 DPA）	美国联邦第九巡回上诉法院
人脸识别应用场景	私人实体商业场景	公共教育场景	互联网社交媒体场景
人脸识别信息收集目的	对年卡用户入园身份验证	通过摄像头的人脸识别功能监控学生出勤情况	识别用户所上传照片里出现的人并建议标注
赔偿/罚款金额	判决赔偿郭某合同利益损失及交通费共计 1038 元	对该校教育委员会罚款 20 万瑞典克朗（约合人民币 14 万元）	脸书在否认了所有不法行为指控的前提下，以赔偿 6.5 亿美元（约合人民币 41.5 亿元）和解，提交了索赔表的伊利诺伊州用户每人至少可获得 345 美元（约合人民币 2200 元）
法律依据	《合同法》第 108 条对违约责任的有关规定；《民法总则》第 111 条关于自然人的个人信息受法律保护的规定；《消费者权益保护法》第 29 条第一款有关经营者收集、使用消费者个人信息义务的规定	欧盟《一般数据保护条例》（GDPR）：第 5 条关于个人数据处理的原则；第 9 条关于特殊类型个人数据的处理；第 35 条和第 36 条有关数据保护影响评估和事先咨询的规定	美国伊利诺伊州《生物识别信息隐私法》（BIPA）：第 15 条关于私人实体在收集、保留、披露和销毁生物识别指标和生物识别信息方面各项义务的规定

注：郭某诉野生动物世界案主要依据表中法律审理。2021 年 1 月 1 日，《民法典》正式实施，《民法总则》《合同法》同时废止。

其一，先于我国设立专门针对个人信息立法规制的欧美，对涉及生物识别信息的不当行为有适用性较强的执法或裁量依据，"未经同意授权"或"同意无效"都可能导致违法，行政处罚力度大，和解赔偿的金额同样巨大，并且欧盟成员国还依据 GDPR 设立独立的监管机构来处理相关案件。

其二，人脸识别作为有一定潜力提升经济效率的创新技术，不可因其存在的隐私伦理、安全风险而被扼杀在襁褓中，也绝不可任其肆意生长在许多尚不必要的传统场景，甚至成为没有替代方案的"霸王"应用，让公众的敏感个人信息承受不必要的风险。

其三，"知情—同意"原则及其所维护的信息自决权，在个人信息利用与保护悖论凸显的数字时代，依然有其存在的必要。因其难以实现就否定其必要性，显得过于武断。事实上，各国立法也仍将其作为个人信息保护的基本原则之一。

解决"知情—同意"失灵的问题，关键在于解决信息主体、信息控制者、监管各方的执行问题，需要适应数字时代的精细化和场景化要求。如本案，对于敏感个人信息，尤其是风险极高的人脸识别信息，法律天平自然倾斜在保护一侧而非利用一侧，"知情—同意"的基石作用稳固，并且被立法者强化和学者呼吁。在一些学者提出的"知情—同意"改良框架中，如"动态同意""分层同意"模式，限制性同意风险较高的个人信息处理得到普遍认同体现。未来更应该思考如何谨慎推广人脸识别技术，落实更加严格的"知情—同意"原则，防止法律条文沦为一纸空文。对此，提出以下建议：

第一，在规制层面，国家网信部门根据《网络安全法》《民法典》《个人信息保护法》等法律和司法解释，及时出台人脸识别技术的必要应用范围、有效同意程序、非法使用人脸信息的行政处罚标准、损害赔偿责任等细则和标准。

第二，在监管层面，厘清履行个人信息保护职责部门各自的权责清单，合力对人脸识别应用常态化监督，包括对人脸识别技术应用主体安全资质、必要性进行审查，利用技术平台对协议内容的合规性、合理性进行规模化评估，同时应畅通申诉渠道，公布接受投诉、举报的联系方式，切实降低个体维权门槛、线索举证难度。

第三，在实践层面，一方面，信息处理者应严格落实"除必需外，不得只有自然人同意处理其人脸信息才提供产品或者服务""应取得单独同意而非一揽子告知同意""未经同意不得向他人提供或转委处理"等规定和要求；在移动应用人脸识别场景中，通过弹窗等形式强化告知，告知内容应在详细介绍收集使用目的、范围等的基础上，提供一个可读性强、关键（风险）信息高度集中的简化版本供用户阅读，为不同意收集人脸信息的用户提供合理可行的替代方案，比如密码、手机验证码、身份证号等；实体应用人脸识别场景中，应在离设备较近处显著标志"该设备为人脸识别设备"，以显著形式公开人脸信息收集使用目的、范围等信息，并提供替代方案，赋予信息主体自主选择权。对于政府出于公共安全目的应用的人脸识别设备，同样应通过各种媒介形式充分"透明化"告知公众应用目的、方式及必要性，严格限制并监督不得超目的使用。另一方面，公众应提高敏感个人信息保护意识，认识到人脸信息一旦泄露和非法使用所带来的严重甚至永久性后果，对人脸识别应用"多留个心眼"，关注隐私协议中的关键信息，敢于向强制同意收集人脸信息说"不"，并在个人信息被泄露时积极开展维权活动。

第四章　人脸识别进高校：风险争议与规范建议[*]

近年来，在"智慧校园"建设热潮的裹挟下，人脸识别应用正从完善教学设施、提高安全保障、服务校园生活等教育教学的外围场景，逐渐侵入核心教育过程，涵盖学校场景中的校园管理与课堂辅助等情景，具体包括：（1）用于准入门禁的身份验证；（2）用于考试、线上教学核实身份；（3）用于课堂签到、记录考勤；（4）用于学情评估，识别学生表情、神态；（5）用于教学情况反馈，识别教师课堂表现；（6）用于校园支付，将人脸信息与支付信息关联；（7）用于校园配套设备，如图书借还设备。本章聚焦校园中的人脸识别应用，旨在归纳风险争议焦点，调研师生态度并阐释其缘由，而后结合中美欧的制度法规比较，为学校场景中人脸识别应用提出规制建议。

---

　　* 本章执笔者：王敏、康一帆（武汉大学新闻与传播学院 2024 级研究生）、邓白露（武汉大学新闻与传播学院 2024 级研究生）、兰茜（武汉大学新闻与传播学院 2020 级本科生）。

第一节　学校中人脸识别应用的风险争议

一　学校中人脸识别应用的"风险"研究

国内外学者注意到学校中应用人脸识别的特殊性，集中地提到了隐私侵犯、算法歧视、"避无可避""功能潜变"等风险。

（一）侵犯师生人脸信息等隐私

从人脸识别技术的运作流程看，其数据采集、储存和分析等各个环节均存在隐私侵犯风险。作为数据处理者（data processor）的高校或与其合作的技术公司，若对收集到的人脸数据保管或处理不善，极有可能造成个人敏感隐私泄露的风险[①]。从数据采集环节看，人脸识别无须身体停留配合，即可通过头像采集设备快速识别、匹配人脸数据库中的相关数据，生成个人数字画像[②]。由来已久的校园监控文化也导致人们普遍认为，在教室和学校的其他公共场所进行视频监控是合乎情理的，因为教室等场所不属于受保护的"隐私区"。但事实上，许多人在得知自己的个人信息未经同意就被收集时，往往会感到不悦，即使是在公共场所也是如此。大多数人在公共场所也依然抱有隐私期望[③]。对学生"隐私期待"的忽视，使得采集于学

---

①　王冲：《论生物识别信息处理行为的法律规制——以高校与学生关系为视角》，《科学技术哲学研究》2021 年第 2 期。

②　林凌、程思凡：《识别数字化风险及多维治理路径》，《编辑学刊》2021 年第 6 期。

③　Helen Nissenbaum，"Protecting Privacy in an Information Age：The Problem of Privacy in Public"，*Law and Philosophy*，Vol. 17，1998，pp. 559-596.

校、教室等"公共场所"的个人信息往往不被视为"隐私"，人脸数据采集的安全性很容易被忽略，从而扩大了隐私侵犯的风险。人脸等生物识别数据的"无感"收集，也意味着伤害不能被及时感知，隐私主体无法及时采取救济手段，因此，这种伤害会因为网络传播的特征而被快速放大①。

同时，学校自身大多并不具备足够的技术开发能力，只能依靠第三方技术公司的力量进行人脸识别系统的搭建和人脸信息的存储。国内学者指出，当前人脸识别应用市场的技术条件和管理水平良莠不齐，市场大都把关注点放在人脸识别的规模化商用拓展上，往往忽视对数据安全的投入，导致某些环节的安全防护比较薄弱②。若学校与一些技术安全不达标的企业开展人脸识别应用合作，则极易引发师生人脸信息的大规模泄露，甚至侵犯人脸等生物识别信息关联的其他隐私信息，如账户信息等。

在数据分析阶段，隐私侵犯以一种更为独特的形式呈现，即"被预知的可能性"③（probability of predictability）。人脸识别引发的信息泄露不仅限于面部信息。人脸识别是一种身份识别体系，具有身份认证功能，其背后关联一系列个人信息，包括家庭背景、资产、学历、工作等④。师生的人脸信息泄露之

---

① 顾理平：《智能生物识别技术：从身份识别到身体操控——公民隐私保护的视角》，《上海师范大学学报》（哲学社会科学版）2021 年第 5 期。

② 刘成、张丽：《"刷脸"治理的应用场景与风险防范》，《学术交流》2021 年第 7 期。

③ ［英］维克托·迈尔-舍恩伯格、［英］肯尼思·库克耶：《大数据时代：生活、工作与思维的大变革》，盛杨燕、周涛译，浙江人民出版社 2013 年版，第 22 页。

④ 胡凌：《刷脸：身份制度、个人信息与法律规制》，《法学家》2021 年第 2 期。

后，不法分子能通过"整合性信息分析"预测人物社交关系、行为习惯以及情绪与生活状况等更深层次的信息，使师生的更多隐私暴露无遗。

（二）面部监控"避无可避"

美国长岛大学哲学系的安敦·奥尔特曼（Anton Alterman）教授提出了应用生物识别技术时知情同意（informed consent）的三个具体内涵：（1）充分被告知潜在的风险；（2）有能力理解他们行为可能产生的影响；（3）在不受到任何威胁的情况下，做出同意行为[1]。首先对于第一点，现实中许多数据企业和用户签订协议时就预设了突破收集使用人脸信息初始目的的协议后窗，为非法使用留下"后门"（backdoor），以"包含但不限于"的条款无限扩大对用户人脸识别信息的使用[2]。许多高校也是如此，并未真正做到"充分"告知的义务，甚至并未事先公示使用目的与数据管理办法，在未征得被识别群体同意的情况下，直接使用已采集的学生照片与身份信息安装人脸识别设备。

其次，学生群体天然地乐于接受新生事物，但社会经验相对缺乏，并不一定能准确认识到生物识别信息的不当使用可能带来的风险[3]。面对海量而专业的数据，一般的信息主体很难真正理解其意义，对信息处理可能产生的风险难以作出准确预

---

[1] Anton Alterman，"'A Piece of Yourself'：Ethical Issues in Biometric Identification"，*Ethics and Information Technology*，Vol. 5，No. 3，2003，pp. 139–150.

[2] 林凌：《人脸识别信息保护中的"告知同意"与"数据利用"规则》，《当代传播》2022 年第 1 期。

[3] 王冲：《论生物识别信息处理行为的法律规制——以高校与学生关系为视角》，《科学技术哲学研究》2021 年第 2 期。

测，基于不充分的理解所做出的同意，难谓真正的"个人信息自决"①，"知情同意"原则难以真正实现。

最后，学校有例行收集和保存师生面部照片记录的悠久传统，监控摄像设备遍布校园，本质上强制性、控制性和纪律性的学校环境也意味着大多数师生都不能直接拒绝学校的人脸识别基础设施，陷入一种"避无可避"（inescapability）的境地。在这样的背景下，不假思索或例行公事地点击网上同意按钮成为常规操作。其中，自决的成分即便存在也是微乎其微，同意的作用被虚化和弱化②。此外，从技术上来讲，系统目的及其实现方式也与"选择退出"（opt-out）模式存在悖论。以保障校园安全和便利考勤为目的的人脸识别系统需要全面扫描覆盖校内人员，从系统提供者的角度来看，允许"选择进入"（opt-in）和"选择退出"会适得其反。即使予以"选择退出"的承诺，系统也必须先扫描师生的脸，才能进一步识别他们已"选择退出"③。这意味着，只要校园内安装了人脸识别系统，师生便无法躲避系统对其面部的扫描与识别，从而形成一种"选择退出"的悖论。

（三）自动化决策与"功能潜变"

所谓"功能潜变"（function creep）是指生物识别信息的

① 田野：《大数据时代知情同意原则的困境与出路——以生物资料库的个人信息保护为例》，《法制与社会发展》2018年第6期。

② 吴泓：《信赖理念下的个人信息使用与保护》，《华东政法大学学报》2018年第1期。

③ Andrejevic, M., Selwyn, N., "Facial Recognition Technology in Schools: Critical Questions and Concerns", *Learning, Media and Technology*, Vol. 45, No. 2, 2020, pp. 115-128.

使用超出原有的目的①。在学校背景下，"功能潜变"主要表现为两种形式。第一种是"数据转移"（shifting information），即将人脸数据集从某一"功能语境"转移应用至另一种"功能语境"②。个人信息的价值很大一部分体现在其"二次利用"上，学校最开始可能仅仅是出于信息收集的目的而采集学生人脸信息，但随后基于安全监控、管理效率等目的，将人脸数据库转移应用至考勤、支付、安保以及教学等其他"功能语境"之中。信息采集者在满足了首次同意的正当性要求后，对于后续个人信息滥用行为难以监管。这实质上是对同意权的"功能潜变"，以致信息采集者与被采集方处于权益结构的失衡之中③。此外，也有学者认为，从自动风险检测到自动内容定制，这既是一个"功能潜变"的问题，也是一个自动化决策过程取代人类判断的问题，其结果就是从决策链中排除了人的因素④。自动捕获数据而形成的数据库，甚至不需要经过人的决策便自动承担从课堂考勤到购物支付，再到表情识别等各种功能的转换，形成"功能潜变"。

　　第二种是"主体转移"（user shift），即系统一旦被开发出

---

　　①　胡海明、翟晓梅：《生物识别技术应用的伦理问题研究综述》，《科学与社会》2018年第3期。

　　②　Brey，P.，"Ethical Aspects of Facial Recognition Systems in Public Places"，*Journal of Information，Communication and Ethics in Society*，Vol. 2，No. 2，2004，pp. 97-109.

　　③　杜嘉雯、皮勇：《人工智能时代生物识别信息刑法保护的国际视野与中国立场——从"人脸识别技术"应用下滥用信息问题切入》，《河北法学》2022年第1期。

　　④　Andrejevic，M and Selwyn，N.，"Facial Recognition Technology in Schools：Critical Questions and Concerns"，*Learning，Media and Technology*，Vol. 45，No. 2，2020，pp. 115-128.

来，可能会被不同类型的主体使用①。对于生物识别信息而言，最大威胁并非来自生物识别技术所作的正面识别，而是第三方以可识别方式访问该类信息并与其他类型个人信息相关联，从而导致在未经信息主体同意的情况下对其信息进行二次使用②。回到学校的具体场景，大多数人脸识别用户是青少年，许多家长担心收集的数据可能被误用、滥用或重复使用③，尤其是出于商业的目的，因而存在学生的生物识别信息被用于营利性目的的风险。

二 学校中人脸识别应用的"争议"研究

（一）人脸识别的校园安保能力

人脸识别技术在学校中的一个重要应用是保障校园安全。但在实际应用中，由于技术不成熟或不配套，人脸识别系统往往达不到所标称的识别效果和安全保障要求。有研究认为，任何存储个人信息的数据库系统都可能出现错误，人脸识别的错误率本身并不能成为反对人脸识别的有力证据，只要错误率保持在恰当范围内，使用人脸识别的好处大于对非目标用户的伤

---

① Philip Brey, "Ethical Aspects of Facial Recognition Systems in Public Places", *Journal of Information, Communication and Ethics in Society*, Vol. 2, No. 2, 2004, pp. 97-109.

② 杜嘉雯、皮勇：《人工智能时代生物识别信息刑法保护的国际视野与中国立场——从"人脸识别技术"应用下滥用信息问题切入》，《河北法学》2022 年第 1 期。

③ Rejman-Greene, M., *Privacy Issues in the Application of Biometrics: A European Perspective*, J. Wayman, A. Jain, D. Maltoni, and D. Maio (Eds), *Biometric Systems: Technology, Design and Performance Evaluation* London, UK: Springer, pp. 335-359.

害，这种折中便是可以接受的①。但也有学者对此持相反意见，认为出于公共利益，牺牲少数人的利益，不能得到辩护，我们应该有同样的道德责任确保这些个体不遭受不成比例的伤害②。

人脸识别算法的稳定性至少受到两方面因素的影响，一是光照条件、地理位置、遮挡状况等外界因素，二是人脸识别系统的存储图像清晰度或识别阈值设置等内部因素③。这些内外部因素会通过影响人脸识别的错误匹配率（false match rate/FMR）或错误非匹配率（false non-match rate/FNMR），进而影响到识别的准确度。不同的应用场景对人脸识别系统的性能要求有所差别，比如，在刑事侦查场景下，本着"宁枉勿纵"的原则，FNMR 相对 FMR 而言更为关键，而在访问控制应用程序中，为了防止"冒名顶替"，FMR 则更加重要④。学校作为一个较为特殊的公共场景（"半公共场景"，semi-public space），其对人脸识别的性能要求应该介于上述两种极端情况之间，高 FMR 意味着对师生人脸的一致性提出更高要求，当出现人脸遮挡等无法定位到足够质量的生物特征信号或人脸变化的情况时，人脸识别系统可能就无法精准识别师生，导致师

① Philip Brey, "Ethical Aspects of Facial Recognition Systems in Public Places", *Journal of Information, Communication and Ethics in Society*, Vol. 2, No. 2, 2004, pp. 97-109.

② Wickins, J., "The Ethics of Biometrics: The Risk of Social Exclusion From the Widespread Use of Electronic Identification", *Science and Engineering Ethics*, Vol. 13, 2007, pp. 45-54.

③ 王鑫媛：《人脸识别技术应用的风险与法律规制》，《科技与法律（中英文）》2021 年第 5 期。

④ Salil Prabhakar, Sharath Pankanti and Anil K. Jain, "Biometric Recognition: Security and Privacy Concerns", *IEEE Security & Privacy*, Vol. 1, No. 2, 2007, pp. 33-42.

生权益受损。高 FNMR 则更容易导致"欺骗攻击"。由于人脸识别系统本身存在技术局限，不法分子可以通过向人脸识别系统提供以假乱真的人脸信息①，致使系统将非目标用户识别为目标用户，从而威胁到校园安全。

然而，在实际应用中，FNMR 和 FMR 之间的平衡却难以保证。目前，支撑人脸识别技术的深度学习算法，高度依赖数据集，对训练数据集的质量要求较高。但是，深度学习算法模型存在可靠性问题，深度学习模型离开训练使用的场景数据，其实际效果会大大降低②。即使是在教学辅助系统的应用场景中，人脸识别系统对个人面部情绪与姿态的识别分析也受到质疑。与同样基于计算机图像处理技术的智能批改和拍照搜题等功能相比，情绪识别训练算法所需数据对教育环节本身的依赖程度较低，技术成熟度一般，且应用于辅助学习场景的成熟度较低③。尽管近年来人脸识别技术的准确率已得到提升，但当前人脸识别技术水平下的误差可能超出合理容错率（fault-tolerance rate）④。人脸识别的技术成熟度及其在校园内的实际应用效果依然饱受争议。

（二）教育的异化与边缘群体的压迫感

到目前为止，人脸识别技术在课堂中的应用，通常被认为

---

① 徐祥运、刁雯：《人脸识别技术的社会风险隐患及其协同治理》，《学术交流》2022 年第 1 期。

② 中国信息通信研究院、中国人工智能产业发展联盟：《人工智能发展白皮书-技术架构篇（2018）》，中国信息通信研究院 2018 年版。

③ 199IT 亿欧智库：《2019 全球人工智能教育行业研究报告》，中文互联网数据资讯网，http://www.199it.com/archives/933381.html，2019 年 9 月 9 日。

④ 徐祥运、刁雯：《人脸识别技术的社会风险隐患及其协同治理》，《学术交流》2022 年第 1 期。

有以下几个好处：一是能够促使学生的注意力由分散变得专注，提高学生学习成绩；二是能向教师提供关于学生学习情况的反馈①；三是能够对学生进行考勤监控，避免群体点名时出现遗漏②；四是促进智能课堂的建设，为学生提供"个性化的教学支持"③。然而，也有不少研究对"人脸识别进课堂"提出质疑。总结起来，争议主要围绕以下三个问题展开：

一是表情是否能直接代表学生的学习状态？加拿大学者阿里·阿克伯·德万（M. Ali Akber Dewan）等人回顾了在线学习环境下的人脸识别算法。学习者简单的面部表情被人脸识别摄像头捕捉，后与数据库进行匹配，被归类为无聊、沮丧、高兴、中立或困惑等状态，作为学习者参与虚拟学习的表现指标。人们认为，面部表情是"理解学习者当前心理状态某些方面的一种连续的、非侵入性的方式"④。但人的表情、情绪的复杂性远超算法的识别范围，面部表情和内在情绪也并非一一对应的关系。"将学生表现出的积极情绪视同于课堂教学或学习效果好，消极情绪视同于课堂教学或学习效果不佳"，这一识别逻辑简化了学习者情绪内涵的复杂性，也忽略了消极情绪

① Nila Bala, "The Danger of Facial Recognition in Our Children's Classrooms", *Duke Law & Technology Review*, Vol. 18, 2019, pp. 249-267.
② Puthea, K., Hartanto, R., and Hidayat, R. "A Review Paper on Attendance Marking System Based on Face Recognition", 2017 the 2nd International Conferences on Information Technology, Information Systems and Electrical Engineering (ICITISEE), November, 2017.
③ Andrejevic, M., and Selwyn, N., "Facial Recognition Technology in Schools: Critical Questions and Concerns", *Learning, Media and Technology*, Vol. 45, No. 2, 2020, pp. 115-128.
④ Dewan, M., Murshed, M., and Lin, F., "Engagement Detection in Online Learning: A Review", *Smart Learning Environments*, Vol. 6, No. 1, 2019, Article 1.

可能具有的积极价值①。心理学家研究发现，一个人专注于某件事时也会出现无意识的走神。同理，学生缺乏眼神交流或看似漫不经心的表情并不一定意味着学习不专注，如果只是基于眼神交流和其他面部指标来决定学生的表现如何，那么人脸识别系统其实无法真正区分有意走神和无意走神②。如若这一技术很难精准地由面部表情识别内心真实情绪，计算出的学生情绪数据准确度不高，那么教师对学生课堂参与和投入情况的认知就很容易被扭曲。这种难以精准识别内心情绪状态的技术就会失去课堂应用的正当性③。除了直接控制，人脸识别系统还可能引发用户的"自我控制感"④，带来一种"去人性化（de-humanising）"的后果，即学生不得不以一种"非自然"的方式扭曲他们的面部表情⑤。在冷冰冰的"算法凝视"下，学生只能够按照人脸识别算法的既定框架进行"模式化表演"，难以呈现真正的自我。从这个角度来看，学校中受人脸识别技术伤害最大的学生或许就是那些不能完全融入标准化系统、生活

---

① 程猛、阳科峰、宋文玉：《"精准识别"的悖论及其意外后果——人脸情绪识别技术应用于大学课堂的冷思考》，《重庆高教研究》2021年第6期。

② Bala, N. "The Danger of Facial Recognition in Our Children's Classrooms", *Duke Law & Technology Review*, Vol. 18, 2019, pp. 249-267.

③ 程猛、阳科峰、宋文玉：《"精准识别"的悖论及其意外后果——人脸情绪识别技术应用于大学课堂的冷思考》，《重庆高教研究》2021年第6期。

④ Zhao, S., "Facial Recognition in Educational Context: The Complicated Relationship Between Facial Recognition Technology and Schools", In 2021 International Conference on Public Relations and Social Sciences (ICPRSS 2021), Atlantis Press, October, 2021.

⑤ Andrejevic, M., and Selwyn, N., "Facial Recognition Technology in Schools: Critical Questions and Concerns", *Learning, Media and Technology*, Vol. 45, No. 2, 2020, pp. 115-128.

在数据监控夹缝中的边缘化群体①。正如欧斯·基斯（Os Keyes）指出："数据科学严重威胁着酷儿（queer）人群。诸如，人脸识别等数据驱动的技术从根本上与自由、自主、不被定义等品质背道而驰（因为数据科学是规范的、分门别类的、对可预测的未来进行精确定义和假设）。在非二元和不符合标准的学生的数据档案中，任何差异、遗漏和空白都将不可避免地导致人脸识别算法计算减少、判断和决策范围受限的结果。这个过程可能会忽略一些重要的问题，还可能会做出不合理的假设。不管怎样，这些学生的行为被歪曲解读的可能性都很高。"②

二是人脸识别所带来的实时监控是否有利于学生成长？在人脸识别功能系统的场景中，人脸不过是和条形码、密码等其他标识符一样的信息结构③。这种将身体各部分的功能简化为信息结构的做法，可能会对仍然处于认知发展阶段的学生产生深远影响。尤其是对于未成年人或儿童而言，这样的监视不利于他们成长为独立自主、有创造力的公民。由于专注和批判性思考的能力是在童年时期形成的，技术监控带来的心理伤害对儿童的影响可能比成年人更大、更持久④。此外，校园人脸识

---

① Hartzog, W., and Selinger, E., "Facial Recognition is the Perfect Tool For Oppression" (2021), https://medium.com/s/story/facial-recognition-is-the-perfect-tool-for-oppression-bc2a08f0fe66.

② Keyes, O., "Counting the Countless: Why Data Science is a Profound Threat For Queer People", *Real Life*, (April 8, 2019), https://reallifemag.com/counting-the-countless/.

③ Brey, P., "Ethical Aspects of Facial Recognition Systems in Public Places. Journal of Information", *Communication and Ethics in Society*, Vol. 2, No. 2, 2004, pp. 97–109.

④ Bala, N., "The Danger of Facial Recognition in Our Children's Classrooms", *Duke Law & Technology Review*, Vol. 18, 2019, pp. 249–267.

别系统的持续监控相当于剥夺了学生在校期间"默默无闻"的权利。学生会发现自己越来越难以保留自己的私人独处空间，时常需要在监视下进行活动。法学教授伍德罗·哈佐格（Woodrow Hartzog）和哲学教授埃文·塞林格（Evan Selinger）直言不讳地指出："使用人脸识别系统进行的监视本质上是压迫性的。"① 人脸识别技术应用加剧了社会监控的风险，使得个人的社会活动与行动无法表达其自由意志，公私范围的不均衡和单方面的倾轧，容易损害社会活力，消磨个体个性，社会秩序极易僵化，不利于社会创新和发展②。此时，识别的是人脸，得到的是数据，失去的或被贬损的则是人的主体性及其尊严③。

三是人脸识别是否真的能够促进师生交流？教育部《教育信息化2.0行动计划》中提到，智能环境不仅改变了教与学的方式，而且已经开始深入影响教育的理念、文化和生态④。学习的实践本应该是"对话的实践"，即"同新的世界对话，同新的他人对话，同新的自身对话"⑤。但在人脸识别系统的监

① Hartzog, W., and Selinger, E., "Facial Recognition is the Perfect Tool For Oppression. Online VerfüGbar Unter", media. com, （2018）, https：//medium. com/s/ story/facial-recognition-is-the-perfect-tool-for-oppression-bc2a08f0fe66.

② 王鑫媛：《人脸识别技术应用的风险与法律规制》，《科技与法律（中英文）》2021年第5期。

③ 郭春镇：《数字人权时代人脸识别技术应用的治理》，《现代法学》2020年第4期。

④ 中华人民共和国教育部：《教育部关于印发〈教育信息化2.0行动计划〉的通知》，中华人民共和国教育部政府门户网站，http：//www. moe. gov. cn/srcsite/ A16/s3342/201804/t20180425_334188. html，2018年4月18日。

⑤ ［日］佐藤学：《学习的快乐：走向对话》，钟启泉译，教育科学出版社2004年版，第1页。

控下，学生的一举一动都在被记录、分析、判断，学习过程被
简化为一系列表象特征。该评价系统塑造了一种被动的、接受
配合式的教育模式，而非主动探索、启发沟通式的模式。研究
表明，如果想要鼓励孩子自由交流和学习，在成人和儿童之间
建立信任的纽带比监督更有效①。但人脸识别所带来的监视破
坏了这种信任的纽带，它使得所有的学生都被怀疑并受到审
查，这破坏了教师和学生之间的信任关系②。这样一来，人脸
情绪识别技术将禁锢学生的心灵，抑制学生真实表达自我的情
绪、意愿，难以感受到信任和尊重，内心自然也很难向教师和
学习伙伴自然敞开③。不仅仅是学生，若运用人脸识别技术冰
冷的数字来衡量教师的教学效果，教师也将受到算法系统的钳
制。评价系统为学生与教师的教学行为无形中设定了优秀模
板，限制了学生与教师的自然表现。这会助长技术主义的教育
倾向，抑制教师个体的自我觉察与反思能力，将本应生机勃
勃、充盈着生成性和创造性的教育课堂引向压抑、空洞、虚假
和功利化的表演场④。久而久之，师生之间的情感互动关系将
会逐渐走向异化，难以构建自在、真诚的交流关系。正如研究
者指出的那样："对数据过于痴迷，只能是将教育与人的复杂

---

① Kerr, M., and Stattin, H., "What Parents Know, How They Know It, And Several Forms of Adolescent Adjustment: Further Support For a Reinterpretation of Monitoring", *Developmental Psychology*, Vol. 36, No. 3, 2000, pp. 366-380.

② Gardner, M. R., "Student Privacy in the Wake of TLO: An Appeal for an Individualized Suspicion Requirement for Valid Searches and Seizures in the Schools", *Georgia Law Review*, Vol. 22, 1987, pp. 897-947.

③ 程猛、阳科峰、宋文玉：《"精准识别"的悖论及其意外后果——人脸情绪识别技术应用于大学课堂的冷思考》，《重庆高教研究》2021年第6期。

④ 程猛、阳科峰、宋文玉：《"精准识别"的悖论及其意外后果——人脸情绪识别技术应用于大学课堂的冷思考》，《重庆高教研究》2021年第6期。

性弱化，没有顾及教育的人性化，从而使师生之间的互动失去平衡，达不到教育所预期的效果。"①

第二节 学校场景中人脸识别典型
案例比较研究

一 学校场景中典型人脸识别案例

（一）欧盟典型案例：瑞典数据保护局 Anderstorps 高中

2019 年 8 月 21 日，瑞典数据保护局（Data Protection A-gency，简称"DPA"）根据 GDPR 对瑞典谢莱夫特奥市的 Anderstorp 高中利用人脸识别系统收集学生面部识别特征等个人信息的行为处以 20 万瑞典克朗（约合人民币 15 万元）的行政罚款②。

据谢莱夫特奥市政府称，该市教师每年共要花费约 1.7 万个小时用于日常点名和追踪学生活动。为了节省教学时间，个别学校开始进行试验，使用人脸识别技术考查学生出勤情况。这个名叫"未来教室"（Future Classroom）的试验项目于 2018 年秋季开始在该市的 Anderstorp 高中开始进行。在试验中，学校与北欧 IT 服务和软件公司叠拓（Tieto）合作，使用签名、智能手机 App 和面部识别技术，追踪 22 名学生的活动长达 3 周。项目主

---

① 蔡静、田友谊：《大数据时代的师生互动：机遇、挑战与策略》，《教育科学研究》2016 年第 10 期。

② Data Protection Agency of Sweden，"Tillsyn Enligt Eu：S Dataskyddsfö Rordning 2016/679—Ansiktsigenkä Nning FöR NäRvarokontroll Av Elever"（August 20，2019），https：//www. datainspektionen. se/globalassets/dokument/beslut/beslut－ansiktsigenkanning-for-narvarokontroll-av-elever-dnr-di-2019-2221. pdf.

要的检测指标是每个学生何时进入教室。遭到瑞典 DPA 罚款后，学校为自己辩解称，该试验已经得到相关学生家长的同意，并且相应数据均存储在未连接互联网的本地计算机中。

尽管如此，瑞典 DPA 经调查认为，该校所获得的学生监护人的"同意"是在学校和学生之间构成的"不对等"关系下作出，不应视为自愿的"同意"，因此不能作为个人数据处理合法化的依据。同时，该校为统计课堂出勤记录可以采取保护学生个人数据的其他方式进行，为此收集面部识别特征等高度敏感性数据超出了实现目的所必需，并不满足 GDPR 对于个人数据处理的目的限制和数据最小必要基本原则。再者，瑞典 DPA 还认为，学校在进行相应个人数据处理活动前，未进行任何数据保护影响评估，尤其缺乏此类数据处理行为对数据主体权利影响的评估。因此，瑞典 DPA 认定 Anderstorp 高中已违反 GDPR 的第 5 条、第 9 条、第 35 条和第 36 条，于是对该高中处以罚款。

（二）美国典型案例：帕特森等人 v. Respondus 公司

本案为集体诉讼，原告帕特森等人指控被告路易斯大学（Lewis University）在线上考试时使用 Respondus Monitor 软件，通过学生的网络摄像头和麦克风记录学生和他们的考试环境①。关于此案，有四大争议焦点：

一是知情同意是否成立的问题。据原告帕特森（Plaintiff Courtnie Patterson）称，参加考试时，学生收到 Respondus Monitor 的使用条款（"学生条款"）并必须接受该条款才能继续考试，在这种情况下学生"别无选择"。并且，"学生条款"

---

① Patterson v. Respondus, Inc.，"593 F. Supp. 3d 783. United States District Court for the Northern District of Illinois, Eastern Division"，Retrieved from https：//casetext. com/case/patterson-v-respondus-inc-1.

没有披露 Respondus Monitor 将使用人脸识别技术收集、捕获、分析和传播学生的生物识别信息。法院认为，此处原告实际上"别无选择"，且隐私条款难以找到、阅读或理解，以至于不能公平地说原告已经知道这一条款。

二是原告的指控是否涉及 BIPA 中定义的"生物识别数据"。被告称，通过摄影手段（如视频记录）获得的任何信息，都被明确排除在美国伊利诺伊州《生物信息隐私法》（The Biometric Information Privacy Act，简称"BIPA"）对"生物识别数据"数据的定义之外，原告的指控与 BIPA 规定的"生物识别数据"无关。对此，原告表示，监视器扫描了学生面部特征并捕获其声纹。这些生物特征是通过摄影手段捕捉的事实，并不影响其属于"生物识别数据"。法院同意原告观点。

三是原告向被告索赔的问题。BIPA 的执行规则都出现在第15 条中，规定了不同类型的违法行为，导致"损害"存在不同，也因此对原告提出诉讼的要求不同。BIPA 第 15-d 条规定了禁止拥有生物识别数据的私人实体披露或传播该数据，除非获得数据主体的同意。法院认为，"学生条款"没有向学生披露收集了他们的生物特征数据，原告可以就第 15-d 条提出索赔。

四是学校是否享有 BIPA 对"金融机构"的豁免。被告路易斯大学声称，根据 BIPA 第 25-c 条的规定，符合联邦隐私法案（the Gramm-Leach-Bliley Act，简称"GLBA"）第五章"金融机构"定义的机构可以受到豁免，其属于"金融机构"，因而受到豁免。法院认为，从判例来看，有的法院基于这一结论驳回了原告诉请，第 25-c 条豁免范围可能需要在未来得到进一步的分析，目前尚不清楚美国联邦贸易委员会（Federal Trade Commission，简称"FTC"）根据 GLBA 执法机构而不是

GLBA 规则制定机构作出的声明是否构成第 25-c 条规定的豁免对象。GLBA 确实授予了 FTC 一定的规则制定权力，但这种权力较为有限，FTC 似乎只对汽车行业的某些实体拥有 GLBA 规则制定权，而汽车行业的某些实体无疑不包括教育机构。而且，FTC 最近的声明也证实了 FTC 的规则制定权力有限这一点。基于此，法院认为，现在没有必要深入解释这一问题，路易斯大学豁免于 BIPA 的诉请遭到驳回。

（三）中国典型事件：杭州中学"智慧课堂行为管理系统"

2017 年 10 月 13 日起，杭州第十一中学开始在校内引入人脸识别技术。这款名为"智慧课堂行为管理系统"的科技应用可以辅助进行"刷脸"考勤，同时通过摄像头，还可对课堂上学生的行为进行统计分析，并对异常行为进行实时反馈。此外，在校园生活方面，学生也可以在食堂窗口的平板电脑上进行人脸识别，"刷脸"吃饭、借书、自助购物等。该校此举意在通过技术改善校园生活、辅助课堂教学，但也存在一定的隐私泄露风险和技术考评欠缺公允的问题。

对于上述问题，该校副校长张冠超表示，系统所采集的只是学生行为状态信息，进而转换成代码进行分析，而不是课堂录像，不涉及学生的隐私。该系统最主要的作用是简化考勤制度，用刷脸代替传统意义上的口头点名和刷卡，课堂学生行为统计分析属附加功能，且系统运行结果所形成的报告仅对任课教师开放，以供参考①。

①　潘佳锟：《杭州一学校用"智慧刷脸"代替点名和刷卡，你怎么看？》，百度网，https：//baijiahao. baidu. com/s? id = 1600779973626123959&wfr = spider&for = pc，2015 年 5 月 18 日。

除了如杭州第十一中学一类中学开始在校内引入人脸识别技术，一些小学和大学也在探索人脸识别技术在校内的应用。如中国药科大学于 2019 年在江苏省学校中率先全面使用人脸识别系统，在学校大门及学生宿舍全部安装了人脸识别门禁系统，还在部分教学楼试点安装了无感考勤系统，以人脸识别的方式对上课学生进行无感知、无配合式考勤①；上海中医药大学附属闵行蔷薇小学于同年也开始构建智能课堂行为分析系统，运用如姿态评估、表情识别、语言识别、教师轨迹热力分析等技术，可以捕捉到孩子在校的良好行为或危险动作。对此，网友看法不一，有人认为这样的做法可能涉及隐私问题。

二 教育领域人脸识别案例的比较分析

由于我国暂无教育领域的人脸识别诉讼案件，在此选取上文来自欧盟和美国的可对比的两个典型案例进行比较分析，比较结果如表 4.1 所示。

表4.1　　　　　欧盟与美国的人脸识别典型案例比较

案件	欧盟：瑞典数据保护局 V. 瑞典 Anderstorp 高中	美国：帕特森等人 V. Respondus 公司和路易斯大学
性质	行政罚款	行政诉讼、集体诉讼
人脸识别应用目的	统计学生课程考勤	线上考试监考

① 潘玉娇：《中国药科大学：新学期启用"人脸识别"黑科技》，中国教育新闻网，http://m.jyb.cn/rmtzcg/jzz/201909/t20190905_258205_wap.html，2019年9月5日。

续表

案件	欧盟：瑞典数据保护局 V. 瑞典 Anderstorp 高中	美国：帕特森等人 V. Respondus 公司和路易斯大学
客体	学生	学生
法律依据	GDPR	BIPA
违反条例	数据处理未满足"数据最小化"原则（GDPR 第 5 条） 处理非禁止例外情况的敏感个人数据（GDPR 第 9 条） 缺乏风险评估（GDPR 第 35 条和第 36 条）	未公布个人数据的保留时间并遵守永久销毁数据的要求（BIPA 第 15-a 条） 未获得知情同意（BIPA 第 15-b 条） 涉嫌从生物识别数据中获利（BIPA 第 15-c 条） 未向学生披露收集其生物特征数据（BIPA 第 15-d 条）
罚款	20 万瑞典克朗	未注明
救济措施	瑞典数据保护机构予以罚款	支持原告向被告索赔

（一）欧美判例的不同之处

1. 监管机构差异

瑞典一案中，监管机构是瑞典数据保护机构；而美国帕特森等人诉 Respondus 公司和路易斯大学一案为集体诉讼，原告为帕特森等学生。

在个人数据保护方面，欧盟设有相关的行政监管机构，其管辖权范围十分广，有助于执法，进而维护公共利益。在美国，FTC 则通常被视为领先的数据保护执法机构。但由于美国数据保护立法规定尚未完全统一，多个联邦机构参与负责数据保护执法工作，包括 FTC、金融消费者保护局、联邦通信委员会、卫生部等。FTC 执法能力存在若干法律限制，如不能对首次违反规定的企业罚款，只能与企业达成同意令，要求企业给出更全面的、符合规定的隐私保护计划，只有当企业再次违反时，才能够进行罚款①。因此美国监管机构的监管权力不如欧盟，执法难度比后者更大，问题的发现、解决更依赖于主体的信息隐私保护意识，由其自发起诉，相关案例多为个人或集体起诉学校。

2. 有无豁免权利

美国帕特森等人诉 Respondus 公司和路易斯大学案中，校方是否可以作为金融机构被豁免也是案件进展的焦点所在。学校等教育机构是否属于 GLBA 第五章所述的金融机构，由于定义上存在一定的模糊性，在不同案件中，法院对此作出的判决不一。一般而言，其出于考勤、监考等教学目的而收集学生生物识别数据，主要还是基于行政管理和教育的职能。此处，学校宣称自身属于金融机构，是一种"钻空子"的行为。学校是否属于金融机构的争议焦点根本上还是来源于 BIPA 与 GLBA 的衔接不当问题。

瑞典 Anderstorp 高中一案中，文书并未提及学校有无此般的豁免权。此案裁判依据 GDPR 也更具整体性、统一性，也不易造成误读。

3. 侵权处罚不同

在瑞典一案中，瑞典数据保护机构根据 GDPR 对瑞典一所学校利用人脸识别系统收集学生面部识别特征等个人信息的行为处以 20 万瑞典克朗罚款，属于行政处罚。BIPA 规定胜诉一

① 浩天法律评论：《合规与赋能：欧美中三大法域数据保护制度的比较分析与评述》，搜狐网，https：//www.sohu.com/a/488327523_120310885，2021 年 9 月 7 日。

方可以追讨罚款、律师费和诉讼费。美国帕特森等人诉 Re-
spondus 公司和路易斯大学案中，法院判定原告可以就 BIPA 的
第 15-d 条向被告提出索赔。

两案中，前者是由专门的信息保护行政机构执行的行政处
罚，后者则是胜诉方对被告的索赔，无行政机构参与执行，由
此也可以看出保护隐私权方面，欧盟的救济路径偏向监管模
式，而美国偏向处罚模式。对比二者，GDPR 在维护公共利益
上的优势得以彰显。在公共领域之中，欧盟行政机构关于 GD-
PR 的严格执法和监管在有助于保障个人权利的同时，也让个
人权利与公、私领域的数据处理之间达成良性平衡[1]。

（二）欧美判例的相似之处

1. "同意"无效

在瑞典一案中，学校收集了参与课堂学习的 22 名学生的
面部识别特征以进行自动考勤，在收集此类生物识别数据前也
已征得学生监护人的明确同意，而瑞典数据保护机构经调查认
为，该校所获得的学生监护人的"同意"是在学校和学生之间
构成的"不对等"关系下作出，不应视为自愿的"同意"，因
此不能作为个人数据处理合法化的依据。美国帕特森等人诉
Respondus 公司和路易斯大学案中，原告帕特森等指控被告在
线上考试时使用 Respondus Monitor 软件，通过学生的网络摄像
头和麦克风记录学生和他们的考试环境。此情况下，接受"隐
私条款"本就作为接受考试的条件，原告声称无实际选择权，

---

① 孙莉、李超：《人脸识别及其在高校信息化管理中的应用综述》，载《中
国计算机用户协会网络应用分会 2019 年第二十三届网络新技术与应用年会论文
集》，北京舞蹈学院网络信息中心 2019 年版，第 4 页。

数据主体和数据控制者的地位不对等。

校园场景下，由于地位不对等，数据主体往往只能被迫"同意"，而这有违知情同意的原则初衷。总体而言，人脸识别运用的核心之一——知情同意制度要得到保障，必须考虑学校与学生之间不平等的管理关系，在学生无实际选择权的情况下，很难认为同意是自愿的。因此，在相关法律案例中不平等地位下的知情同意是否能构成个人数据处理业务的法律依据还应再三斟酌。

2. 程序违法

瑞典学校所获得的学生监护人的"同意"在学校和学生之间构成的"不对等"关系下作出，不应视为自愿的"同意"，因此不能作为个人数据处理合法化的依据。其违法之处主要在于利用人脸识别技术统计学生课程考勤前，缺失数据主体的知情同意，违反了法律规定的程序要件，属于程序违法。

美国帕特森等人诉 Respondus 公司和路易斯大学案中，原告称，为了参加考试，学生必须登录学校的学习管理系统并"打开锁定浏览器"，在该程序限制计算机的功能来"锁定测试环境"之后，学生才看到学生条款，并被要求接受合同作为"继续考试的条件"，而学生条款内容超过 40 个段落，其中许多段落相当长。法院认为，在此情况下，隐私条款非常难以找到、阅读或理解，以至于不能公平地说原告已经知道这一条款。法院认为，同意"学生条款"存在程序上的缺陷。因此，此案同样存在程序违法的问题。因此，人脸识别技术在校园内的应用还应严格遵循法律规定程序。

（三）欧美判例的差异原因

1. 价值取向不同

欧盟的权利保护定位为公民独立权利，不仅涵盖个体权益，同时注重个人信息的社会性特征，构建了一整套较为完备的个人信息权利保护体系，将社会利益与个人信息权益进行综合性衡量。在美国强调民主人权的法律文化背景下，民众整体倾向于以个体化为中心进行生物识别信息保护。

在立法、诉讼等法律实践过程中，欧盟与美国展现出了这两种不同的价值取向，前者为公共利益导向，后者为个体权益导向。

2. 社会影响各异

欧盟与美国对于人脸识别技术应用的不同法律规制会带来不同的社会影响。

欧盟给予信息自决权最高强度的保护，设立专门的信息保护机构对个人信息进行监管，在具体制度设计上，无论是个人信息保护的范围，还是知情同意规则，都体现了人格尊严优先的价值选择。其对个人信息保护统一立法，保护范围广泛、规制严格，虽有力保护了个人信息，但也有可能抑制人脸识别技术研发，不利于人脸识别技术在经济、公共管理领域发挥积极作用。

而美国则是通过专门立法保护人脸信息，其模式也可归纳为分散立法和行业自律。美国对人脸信息的保护倚重行业自律，在具体规则设计中体现出对信息开发和利用的重视，规则动态发展、具有弹性。其个人信息保护模式给市场留出空间，有助于信息流通，但个人信息保护存在一定不足。

第三节　师生对学校人脸识别
应用的接受意愿

一　理论基础与研究假设

为了能够更加精准地评估、预测和解释校园场景中师生对人脸识别技术的使用态度，本书以整合型技术接受模式（UTAUT）为基础，引入"个体创新性""系统信任""感知风险"等新变量建构新模型进行测量。

（一）整合型技术接受模型

本书旨在调查校园场景中师生对人脸识别应用的使用意愿。人脸识别技术是一种新兴的智能技术手段，人们对其接受度可以从技术属性角度分析。Venkatesh 等人于 2003 年提出整合型技术接受模式（Unified Theory of Acceptance and Use of Technology，UTAUT)[1]。UTAUT 综合了 8 个信息技术接受领域理论模型的特点和优势，包括理性行为理论（Theory of Reasoned Action，TRA）、技术接受模型（Technology Acceptance Model，TAM）、计划行为理论（Theory of Planned Behavior，TPB）、PC 利用模型（Model of PC Utilization，MPCU）、社会认知理论（Social Cognitive Theory，SCT）、整合 TAM-TPB 模型（C-TAM-TPB）、创新扩散理论（Innovation Diffusion Theo-

---

[1] Venkatesh, V. , Morris, M. G. , Davis, G. B. , and Davis, F. D. , "User Acceptance of Information Technology: Toward a Unified View", *MIS Quarterly*, 2003, pp. 425-478.

ry，IDT）以及动机模型（Motivational Model，MM）。

在该模型中，绩效期望（Performance expectancy，PE）、付出期望（Effort expectancy，EE）、社群影响（Social influence，SI）以及便利条件（Facilitating conditions，FC）四个核心变量与用户的使用意愿（Behaviour intention，BI）和使用行为（Use behaviour）相关。这四个核心变量已被用于测量用户对各种不同技术系统和服务的使用意愿，包括资讯亭（Information kiosks）[1]、手机银行[2]、即时通信[3]等。在教育领域，UTAUT 模型也被用于测量学生对在线学习系统[4]、课程管理软件[5]、MOOC[6]、云计算[7]等技术系统的使用意愿。不少研究已

[1] Wang, Y. S., and Shih, Y. W., "Why Do People Use Information Kiosks? a Validation of the Unified Theory of Acceptance and Use of Technology", *Government Information Quarterly*, Vol. 26, No. 1, 2009, pp. 158-165.

[2] Baptista, G., and Oliveira, T., "Understanding Mobile Banking: The Unified Theory of Acceptance and Use of Technology Combined with Cultural Moderators", *Computers in Human Behavior*, Vol. 50, No. 1, 2015, pp. 418-430.

[3] Lin, C. P., and Anol, B., "Learning Online Social Support: An Investigation of Network Information Technology Based on Utaut", *Cyberpsychology & Behavior*, Vol. 11, No. 3, 2008, pp. 268-272.

[4] Chiu, C. M., and Wang, E. T., "Understanding Web-Based Learning Continuance Intention: The Role of Subjective Task Value", *Information & Management*, Vol. 45, No. 3, 2008, pp. 194-201.

[5] Marchewka, J. T., and Kostiwa, K., "An Application of the Utaut Model for Understanding Student Perceptions Using Course Management Software", *Communications of the IIMA*, Vol. 7, No. 2, 2007, pp. 93-104.

[6] Wan, L., et al., "Toward an Understanding of University Students' Continued Intention to Use Moocs: When UTAUT Model Meets TTF Model", *Sage Open*, Vol. 10, No. 3, 2020, pp. 1-15.

[7] Yang, H. H., Feng, L., and MacLeod, J., "Understanding College Students' Acceptance of Cloud Classrooms in Flipped Instruction: Integrating Utaut and Connected Classroom Climate", *Journal of Educational Computing Research*, Vol. 56, No. 8, 2019, pp. 1258-1276.

证明 UTAUT 是一个在许多情况下能够解释和预测用户对新技术接受行为的有效模型[1][2]。与其他单个的理论模型相比，UTAUT 的准确性更高，且具有更高的解释力[3]。因此，本书选择 UTAUT 作为基础模型测量高校师生对人脸识别应用的使用意愿。

　　本书的绩效期望指的是师生相信人脸识别系统有助于执行某些活动的程度；付出期望指的是师生对人脸识别系统使用容易程度的感知。目前，已有大量研究证实 PE 和 EE 对用户使用新技术意愿的正向影响[4][5][6]。使用生物识别系统能够有效节省精力和时间[7]，因此，PE 和 EE 都是影响用户接受生物识别

① Abdullah, F., and Ward, R., "Developing a General Extended Technology Acceptance Model For E‐Learning (Getamel) By Analysing Commonly Used External Factors", *Computers in Human Behavior*, Vol. 56, No. 3, 2016, pp. 238‐256.

② Ozkan, S., and Kanat, I. E., "E‐Government Adoption Model Based on Theory of Planned Behavior: Empirical Validation", *Government Information Quarterly*, Vol. 28, No. 4, 2011, pp. 503‐513.

③ Venkatesh, V., Morris, M. G., Davis, G. B., and Davis, F. D., "User Acceptance of Information Technology: Toward a Unified View", *MIS Quarterly*, 2003, pp. 425‐478.

④ Escobar‐Rodríguez, T., and Carvajal‐Trujillo, E., "Online Purchasing Tickets For Low Cost Carriers: An Application of the Unified Theory of Acceptance and Use of Technology (UTAUT) Model", *Tourism Management*, Vol. 43, 2014, pp. 70‐88.

⑤ Okumus, B., Ali, F., Bilgihan, A., and Ozturk, A. B., "Psychological Factors Influencing Customers' Acceptance of Smartphone Diet Apps When Ordering Food At Restaurants", *International Journal of Hospitality Management*, Vol. 72, 2018, pp. 67‐77.

⑥ Jalayer Khalilzadeh, Ahmet Bulent Ozturk and Anil Bilgihan, "Security‐Related Factors in Extended UTAUT Model For NFC Based Mobile Payment in the Restaurant Industry", *Computers in Human Behavior*, Vol. 70, May 2017, pp. 460‐474.

⑦ Byun, S., and Byun, S. E., "Exploring Perceptions Toward Biometric Technology in Service Encounters: A Comparison of Current Users and Potential Adopters", *Behaviour & Information Technology*, Vol. 32, No. 3, 2013, pp. 217‐230.

认证的重要因素①②。学校场景中，人脸识别在考勤、安保、教学等方面的应用能够带来许多便利和好处，因此，在许多情况下，人脸识别对于学校师生而言是一种更加便捷而有效的选择，这可能会影响师生对人脸识别技术持有普遍积极的态度和意愿。

社群影响指师生认为他人支持其使用人脸识别系统的程度。SI 是影响技术使用的一个重要因素③④，它描述了重要的人际关系在师生人脸识别系统使用过程中产生的影响。维雷娜·齐默尔曼（Verena Zimmermann）和妮娜·格贝尔（Nina Gerber）认为，同伴的社会接受和使用对于用户接受特定认证系统起着一定作用⑤。学校是一个被统一规范管理的公共场所，校内多数师生对人脸识别系统的接受或抵制，可能会形成群体

①　Akinnuwesi, B. A., Uzoka, F. M. E., Okwundu, O. S., and Fashoto, G., "Exploring Biometric Technology Adoption in a Developing Country Context Using the Modified Utaut", *International Journal of Business Information Systems*, Vol. 23, No. 4, 2016, pp. 482-521.

②　Morosan, C., "An Empirical Examination of Us Travelers' Intentions to Use Biometric E-Gates in Airports", *Journal of Air Transport Management*, Vol. 55, 2016, pp. 120-128.

③　Anandarajan, M., Igbaria, M., and Anakwe, U. P., "IT Acceptance in a Less-Developed Country：A Motivational Factor Perspective", *International Journal of Information Management*, Vol. 22, No. 1, 2002, pp. 47-65.

④　Catherine, N., Geofrey, K. M., Moya, M. B., and Aballo, G., "Effort Expectancy, Performance Expectancy, Social Influence and Facilitating Conditions as Predictors of Behavioural Intentions to Use ATMs with Fingerprint Authentication in Ugandan Banks", *Global Journal of Computer Science and Technology*, Vol. 17, No. 5, 2017, pp. 5-23.

⑤　Zimmermann, V., and Gerber, N., "The Password is Dead, Long Live the Password-A Laboratory Study on User Perceptions of Authentication Schemes", *International Journal of Human-Computer Studies*, Vol. 133, 2020, pp. 26-44.

压力，无形中影响个人对人脸识别系统的使用意愿。

此外，便利条件指的是师生相信现有技术和组织结构能够支持人脸识别系统使用的程度。虽然在 UTAUT 这一模型中，便利条件并不直接与使用意愿相关，但不少学者指出，便利条件对用户技术接受意愿具有潜在重要作用[1][2][3][4]。对于严重依赖技术资源支持的客户来说，FC 可能是一个至关重要的因素[5]。人脸识别技术由人工智能、生物识别、3D 传感和大数据等多种技术相结合而成，因此它往往在技术上与其他技术绑定。此外，尽管它对于有经验的用户来说易于使用，但在采用的早期阶段，比如，人脸采集认证阶段，仍然需要提供一定的技术支持或指导。因此，支持系统使用的 FC 对用户技术使用意愿也会产生显著影响。当校园环境中存在师生可感知的有利促进条件时，其对人脸识别技术的使用意愿便会增强。

基于以上文献梳理和分析，本书提出以下研究假设。

H1：在学校场景中，绩效期望正向影响师生对人脸识别技

① Park, S. Y., Nam, M. W., and Cha, S. B., "University Students' Behavioral Intention to Use Mobile Learning: Evaluating the Technology Acceptance Model", *British Journal of Educational Technology*, Vol. 43, No. 4, 2012, pp. 592-605.

② Nassuora, A., "Students Acceptance of Mobile Learning For Higher Education in Saudi Arabia", *American Academic & Scholarly Research Journal*, Vol. 4, No. 2, 2012, pp. 24-30.

③ Miltgen, C. L., Popovič, A., and Oliveira, T., "Determinants of End-user Acceptance of Biometrics: Integrating the 'Big 3' Of Technology Acceptance with Privacy Context", *Decision Support Systems*, Vol. 56, 2013, pp. 103-114.

④ Ciftci, O., Choi, E. K. C., and Berezina, K., "Let's 'Face' It: Are Customers Ready for Facial Recognition Technology At Quick-Service Restaurants?", *International Journal of Hospitality Management*, Vol. 95, 2021, Article 102941.

⑤ Zhong, Y., Oh, S., and Moon, H. C., "Service Transformation Under Industry 4.0: Investigating Acceptance of Facial Recognition Payment Through an Extended Technology Acceptance Model", *Technology in Society*, Vol. 64, 2021, Article 101515.

术的使用意愿。

H2：在学校场景中，付出期望正向影响师生对人脸识别技术的使用意愿。

H3：在学校场景中，社群影响正向影响师生对人脸识别技术的使用意愿。

H4：在学校场景中，便利条件正向影响师生对人脸识别技术的使用意愿。

（二）技术信任与使用意愿

美国心理学家多伊奇（Deutsch）较早研究"信任"。在多个不同的研究领域，"信任"都可被用来预测个体的行为结果[①]。当存在风险或不确定的情况下，信任被视为维持关系的重要组成部分[②]。由此，基于人脸识别技术应用风险不确定，学校场景下人脸识别的应用离不开师生的信任。信任成为影响人们新技术的采纳意愿的重要因素之一[③]。目前，"信任"广泛用于电子商务活动[④][⑤][⑥]、线

① Hancock, R. S., "Dynamic Marketing For a Changing World", Proceedings of the 43Rd National Conference of the American Marketing Association, June 15–17, 1960.

② Kumar, N., "The Power of Trust in Manufacturer – Retailer Relationships", *Harvard Business Review*, Vol. 74, No. 6, 1996, p. 92.

③ Lankton, N. K., McKnight, D. H., and Tripp, J., "Technology, Humanness, And Trust: Rethinking Trust in Technology", *Journal of the Association For Information Systems*, Vol. 16, No. 10, 2015, pp. 880–918.

④ Moriuchi, E., "Okay, Google!: An Empirical Study on Voice Assistants on Consumer Engagement and Loyalty", *Psychology & Marketing*, Vol. 36, No. 5, 2019, pp. 489–501.

⑤ Fukuyama, F., *Trust: The Social Virtues and the Creation of Prosperity*, New York, NY: Simon and Schuster, 1996.

⑥ Moriuchi, E., and Takahashi, "Satisfaction Trust and Loyalty of Repeat Online Consumer Within the Japanese Online Supermarket Trade", *Australasian Marketing Journal*, Vol. 24, No. 2, 2016, pp. 146–156.

上支付①等用户接纳意愿研究。根据不同情境，信任可分为对系统的信任②和对制度的信任③④。而本书重点为人脸识别系统的信任（Trust in the System，TIS），包括对人脸识别信息系统的信任，即对其信息采集、检索、转换和分发的软件、硬件和网络等的信任，同时包括对创建和支持该系统组成部分的人员以及系统所遵循的政策和程序的信任⑤⑥。校园场景下对人脸识别的信任就是师生相信人脸识别信息系统与学校主体管理人脸识别应用的可靠性。目前，已有研究证实信任对于人脸识别技术接受意愿的正相关性⑦。基于此，本书做出以下研究假设：

H5：在校园场景中，师生对人脸识别技术系统信任越高，其使用意愿越强。

① Lankton, N. K., McKnight, D. H., and Tripp, J., "Technology, Humanness, And Trust: Rethinking Trust in Technology", *Journal of the Association for Information Systems*, Vol. 16, No. 10, 2015, pp. 880-918.

② Morosan, C., "Hotel Facial Recognition Systems: Insight Into Guest' System Perceptions, Congruity Wtith Selfimage, and Anticipated Emotions", *Journal of Electronic Commerce Research*, Vol. 21, No. 1, 2020, pp. 21-38.

③ McKnight, D. H., and Chervany, N. L., "What Trust Means in E-Commerce Customer Relationships: An Interdisciplinary Conceptual Typology", *International Journal of Electronic Commerce*, Vol. 6, No. 2, 2001, pp. 35-59.

④ Escobar-Rodríguez T., Carvajal-Trujillo E., "Online Purchasing Tickets for Low Cost Carriers: An Application of the Unified Theory of Acceptance and Use of Technology (UTAUT) Model", *Tourism Management*, Vol. 43, 2014, pp. 70-88.

⑤ Rainer, R. K., and Prince, B., *Introduction to Information Systems*, New York, NY: John Wiley & Sons, 2021.

⑥ Ngugi, B., Kamis, A., and Tremaine, M., "Intention to Use Biometric Systems", *E-Service Journal: A Journal of Electronic Services in the Public and Private Sectors*, Vol. 7, No. 3, 2011, pp. 20-46.

⑦ Pai, C. K., Wang, T. W., Chen, S. H., and Cai, K. Y., "Empirical Study on Chinese Tourists' Perceived Trust and Intention to use Biometric Technology", *Asia Pacific Journal of Tourism Research*, Vol. 23, No. 9, 2018, pp. 880-895.

在 20 世纪 20 年代，"风险"一词在经济领域十分流行，随后被广泛运用于金融、决策科学等领域。1960 年，鲍尔（Bauer）将"感知风险"（Perceived risk）这一概念引入市场营销之中，意在描述消费者在购买商品时对不确定性与负面后果的感知程度①。彼得和赖安（Peter & Ryan）将感知风险定义为一种主观的预期损失②；费瑟曼和帕夫卢（Featherman & Pavlou）也将感知风险定义为追求期望结果时可能出现的损失③。感知风险并不等同于客观风险，而是强调用户的主观风险认知。研究表明，人们对风险的认知并不总是与我们所知道的某些活动的实际风险相一致④。感知风险是数字环境中需要考虑的一个重要因素，对人脸识别技术应用的态度，其实就是在技术所带来的利益与风险之间衡量的结果。整合型技术接受模式（UTAUT）中并未强调风险因素，因此，需要引入感知风险因素解释公众态度成因。

虽然鲍尔最初的研究将感知风险视为一个二维结构（即不确定性和负面后果）⑤，但后来许多学者的研究则将其视为一

① Dowling, G. R., and Staelin, R., "A Model of Perceived Risk and Intended Risk‑Handling Activity", *Journal of Consumer Research*, Vol. 21, No. 1, 1994, pp. 119‑134.

② Peter, J. P., and Ryan, M. J., "An Investigation of Perceived Risk At the Brand Level", *Journal of Marketing Research*, Vol. 13, No. 2, 1976, pp. 184‑188.

③ Featherman, M. S., and Pavlou, P. A., "Predicting E‑Services Adoption: A Perceived Risk Facets Perspective", *International Journal of Human‑Computer Studies*, Vol. 59, No. 4, 2003, pp. 451‑474.

④ Kasper, R. G., *Perceptions of Risk and Their Effects on Decision Making. In Societal Risk Assessment: How Safe is Safe Enough?* Boston, MA: Springer, 1980, pp. 71‑84.

⑤ Dowling, G. R., and Staelin, R., "A Model of Perceived Risk and Intended Risk‑Handling Activity", *Journal of Consumer Research*, Vol. 21, No. 1, 1994, pp. 119‑134.

个多维结构。例如，斯通（Stone）等人将感知风险分为社会、时间、财政、身体、功能和心理六个维度[①]；哈桑（Hassan）等则将在线教育情境下的感知风险分为社会、时间、财政、身体、功能、心理、来源和隐私八类风险[②]；而在一项消费者生物识别技术使用情况的调查中，感知风险则被分为隐私风险、功能风险和身体风险[③]。不同产品的风险维度不同，并相互独立不受影响[④]。相关研究表明，用户风险感知与系统信任存在显著的负面相关关系[⑤]。

　　作为一种需要采集生物识别信息（Biometric information）的认证技术，人脸识别技术的风险问题十分突出，主要集中于隐私风险（Privacy risk，PRIR）、心理风险（Psychological risk，PLR）、社会风险（Social risk，SLR）和功能风险（Preformance risk，PFR）四方面。其中，隐私风险指对个人信息的潜在失控；心理风险指因采用某种产品或服务而导致情感受到

① Stone, R. N., and Grønhaug, K., "Perceived Risk: Further Considerations For the Marketing Discipline", *European Journal of Marketing*, Vol. 27, No. 3, 1993, pp. 39–50.

② Hassan, A. M., Kunz, M. B., Pearson, A. W., and Mohamed, F. A., "Conceptualization and Measurement of Perceived Risk in Online Shopping", *Marketing Management Journal*, Vol. 16, No. 1, 2006, pp. 138–147.

③ Byun, S., and Byun, S. E., "Exploring Perceptions Toward Biometric Technology in Service Encounters: A Comparison of Current Users and Potential Adopters", *Behaviour & Information Technology*, Vol. 32, No. 3, 2013, pp. 217–230.

④ Laroche, M., McDougall, G. H., Bergeron, J., and Yang, Z., "Exploring How Intangibility Affects Perceived Risk", *Journal of Service Research*, Vol. 6, No. 4, 2004, pp. 373–389.

⑤ Yousafzai, S., Pallister, J., and Foxall, G., "Multi-Dimensional Role of Trust in Internet Banking Adoption", *The Service Industries Journal*, Vol. 29, No. 5, 2009, pp. 591–605.

伤害；社会风险指因采用某种产品或服务而导致在社会群体中地位的潜在丧失；功能风险指产品出现故障的可能性或没有按照设计和宣传的那样发挥作用，因此无法带来预期好处。具体到学校场景，人脸识别应用的风险包括：侵犯师生隐私；面部监控"避无可避"（inescapability）；"知情同意"（informed consent）原则难以履行；师生的"选择退出权"（opt-out）难以实现；消除了学生行为的模糊地带与私人空间；功能潜变属于隐私风险；教育异化；学校教育去人性化（dehumanising）；增强了学校教育的强制性属于心理风险；算法歧视、给学校中的边缘化群体造成压迫属于社会风险；对人脸识别技术成熟度及其保障校园安全能力的质疑则属于功能风险。师生对人脸识别技术风险感知的提升，无论是何种风险，都有可能降低其使用意愿。

基于以上文献梳理和分析，本书提出以下研究假设：

H6：在校园场景中，师生感知到的隐私风险越强，其系统信任越低。

H7：在校园场景中，师生感知到的心理风险越强，其系统信任越低。

H8：在校园场景中，师生感知到的社会风险越强，其系统信任越低。

H9：在校园场景中，师生感知到的功能风险越强，其系统信任越低。

（三）个体创新性与使用意愿

在校园场景中，人们对人脸识别技术的使用意愿可能存在个体差异，不同个体特征的人采用人脸识别的倾向不同。罗杰斯（E. M. Rogers）等提出的创新扩散理论（Diffusion of Innovations Theory，DOI）认为，人们基于其社会心理特征对新产品或服务的采用具有不同的倾向，这决定了人们的个体创新性（Personal innovativeness，PI）的不同[1][2]，即个人尝试新技术的意愿的差别。目前 DOI 理论被运用于新信息技术采纳研究[3]，对用户的新技术采纳意愿与行为有较高的解释力。

瑞图·阿加瓦尔（Ritu Agarwal）和贾耶什·普拉萨德（Jayesh Prasad）将"个体创新性"定义为"个人尝试任何新信息技术的意愿"，认为个体创新性是使用信息技术行为意向的决定因素[4]。目前，多项生物识别技术的使用意愿研究证实，个体创新性对用于使用新技术意愿具有正面影响[5][6][7]。学校场

[1] Rogers, E. M., Singhal, A., and Quinlan, M., "Diffusion of Innovations", *An Integrated Approach to Communication Theory and Research*, London, UK: Routledge, 2014, pp. 432-448.

[2] Goldsmith, R. E., and Hofacker, C. F., "Measuring Consumer Innovativeness", *Journal of the Academy of Marketing Science*, Vol. 19, 1991, pp. 209-221.

[3] Venkatesh, V., Morris, M. G., Davis, G. B., and Davis, F. D., "User Acceptance of Information Technology: Toward a Unified View", *MIS Quarterly*, Vol. 27, No. 3, September 2003, pp. 425-478.

[4] Agarwal, R., and Prasad, J., "A Conceptual and Operational Definition of Personal Innovativeness in the Domain of Information Technology", *Information Systems Research*, Vol. 9, No. 2, 1998, pp. 204-215.

[5] Ngugi, B., Kamis, A., and Tremaine, M., "Intention to Use Biometric Systems", *E-Service Journal: A Journal of Electronic Services in the Public and Private Sectors*, Vol. 7, No. 3, 2011, pp. 20-46.

[6] Pai, C. K., Wang, T. W., Chen, S. H., and Cai, K. Y., "Empirical Study on Chinese Tourists' Perceived Trust and Intention to Use Biometric Technology", *Asia Pacific Journal of Tourism Research*, Vol. 23, No. 9, 2018, pp. 880-895.

[7] Yousafzai, S., Pallister, J., and Foxall, G., "Multi-Dimensional Role of Trust in Internet Banking Adoption", *The Service Industries Journal*, Vol. 29, No. 5, 2009, pp. 591-605.

景中，人脸识别作为一种新兴人工智能技术，运用于校园管理与课堂辅助，个体创新性不同的师生，对其接纳态度与意愿可能不同。基于此，本书提出以下研究假设：

H10：在校园场景中，师生的个体创新性越强，其使用意愿越强。

综合以上假设，本书的研究模型如图4.1所示。

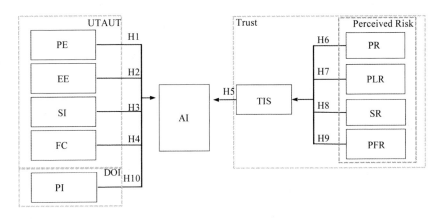

图4.1 校园中师生对人脸识别系统的接受意愿模型

二 问卷调查与数据分析

据我国《最高人民法院关于审理使用人脸识别技术处理个人信息相关民事案件适用法律若干问题的规定》，信息处理者处理未成年人的人脸信息时，必须征得其监护人的单独同意[①]。因此，本研究将研究人群界定在18岁以上的教师与学生。

中国武汉有84所高校，在校大学生和研究生总数约120

_____

① 中国青年报：《处理未成年人人脸信息需监护人单独同意》，人民网，http://society.people.com.cn/n1/2021/0729/c1008-32173981.html，2021年7月29日。

万人，占全市常住人口的 11%，是世界上大学生人数最多的城市，是名副其实的大学生之城①，故本研究选择湖北省武汉市作为调查地点，并通过问卷星平台线上发放问卷。本研究共 37 个观测变量，11 个潜变量，分两次发放问卷，2023 年 6 月 13 日至 2023 年 7 月 6 日收集 260 份有效问卷进行预调查，信效度检验通过后进行第二次大规模的问卷发放。第二次问卷于 2023 年 9 月 5 日至 2023 年 11 月 1 日大规模线上发放，共收集 1563 份问卷，经注意力检测、答题时间限制、排除极端值等方法筛选，得到有效问卷 1009 份。回收问卷后，使用 SPSS21.0 与 AMOS28.00 进行数据录入与分析。

（一）描述性统计

此次问卷调研中，性别、年龄、身份为人口学变量，样本结构如表 4.2 所示。回收样本中女性占比为 64.3%，男性占比为 35.7%。在年龄和身份结构上，受访者主要集中于 18—25 岁年龄区间的在校大学生群体。

在人脸识别技术的使用经验上，回收样本中大部分人一周使用 1—3 次（37.8%）、一周使用 4 次及 4 次以上（51.4%）。

- 以前使用过，如今已不再使用
- 使用频率为每周 1—3 次
- 使用频率为每周 4 次及以上
- 没使用过但十分感兴趣
- 没使用过且不感兴趣

---

① 武汉发布：《大学之城武汉到底有多少院校？教育部列出清单：84 所》，澎湃新闻网，https://www.thepaper.cn/newsDetail_forward_15077031，2021 年 10 月 26 日。

表 4.2 　　　　　　　调研对象的人口统计学信息 　　　（N = 1009）

人口统计学因素	人数（人）	比例（%）
性别		
男	360	35.7
女	649	64.3
年龄		
18—25 岁	883	87.5
26—35 岁	63	6.2
36—45 岁	53	5.3
46—55 岁	9	0.9
56 岁及以上	1	0.1
职业		
研究生	1	0.1
记者	1	0.1
医生	1	0.1
教师	69	6.8
管理者	21	2.1
学生	916	90.8
先前使用人脸识别系统的经验		
没使用过但十分感兴趣	3	0.3
没使用过且不感兴趣	11	1.1
每周使用 1—3 次	381	37.8

人口统计学因素	人数（人）	比例（%）
每周使用 4 次及以上	519	51.4
以前使用过，如今已不再使用	95	9.4

（二）信度检验

预调查中，研究者对收集的 260 份有效问卷进行信度分析，α 系数为 0.875，信度较高，表明调研结果具有一致性与稳定性。问卷大规模回收完成后，对 1009 份有效样本进行信度分析，总体信度为 0.812，信度较高。同时，分别计算各量表的 Cronbach α 系数，见表 4.3。计算结果显示，所有变量对应分量表的 α 系数均在 0.7 左右，说明各题项数据可靠。

表 4.3　　　　　　　　　　　　信度与效度

变量	观测变量	平均值	标准差	校正后的分项数据与总数据之间的相关性	删除项后的 Cronbach α 系数	Cronbach α 系数
PE	PE1	3.92	1.03	0.75	0.753	0.850
	PE2	3.38	1.18	0.68	0.679	
	PE3	3.80	1.19	0.72	0.721	
	PE4	4.04	1.02	0.62	0.615	
EE	EE1	3.95	1.00	0.66	0.808	0.843
	EE2	4.16	0.86	0.70	0.799	
	EE3	4.23	0.84	0.57	0.794	
	EE4	3.91	1.02	0.58	0.804	

续表

变量	观测变量	平均值	标准差	校正后的分项数据与总数据之间的相关性	删除项后的 Cronbach α 系数	Cronbach α 系数
SI	SI1	3.36	1.16	0.66	0.741	0.807
	SI2	3.56	1.12	0.70	0.722	
	SI3	4.10	0.89	0.57	0.783	
	SI4	4.04	0.95	0.58	0.779	
FC	FC1	4.06	0.95	0.57	0.656	0.742
	FC2	4.07	0.99	0.57	0.651	
	FC3	3.68	1.07	0.56	0.665	
PFR	PFR1	3.10	1.18	0.79	0.828	0.886
	PFR2	2.96	1.28	0.80	0.817	
	PFR3	3.03	1.26	0.74	0.867	
PFR	PLR1	3.92	1.20	0.84	0.911	0.930
	PLR2	3.38	1.21	0.86	0.898	
	PLR3	3.80	1.18	0.87	0.888	
PR	PR1	1.20	1.20	0.83	0.883	0.917
	PR2	1.21	1.21	0.85	0.869	
	PR3	1.18	1.18	0.82	0.890	
SR	SR1	2.20	1.08	0.61	0.875	0.872
	SR2	2.25	1.14	0.64	0.870	
TIS	TIS1	3.70	1.08	0.84	0.877	0.917
	TIS2	3.69	1.14	0.84	0.874	
	TIS3	3.72	1.12	0.82	0.892	

续表

变量	观测变量	平均值	标准差	校正后的分项数据与总数据之间的相关性	删除项后的 Cronbach α 系数	Cronbach α 系数
PI	PI1	3.74	1.04	0.76	0.901	0.913
	PI2	3.38	1.17	0.81	0.886	
	PI3	3.59	1.12	0.82	0.881	
	PI4	3.53	1.16	0.82	0.880	
BI	BI1	3.62	1.09	0.79	0.892	0.914
	BI2	3.69	1.09	0.82	0.881	
	BI3	3.53	1.15	0.82	0.883	
	BI4	3.69	1.10	0.78	0.896	

（三）效度检验

首先对数据进行 KMO 值样本检测和 Bartlett 球形检验，以此检验问卷的结构效度，同时对量表进行探索性因子分析，以检验数据的相关性。效度检验中，先对 UTAUT 量表进行单独的因子分析。结果如表 4.4 所示，KMO 值为 0.926，显著性小于 0.05，故各变量间具有相关性，适合进行因子分析。

表 4.4　　　　　KMO 检验和 Bartlett 球形检验

KMO 检验统计量	Bartlett 球形检验统计量		
	近似卡方	自由度	显著性水平
0.926	5868.431	66	0.000

经主成分提取后，本量表的公因子方差提取值位于 0.662 至 0.757，表明各个变量均能较好地被公因子表达。提取后，

感知风险量表的公因子累计解释率为 72.883%，提示提取结果可靠。而 SI1、SI2 和 FC1 三个题项旋转因子载荷小于 0.4，故删除。而剩余的 12 个题项旋转后的因子载荷也均大于 0.5（位于［0.603，0.826］区间），各项指标数据均达标，表明 UTA-UT 量表具有良好的结构效度，见表 4.5。

表 4.5　　　　　　　UTAUT 量表因子分析结果概述

题项	经正交旋转后的因子载荷				公因子方差
	PI	BI	PLR	PFR	
PE2	0.793				0.728
PE1	0.770				0.741
PE3	0.766				0.714
PE4	0.695				0.659
EE3		0.824			0.771
EE2		0.821			0.757
EE1		0.648			0.673
EE4		0.603			0.662
SI3			0.826		0.785
SI4			0.786		0.764
FC3				0.757	0.775
FC2				0.687	0.717
累积解释率（旋转后）	24.644	45.971	60.613	72.883	

通过对其余维度进行因子分析，如表 4.6 所示，KMO 值为
0.930，Bartlett 球形检验结果显示显著性水平小于 0.05，说明
各变量间具有相关性，因子分析有效。

表 4.6　　　　　　　KMO 检验和 Bartlett 球形检验

KMO 检验统计量	Bartlett 球形检验统计量		
	近似卡方	自由度	显著性水平
0.930	18433.098	231	0.000

经提取后，所有题项的公因子方差萃取值位于 0.773 至
0.889（见表 4.7），表明各个变量均能较好地被公因子表达。
公共因子累积解释率为 84.007%，提示提取结果可靠。22 个
题项旋转后的因子载荷均大于 0.7（位于 [0.713，0.866] 区
间），表明量表整体的收敛效度良好。并且，同一理论层面构
念的测量条目经过因子旋转后均聚集到一起，说明量表具有较
好的结构效度。

表 4.7　　　　　　　剩余量表的因子分析结果概述

题项	经正交旋转后的因子载荷							公因子方差
	PI	BI	PLR	PFR	TIS	PR	SR	
PI3	0.866							0.825
PI4	0.842							0.826
PI2	0.835							0.801
PI1	0.787							0.762

续表

题项	经正交旋转后的因子载荷							公因子方差
	PI	BI	PLR	PFR	TIS	PR	SR	
BI3		0.808						0.831
BI2		0.791						0.825
BI1		0.738						0.794
BI4		0.713						0.773
PLR1			0.850					0.876
PLR3			0.823					0.888
PLR2			0.810					0.877
PFR1				0.833				0.834
PFR2				0.821				0.842
PFR3				0.785				0.778
TIS1					0.848			0.879
TIS2					0.826			0.874
TIS3					0.756			0.839
PR3						0.809		0.856
PR2						0.785		0.868
PR1						0.783		0.857
SR1							0.865	0.887
SR2							0.865	0.889
累计解释率（旋转后）	15.555	29.250	41.218	52.830	64.365	75.684	84.007	

（四）验证性因子分析

1. 模型拟合度

为验证本研究构建模型的拟合度，运用 AMOS 软件对所回收数据进行验证性因子分析，结果如表 4.8 所示，GFI = 0.847，AGFI = 0.819，IFI = 0.91，TLI = 0.9，CFI = 0.91，RMSEA = 0.068，各项指标均可接受，表明模型拟合效果可接受，结构效度较好。

表4.8 验证性因子模型拟合指数

	GFI	AGFI	IFI	TLI	CFI	RMSEA
指标值	0.847	0.819	0.91	0.9	0.91	0.068
建议值	>0.9	>0.9	>0.9	>0.9	>0.9	<0.08
结果	可接受	可接受	较好	较好	较好	可接受

2. 聚敛效度

对数据进行聚敛效度分析可知，大部分题项的因子载荷大于 0.5，见表 4.9。此外，除了便利条件维度组合信度略小于 0.7，大部分维度的组合信度大于 0.7。在平均萃取方差抽取量方面，付出期望、便利条件的 AVE 接近 0.5，处于可接受范围，其余维度的 AVE 均大于 0.5，整体聚敛效度较理想。

3. 区分效度

从表 4.10 中可以看出，各变量与其他变量的相关系数绝对值均小于该变量的 AVE 平方根，说明本研究各个变量之间的区分效度较好。

表 4.9　　　　　　　　　　　　　聚敛效度

题项		变量	标准差	非标准差	标准误	t 值	P 值	适用二元变量	组合信度	平均方差萃取
PE4	<---	PE	0.68	1				0.462	0.854	0.594
PE3	<---		0.812	1.39	0.062	22.433	***	0.659		
PE2	<---		0.753	1.276	0.061	21.014	***	0.567		
PE1	<---		0.83	1.227	0.053	23.144	***	0.689		
EE4	<---	EE	0.779	1				0.607	0.787	0.482
EE3	<---		0.666	0.719	0.031	23.039	***	0.444		
EE2	<---		0.619	0.687	0.033	20.711	***	0.383		
EE1	<---		0.703	0.895	0.038	23.417	***	0.494		
SI4	<---	SI	0.757	1				0.573	0.702	0.541
SI3	<---		0.713	0.886	0.046	19.139	***	0.508		
PLR1	<---	PLR	0.878	1				0.771	0.930	0.816
PLR2	<---		0.907	1.044	0.025	41.554	***	0.823		
PLR3	<---		0.925	1.035	0.024	43.103	***	0.856		
FC3	<---	FC	0.655	1				0.429	0.661	0.494
FC2	<---		0.748	1.053	0.072	14.553	***	0.560		
PI4	<---	PI	0.882	1				0.778	0.914	0.726
PI3	<---		0.871	0.952	0.025	37.683	***	0.759		
PI2	<---		0.849	0.972	0.028	35.18	***	0.721		
PI1	<---		0.803	0.819	0.026	31.706	***	0.645		
BI4	<---	BI	0.791	1				0.626	0.857	0.600
BI3	<---		0.815	1.071	0.03	36.125	***	0.664		
BI2	<---		0.76	0.968	0.029	33.025	***	0.578		
BI1	<---		0.73	0.94	0.03	31.05	***	0.533		

续表

题项		变量	标准差	非标准差	标准误	t 值	P 值	适用二元变量	组合信度	平均方差萃取
PR1	<---		0.887	1				0.787		
PR2	<---	PR	0.908	1.032	0.025	41.052	***	0.824	0.917	0.787
PR3	<---		0.866	0.978	0.026	37.867	***	0.750		
SR1	<---	SR	0.878	1				0.771	0.872	0.774
SR2	<---		0.881	1.061	0.04	26.19	***	0.776		
PFR1	<---		0.857	1				0.734		
PFR2	<---	PFR	0.892	1.123	0.033	34.528	***	0.796	0.888	0.725
PFR3	<---		0.803	0.999	0.033	30.256	***	0.645		
TIS1	<---		0.885	1				0.783		
TIS2	<---	TIS	0.897	1.078	0.027	40.276	***	0.805	0.918	0.788
TIS3	<---		0.881	1.039	0.027	38.212	***	0.776		

注：*** 表示 $p<0.001$。

表 4.10　　　　　　　　区分效度

	PFR	SR	PLR	PR	PI	FC	SI	EE	PE	TIS	BI
PFR	0.851										
SR	0.376	0.880									
PLR	0.609	0.594	0.851								
PR	0.721	0.624	0.756	0.887							
PI	0	0	0	0	0.852						
FC	0	0	0	0	0	0.703					
SI	0	0	0	0	0	0.314	0.735				

续表

	PFR	SR	PLR	PR	PI	FC	SI	EE	PE	TIS	BI
EE	0	0	0	0	0	0.256	0.285	0.694			
PE	0	0	0	0	0	0	0.162	0.332	0.771		
TIS	-0.475	-0.366	-0.511	-0.679	0	0	0	0	0	0.888	
BI	-0.08	-0.061	-0.086	-0.114	0.254	0.108	0.186	0.27	0.371	0.152	0.775
平均方差萃取	0.725	0.774	0.725	0.787	0.726	0.494	0.541	0.482	0.594	0.788	0.600

（五）假设检验与结构方程模型分析

本研究采用结构方程模型来检验潜变量之间的影响关系，使用 AMOS 进行结构方程模型分析。各变量之间的路径关系结果如表 4.11 所示。

表 4.11　　　　　　　　路径系数与假设检验

假设路径				标准化因子载荷	标准误	t 值	P 值	假设检验结果
H6	TIS	<---	PR	-0.475	0.039	-10.304	***	Supported
H7	TIS	<---	PLR	-0.145	0.038	-3.459	***	Supported
H8	TIS	<---	SR	0.002	0.039	0.045	0.964	Not supported
H9	TIS	<---	PFR	-0.11	0.037	-2.767	0.006	Supported
H1	BI	<---	PE	0.89	0.077	12.079	***	Supported
H2	BI	<---	EE	-0.231	0.073	-3.141	0.002	Not supported
H3	BI	<---	SI	-0.025	0.064	-0.414	0.679	Not supported
H4	BI	<---	FC	0.342	0.086	4.16	***	Supported

续表

假设路径			标准化因子载荷	标准误	t 值	P 值	假设检验结果
H10	BI	<--- PI	0.339	0.021	11.347	***	Supported
H5	BI	<--- TIS	0.219	0.025	6.785	***	Supported

注：*** 表示 p<0.001。

从表 4-11 可知，在 UTAUT 维度，绩效期望对人脸识别使用意愿的标准化路径系数为 0.89（t 值 = 12.079，p<0.001），说明绩效期望对使用意愿存在显著正向影响，假设 H1 成立；付出期望对人脸识别使用意愿的标准化路径系数为 -0.231（t 值 = -3.141，p<0.05），说明付出期望对使用意愿存在显著负面影响，H2 不成立；社群影响对使用意愿的标准化路径系数为 -0.025（t 值 = -0.414，p>0.05），说明社群影响对使用意愿存在不显著的负面影响，H3 不成立；便利条件对使用意愿的标准化路径系数为 0.342（t 值 = 4.16，p<0.001），说明便利条件对使用意愿存在显著的正面影响，H4 成立。

在 DOI 维度，个体创新性对使用意愿的标准化路径系数为 0.339（t 值 = 11.347，p<0.001），说明便利条件对使用意愿存在显著的正面影响，故 H10 成立。

在感知风险维度，隐私风险对机构信任的标准化路径系数为 -0.475（t 值 = -10.304，p<0.001），说明隐私风险对机构信任存在显著的负面影响，故 H6 成立；心理风险对机构信任的标准化路径系数为 -0.145（t 值 = -3.459，p<0.001），说明心理风险对机构信任存在显著的负面影响，故 H7 成立；社会风险对机构信任的标准化路径系数为 0.002（t 值 = 0.045，p>

0.05），说明社会风险对机构信任存在不显著的正面影响，故
H8 不成立；功能风险对机构信任的标准化路径系数为−0.11
（t 值＝−2.767，p<0.05），说明功能风险对机构信任存在显著
的负面影响，故 H9 成立。

　　机构信任对使用意愿的标准化路径系数为 0.219（t 值＝
6.785，p<0.001），说明机构信任对使用意愿存在显著的正面
影响，故 H5 成立。

　　最终路径分析如图 4.2 所示。

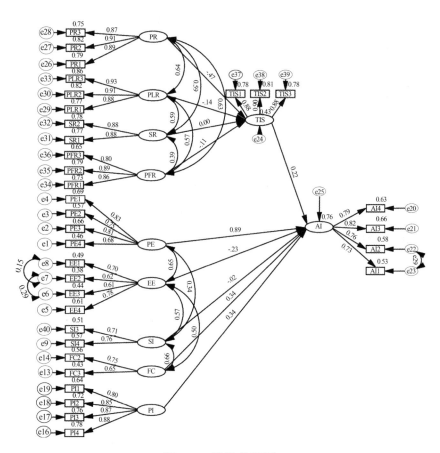

图 4.2　路径分析图

三　研究结果与讨论

（一）校园监视常态化下的隐私悖论

研究结果显示，便利条件显著地正向影响师生对人脸识别技术的使用意愿。

既有调研显示，截至 2021 年 7 月 28 日，在中国 137 所"双一流"建设高校中，已有 135 所高校均在不同程度上引入人脸识别系统①。学校在校门、宿舍、图书馆等师生频繁出入的门禁处设置人脸识别设施，使人脸识别系统与其他技术（如校园卡）兼容，通过替代性手段解决人脸识别故障问题。以上一类便利措施大大提高了师生使用人脸识别的可能性。

与人脸识别技术在其他社会领域应用引起的争议相比，人脸识别技术在学校场景的应用似乎没有造成持续的反对，人脸识别技术在学校场景的实际实施比在医院或图书馆等更"开放"的机构环境中更加容易②。这背后可能有两点原因：一是学校有长期定期收集和保存学生的面部照片记录的传统，人脸识别系统因此能够利用现有的"姓名—人脸"影像数据库；二是许多学校已广泛布局视频监控和闭路监控基础设施③，具有校园监视传统。正如已有研究所言，"监视活动早已超出政府

---

①　王旭：《高校"刷脸"的隐私困境：130 多家双一流、4000 多万张脸亟需保护》，网易新闻，https://www.163.com/dy/article/GJMKD82F0530W1MT.html，2021 年 9 月 12 日。

②　Andrejevic, M., and Selwyn, N., "Facial Recognition Technology in Schools: Critical Questions and Concerns", *Learning, Media and Technology*, Vol. 45, No. 2, 2020, pp. 115-128.

③　Andrejevic, M., and Selwyn, N, "Facial Recognition Technology in Schools: Critical Questions and Concerns", *Learning, Media and Technology*, Vol. 45, No. 2, 2020, pp. 115-128.

官僚机构的边界，蔓延至每一个社会渠道。"[①] 人脸识别技术在学校场景的应用也使得校园监视的现象进一步正常化[②]。

大部分师生无法避免使用人脸识别系统，只能让渡部分个人权利（如隐私权），当权利让渡成为一种没有选择的选择时[③]，师生不免对校内人脸识别系统的作用提高了期许。研究结果表明，绩效期望显著地正向影响师生对人脸识别技术的使用意愿：师生越能感受到人脸识别技术对校园安全的增强、对学习授课的帮助，故使用此技术的意愿就越强烈。这与既有研究结果一致，中国大学生同意，出于效率和公共安全实施的监视是合理的[④]。相较之下，付出期望与使用意愿的关系不明显。人脸识别系统的使用门槛低、注册流程清晰易懂，对具有较强学习能力与接受能力的高校师生而言，只需简单学习后就能轻易运用。由于在使用过程中付出的时间精力较小，师生对付出期望的感知并不敏感，这也在一定程度上提升了师生对校园人脸识别技术的包容性。

然而，监视会引发隐私问题[⑤]。本研究结果显示，功能风

---

① Lyon, D., *Surveillance Society: Monitoring Everyday Life*, London, UK: McGraw-Hill Education, 2001.

② Galligan, C., Rosenfeld, H., Kleinman, M., and Parthasarathy, S., "Cameras in the Classroom: Facial Recognition Technology in Schools", August 25, 2020, https://stpp.fordschool.umich.edu/research/research-report/cameras-classroom-facial-recognition-technology-schools

③ 彭兰:《假象、算法囚徒与权利让渡：数据与算法时代的新风险》,《西北师大学报》（社会科学版）2018 年第 5 期。

④ Shao, C., "The Surveillance Experience of Chinese University Students and the Value of Privacy in the Surveillance Society", Ph. D. Dissertation, The University of North Carolina at Chapel Hill, 2020.

⑤ Shao, C., "The Surveillance Experience of Chinese University Students and the Value of Privacy in the Surveillance Society", Ph. D. Dissertation, The University of North Carolina at Chapel Hill, 2020.

险、心理风险、隐私风险都负向影响师生对学校的机构信任，其中隐私风险的负向影响最为显著。

这一点与既有研究相符：对学校人脸识别应用的抵制缘由倾向集中于隐私问题①。近年一项重点关注中国年青一代互联网用户的研究表明，中国大学生既具有充分参与数字世界的愿望，也有对大规模监控日益增长的担忧，他们披露个人信息的意愿与对监视的担忧之间的关系相当复杂，处于一种"隐私悖论"的状态②。在隐私态度与实际行为之间不匹配的隐私悖论的情况下③，尽管校内师生存在隐私安全问题的担忧，但这种担忧并不会影响到他们披露个人信息进而使用人脸识别的行为。他们一方面感知到人脸识别的隐私风险，另一方面又对人脸识别的作用具有较高期许，现实中使用人脸识别的频率也保持在偏高水平。监控摄像头的不断蔓延可能导致公众认为监视正常化，反过来无意识地助推社会控制的扩大④。如既有研究证实，尽管许多学生对隐私的丧失感到不满，但他们觉得自己没有权力改变监视系统，只能接受他们的行为会被观察和控制

---

① Andrejevic, M., and Selwyn, N., "Facial Recognition Technology in Schools: Critical Questions and Concerns", *Learning*, *Media and Technology*, Vol. 45, No. 2, 2020, pp. 115-128.

② Shao, C., "The Surveillance Experience of Chinese University Students and the Value of Privacy in the Surveillance Society", Ph. D. Dissertation, The University of North Carolina at Chapel Hill, 2020.

③ Norberg, P. A., Horne, D. R., and Horne, D. A., "The Privacy Paradox: Personal Information Disclosure Intentions Versus Behaviors", *Journal of Consumer Affairs*, Vol. 41, No. 1, 2007, pp. 100-126.

④ Shi, C., and Xu, J., "Surveillance Cameras and Resistance: A Case Study of a Middle School in China", *The British Journal of Criminology*, 2024, azad078.

这一现实，出现了一种顺从感和权威内化感①。

（二）基于"学校—师生"信赖关系的知情同意

人脸信息收集、处理的必要前提是当事人的知情同意，而这一点在现实中往往难以落实。瑞典数据保护机构对 Anderstorp 中学采用人脸识别的行为进行罚款时指出，"学生的同意不能自由给予，因为学校管理部门对他们有道德权威"②。美国帕特森等人诉 Respondus 公司和路易斯大学案中，学校将接受隐私条款作为接受考试的条件，对此法院认为学生们实际上"别无选择"，同意无效③。中国虽尚未有此类诉讼案例出现，但在一项既有研究中，中国学生特别指出，他们不喜欢在没有事先通知的情况下被监视，担心个人数据的安全④。

当信息主体和信息处理者之间的权力及控制力严重不对等时，采用传统的知情同意来保护权利人的自身权益，是不合理的⑤。建立于"理性人"理念之上的知情同意原则，预设理性的信息主体在知情的前提下，有能力就是否同意他人收集、使

---

① Taylor, E., *Surveillance Schools: Security, Discipline and Control in Contemporary Education*, Berlin, Germany: Springer, 2013.

② Kayali, L., "French privacy watchdog says facial recognition trial in high schools is illegal", *Politico* (October 29, 2019), https://www.politico.eu/article/french-privacy-watchdog-says-facial-recognition-trial-in-high-schools-is-illegal-privacy/.

③ Patterson v. Respondus, Inc., "593 F. Supp. 3d 783. United States District Court for the Northern District of Illinois, Eastern Division", (October 13, 2022), retrieved from https://casetext.com/case/patterson-v-respondus-inc-1.

④ Zhang, B., Peterson Jr, H. M., and Sun, W., "Perception of Digital Surveillance: A Comparative Study of High School Students in the US and China", *Issues in Information Systems*, Vol. 18, No. 1, 2017, pp. 98-108.

⑤ Balkin, J. M., "The Fiduciary Model of Privacy", *Harvard Law Review Forum*, Vol. 133, No. 9, 2020, pp. 11-33.

用、传输和披露信息做出自身利益最大化的决策①。高校师生在使用人脸识别时，其知情同意行为却面临着极严重的信息决策困境。首先是内部性困境，信息主体的"有限理性"限制了其记忆和处理信息的能力，尤其学校中学生群体的信息决策能力不一定能使其作出有效的知情同意。其次是外部性困境，信息主体在决策时受到外部因素的严重干扰，强制性、控制性和纪律性的学校环境让大多数师生不得不使用人脸识别，以便在学校正常学习或工作，他们由此陷入"避无可避"的境地。

本研究还表明，机构信任正向影响着师生对校内人脸识别技术的使用意愿。在存有隐私风险及知情同意有效性欠缺的情况下，一些师生不那么在意这些内容，出于对学校公信力的认可和信赖，选择在校内使用人脸识别。由此可见，学校和师生之间存在着一种信赖关系。

"信赖"理念主张个人信息保护法规应该让最能有效防范损失风险的信息控制者承担起更多的法律责任，在"信赖关系"中，信息控制者对信息主体负有信义义务，其中之一便是忠义义务②。有学者指出，可以信赖关系重新黏合信息主体与信息控制者之间的联系，对知情同意的传统模式予以发展和完善，缓解个人信息保护与数据利用的张力与冲突③。据此，在

---

① 吴泓：《信赖理念下的个人信息使用与保护》，《华东政法大学学报》2018第1期。

② Balkin, J. M., "2016 Sidley Austin Distinguished Lecture on Big Data Law and Policy: The Three Laws of Robotics in the Age of Big Data", *Ohio State Law Journal*, Vol. 78, 2017, retrieved from https://papers. ssrn. com/sol3/papers. cfm? abstract_id = 2890965

③ 王崇敏、蔺怡琛：《告知同意规则在信赖理念下的反思与出路》，《海南大学学报》（人文社会科学版）2023年12月29日。

学校和师生之间既有的信赖关系基础上，作为信息控制者的学校应该履行信义义务，实施有效的实质性通知而非程序性通知，使知情同意的规范结构呈现为"分级信赖+按需同意=合法处理"①。

（三）"和而不同"的文化观

作为识别依据，人的肤色、表情、五官等面部信息在一定程度上被赋予社会意义，导致在为学校提供信息时，人脸识别系统会不自觉地突出学生在种族、性别上的固定属性。即使这种标签化的判断方式在技术上是准确的，它也将人的生物属性和社会属性混为一谈，不可避免带有社会固有的不平等、排斥性和歧视的痕迹。因此，有研究担心人脸识别技术进入校园将加剧种族主义②。

而本研究结果显示，中国师生几乎没有对因在校内使用人脸识别受到歧视或负面评价的担忧，社会性风险与师生对学校的机构信任之间不存在显著关系。这与既有研究结果相同：在一项调查中美两国高中生对数字监视的态度的研究中，中国学生并未提及美国学生提到的关于宗教或种族歧视的担忧③。

在西方社会，由于宗教矛盾和种族矛盾激化，少数族裔长

---

① 王崇敏、蔺怡琛：《告知同意规则在信赖理念下的反思与出路》，《海南大学学报》（人文社会科学版）2023 年 12 月 29 日。

② Claire Galligan, Hannah Rosenfeld, Molly Kleinman, and Shobita Parthasarathy, "Cameras in the Classroom: Facial Recognition Technology in Schools" (August 25, 2020), https://stpp.fordschool.umich.edu/research/research - report/cameras - classroom-facial-recognition-technology-schools.

③ Zhang, B., Peterson Jr, H. M., and Sun, W., "Perception of Digital Surveillance: A Comparative Study of High School Students in the US and China", *Issues in Information Systems*, Vol. 18, No. 1, 2017.

期受到歧视，西方国家对因宗教信仰、族群、性别等差异产生的偏见高度敏感，担心人脸识别系统会进一步加剧种族歧视。而中国的社会背景、文化与西方不同，从种族的角度来看，绝大多数中国人为黄种人，且不同民族在几千年的历史过程中形成"中华民族的多元一体格局"①，多元的五十六个民族单位"在碰撞、融合的过程中共同发展，政治与文化的认同感不断增强"②，形成"中华民族"这一整体。在宗教层面，大部分中国人持"无神论"的观念，且中国宗教包罗万象、不具有排他性（既包括中国古代的祭祀宗教，也包括对其延续的儒教、道教和佛教以及后来形成的宗派运动），也不存在教条权威③，中国人对宗教的差异并不敏感。在面对不同地域文化、各个民族文化之间的关系时，"和而不同"这一典型的中国哲学智慧成为一项基本原则④，由此也可以理解，中国师生几乎没有对因使用人脸识别而受到种族或宗教歧视的担忧。

本研究结果还显示，社群影响与师生的人脸识别使用意愿之间不存在显著关系。有学者已指出，"和而不同"的文化观同样存在于人际关系中，它强调不应取消团体中不同意见，而是要在不同意见之中实现和谐相处⑤，尽管同学、同事、家人

---

①　费孝通：《中华民族的多元一体格局》，《北京大学学报》（哲学社会科学版）1989年第4期。

②　孔兆政、张毅：《"天下"观念与中国民族团结意识的建设》，《中南大学学报》（社会科学版）2010年第1期。

③　Goossaert, V., "The Concept of Religion in China and the West", *Diogenes*, *Vol.* 52, No.1, 2005, pp.13—20.

④　方克立：《"和而不同"：作为一种文化观的意义和价值》，《中国社会科学院研究生院学报》2003年第1期。

⑤　武东生：《"和而不同"、"推己及人"与团结友善》，《道德与文明》2002年第2期。

的看法会对师生使用人脸识别产生影响，但不易出现盲目跟风、从众的情况。

与之相对，本研究结果表明，个体创新性显著地正向影响师生对人脸识别技术的使用意愿。高校师生具有较强的创新精神，对新技术持有较高的好奇心，开放、自主、包容的教育也使师生对新技术的接纳度更高。目前人脸识别技术在校园场景下的使用场合也越发广泛，个体创新性强的师生更能接受人脸识别技术，这也是"和而不同"文化观下个体差异得到自由发挥的体现。

第四节　阐释师生对学校中人脸识别应用的行为态度

一　访谈对象与提纲

本研究采用目的性抽样的方法，以高校师生为主要访谈对象，确保访谈对象能为主要研究问题提供最大信息量。同时，由于研究问题涉及人脸识别应用现状与相关法律，研究还选取兼具法律专家、专业人士的师生作为补充。在综合考虑不同年龄、性别、身份和专业等因素后，通过便利抽样与滚雪球式抽样选取 21 名受访者，分别进行半结构式访谈。

访谈结束后，研究者将转录后的访谈资料进行编号，以更好地识别转录内容所对应的对象：以性别、身份、学科背景和代号为标准，本研究将男性设置为"M"，女性设置为"F"；学生设置为"S"，老师设置为"T"；法律专家设置为"L"，专业人士设置为"I"；理科设置为"S"，文科为"A"；再结合每个受访者的代号，组成编号规则。例如，"FSA-1"表示该访谈资料来自代号为 1 的受访者，其背景信息为女性、学生、文科。编号的使用不仅可以保护参与者的隐私，还可以在后续分析资料时将内容与对象快速对应，避免产生差错，提高效率。具体样本描述见表 4-12（基于隐私保护原则，以代号表示人名）。

表 4.12　　　　　　　　受访者信息表　　　　　　（N=21）

代号	性别	身份	学科背景
FSA-1	女	学生	文科
FSA-2	女	学生	文科
FSS-3	女	学生	理科
FSS-4	女	学生	理科
FSA-5	女	学生	文科
FSS-6	女	学生	理科
FSA-7	女	学生	文科
FSA-8	女	学生	文科
MSS-9	男	学生	理科
FSA-10	女	学生	文科
MSS-11	男	学生	理科
MSS-12	男	学生	理科
MSS-13	男	学生	理科
MSS-14	男	学生	理科
FSA-15	女	学生	文科

续表

代号	性别	身份	学科背景
MTS-16	男	老师	理科
MTA-17	男	老师	文科
MTS-18	男	老师	理科
FTA-19	女	老师	文科
FTA-20	女	老师	文科
MIS-21	男	业内人士	理科

本研究采用半结构化访谈，根据研究问题与目的，研究者将访谈大纲分为"对人脸识别技术的基本了解情况""校内人脸识别技术应用情况""对校内人脸识别技术的使用体验与风险感知"三大部分，并在访谈过程中依据受访者回答对问题进行弹性处理，因时制宜调整问题内容与顺序。

每一次访谈结束后，研究者会根据受访者的回答情况对访谈提纲作出调整。同时，由于受访者的身份与学科背景差异较大，研究者有针对性地补充访谈问题。

二　访谈资料与编码

（一）一级编码（开放式编码）

每一次访谈结束后，研究者都会尽快完成访谈资料的转录与整理工作，并将编号归档后的资料导入 MAXQDA2018. 1. 1 软件中进行编码。其中，一级编码是一个将收集的资料打散，赋予概念，然后再以新的方式重新组合起来的操作化过程。在一级编码过程中，研究者尽量运用受访者使用的词语或原话命

· 141 ·

名编码，如"社会风险""隐私风险""不同场景下会选择不同的技术""东方社会更注重环境安全"等，最终形成编码节点共 589 个，涉及参考点共 1406 个。

(二) 二级编码 (关联式编码)

关联式编码的主要任务是发现和建立概念类属之间的各种联系，以表现资料中各个部分之间的有机关联。本研究围绕"师生对校内人脸识别技术的使用体验与风险感知"有关内容，按照意义相似性将 589 个编码节点进行比较和归类，提取出"存在风险""可替代性""应用场景"等 17 个二级编码 (编码结果见表 4.13)。

表 4.13   二级编码汇总

序号	二级编码	序号	二级编码
1	存在风险	10	社会背景
2	课堂辅助	11	文化差异
3	可替代性	12	最初认识
4	应用前景	13	安全责任
5	应用场景	14	技术原理
6	校园问题	15	新闻报道
7	技术优势	16	法律政策
8	研究现状	17	舆论影响
9	认知态度		

(三) 三级编码 (选择式编码)

三级编码指在所有已发现的概念类属中经过系统分析以后

选择一个"核心类属"，分析不断地集中到那些与核心类属有关的码号上面。本研究最终将二级编码进一步归纳为三大核心类属，即"感知风险""感知有用性""感知可信度"。三级编码结果见图4.3。

三 访谈结果与讨论

根据访谈资料，影响校内师生对人脸识别应用的使用态度，尤其是课堂辅助功能应用的因素有"感知风险""感知有用性"与"感知可信度"。其中，感知风险中存在的多种类型风险会影响师生对学校的信任程度，而区别于其他应用场景，师生对课堂辅助有着额外担忧，其进一步影响了师生对人脸识别应用于课堂的使用意愿。同时，感知有用性直接影响师生对校园内人脸识别应用的使用意愿。下面将依照"感知风险""感知可信度""感知有用性"的顺序展开介绍：

（一）感知风险的影响因素

1. 隐私和功能风险感知强烈

根据访谈结果，无论身份与学科背景，受访者都谈到目前我国人脸识别技术的应用面临多种风险，其中隐私风险与功能风险最为显著。大多受访者在使用校内人脸识别应用时都遭遇过技术故障，因而对功能上的隐患有深刻体验。在遭遇技术故障时，多数受访者对此感到不便，也有受访者因识别失败而惶恐担忧。譬如：

FSA-5：有时候学校网络不行，它（人脸识别系统）就扫不到，要么半天扫不出来，要么卡住了。或者，前一个同学过了，大概是他扫（脸）的问题，门会一直开着合不上。这就很

· 143 ·

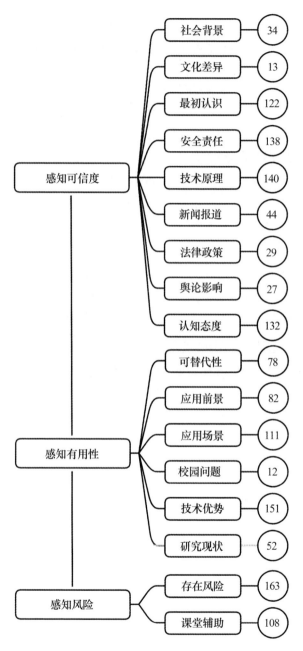

图 4.3　三级编码结果

恐怖，我怕进门时会夹到我。

FSS-6：我不觉得它不可替代，我觉得用指纹识别肯定会比扫脸方便，因为有时候扫脸扫不准更麻烦。

MTA-18：人脸识别有的时候出故障，就是硬件有出现过故障，门禁出现过故障，出现过一次死机，因为我们是人脸识别跟门禁连在一起的，结果门禁出现问题把学生关在里面了。那天晚上，我还专门赶过来，把他给放出来……所以，最终还是要提高控制系统的可靠性。

FTA-20：校内人脸识别吗？那东西每次都无法识别我。学校门禁不能识别，我十分惶恐，求助于门卫。对此，我（感到）非常困扰，每次进入学校时，都很惶恐。

特别地，所有受访者在提及人脸识别存在的风险时，均提到了隐私问题。值得注意的是，无论重视或不在意个人的人脸信息，受访者皆表示，我国社会中的隐私侵犯现象十分普遍，隐私问题是大众普遍关心的问题，不可忽视。以下是一些受访者的担忧：

MSS-11：大众比较关注的是人脸支付会不会对我们之前提到的隐私问题造成一些困扰，也会担心过度使用人脸支付而给自己的隐私带来一些风险，因为现在大众还是比较担心隐私泄露问题的。

MTS-16：相对于人脸而言，现在其他的信息泄露更可怕。包括你的消费习惯、家庭住址、电话号码，你的朋友关联信息，这些都非常重要。可能人脸身份信息显得更为敏感。

MIS-21：在国家层面来看，人脸识别能够很好地去规范一些社会行为，提供国家层面的约束，相对来讲是有助于社会稳定的，但有时候这种东西也会令人担忧，<u>因为采集的是私人信息，私人信息上很多时候会存在一些漏洞。这也是公众比较担心的一点，担心他们的个人信息和隐私遭到泄露，这也是有迹可循的。</u>

2. 课堂辅助风险感知差异

根据访谈结果，学科背景不同的受访者对人脸识别应用于课堂辅助的风险感知程度也有较大差异。其中，理科背景受访者对此多持开放、包容态度，更关注人脸识别技术在提高教学质量上的潜能。文科背景受访者则多持有谨慎、批判态度，更关注人脸识别技术用于课堂辅助的正当性与必要性。总体而言，人脸识别应用于课堂辅助的风险客观存在，值得师生重视。例如，理工科学生 FSS-4 认为人脸识别系统在课堂上识别学生面部表情显得"很有趣"，而文科学生 FSA-15 则表达了不同看法：

FSA-15：我觉得学校应在学生知情同意的情况下来做这个事情。如果他是出于监管的目的，想要通过情绪识别来给学生上课的状态，根据他们的表情来进行评分。作为课程的考核，我觉得还是有一点，<u>即正当性可能有点缺乏</u>。如果他是作为那种课程研究的形式，或者是想要研究技术，跟学生是进行自愿的沟通，让学生知情同意的情况下，自愿参与这个项目的研究，作为研究对象的那种样本，<u>我觉得双方达成一致是可以的。但是，前一种作为课堂的成绩考核，还有监管的方式，它的压迫感，我觉得有点太强了。</u>

另一位理科学生 MTS-16 则谈到人脸识别用于课堂辅助的利与弊。MTS-16：任何应用都有它的利和弊。如果人脸识别应用的目的是提升教学质量，是跟老师提要求，我觉得可以。如果你的技术是用来鞭策学生的，给学生贴一个标签，学生不听讲，把信息告诉他或者他父母，就是不好的。我可以把整个课堂的情况做一个统计分析数据或者大数据分析，告诉学校，概述每门课的教学情况。考虑怎样去把教学服务做好，这个是可以的。

（二）感知有用性的影响因素

1. 可替代性

在人脸识别应用场景中，是否存在可替代的技术，以及替代技术的成本、稳定性、安全性、便捷度都会影响师生对人脸识别技术的使用意愿。访谈结果显示，目前校园内人脸识别技术的普及率较低，且大都有人脸识别应急措施失灵的情况，因此会降低师生对人脸识别技术的依赖性，削弱师生的主动使用意愿。

FSA-2：我们基本上只要出行都会带手机，NFC（近场通信）功能，"滴"一下你就可以走了。我觉得 NFC 可能会比人脸识别方便和快捷很多。

FSS-3：如果技术效果不怎么样，识别的效率很低，我就觉得没有必要安装它了。还有一个就是人脸识别付款，说实话我也觉得没有必要。比较危险，而且别的也很方便，没有必要新推出这个功能。我自己是不会用的。

FSA-5：我们进出校门也是扫脸，它有时候扫不出来就比较尴尬。你就要叫旁边的安保人员帮你弄一下。

2. 应用前景

对人脸识别应用前景的看法，侧面反映出师生对人脸识别技术的包容程度与进一步使用该技术的意愿程度。在多数受访者看来，随着智能技术发展，人脸识别应用在校园内的推广规模将越来越大，折射出其对人脸识别技术进步的信心。但有受访者表示，学校在新冠疫情解封后拆除了人脸识别门禁系统。因此，校内人脸识别应用前景不仅与技术发展趋势有关，也与学校领导层决策有关。

FSA-5：学校 Boss（领导）还挺喜欢它（人脸识别）的，我有什么办法。

FSS-6：我之前看有人发照片好像说现在不是解封了吗，好像人脸识别也拆了。我感觉如果这个应用一直革新，应用起来应该蛮好的。但是，我们学校拆了它，学校之后应该不太可能再用这个。

3. 应用场景差异

无论是在社会生活还是在校园生活中，人脸识别技术已应用在公交、门禁、安保、支付等领域，其在公共场合维护秩序的作用得到受访者认可。但受访者对不同场景下人脸识别技术应用的必要性也有不同看法，如厕所门口、课堂内部、居民家中就不宜用人脸识别技术。

MTA-17：首先你要考虑它，当然你就要保护一些重要的文物古籍。如果不是这些东西，你搞人脸识别就没有价值。你说上个厕所需要扫脸吗？肯定不用。

4. 校园安全问题

校园作为半公共空间，有着独特的安全问题与责任问题。

以大学校园为例，其空间组织规模相当于一个社区；就人员而言，校园内不仅有师生、后勤人员与居民等主体，司机、建筑工人、访客等外来人员在通过审批后同样能够进入。空间的独特性、人员的复杂性，都为人脸识别技术在校园内的推广应用提供了土壤。

MTS-16：学校一直在搞建设，民工也挺多的，你也不能保证每个民工都是素质很高的。有一些人可能长期一人在外，有些情绪上的变化，他想对女性图谋不轨，曾经就发生过这种情况。而且，学校这么黑，即便有监控，也不一定能把他抓起来。监控不一定能捕捉到这些信息。

MTA-17：校园开放，外面怎么样，里面就怎么样，否则这个东西就没有价值……首先是这个东西的应用，它的意义在于社会是一种均等的技术平衡，我们讲公共服务的公平，讲法律面前人人平等，技术也要平等。

5. 技术优势

根据访谈结果，与其他技术相比，人脸只需扫描即可被识别的易采集性、人脸强烈的生物特征带来的安全性、解放双手的便利性以及人脸识别技术整体的高精确度，都使其在校园管理、公共安全、支付应用中发挥了优势。人脸识别技术的优势显而易见，能够加强师生对其有用性的感知，甚至能够逆转对该技术的态度。

FSA-2：（人脸识别）很方便，比如我忘带门禁卡，刷脸就可以直接进去，就可以减轻携带很多东西的负担，就算丢失门禁卡也不用太害怕。

FSA-8：我刚开始是规避使用的态度，因为很怕会被收集了人脸信息，像我们超市里面那个，一开始就是可以使用二维码支付的，我以前都是用二维码。后来，我发现用人脸识别很方便，所以，我就比较愿意接受去使用。

MSS-11：优势应该就是便捷性，指纹识别还要慢一些，人脸识别的速度可能快的时候会达到 0.01 秒。还有一个就是，人脸识别相对于其他（生物识别）都更加安全，你没有办法在使用之前通过伪装的手段骗过人脸识别系统，它能够识别得更准确一些。

6. 研究现状

根据访谈结果，不同专业会影响到受访者对人脸识别研究现状的了解程度。有人脸识别技术研发经验的师生与业内人士对人脸识别研究现状更为了解，对技术的接受程度更高，对技术的应用前景也更为乐观。相应的，未从事相关研究的受访者无论身份与学科背景，对人脸识别研究现状的了解较浅显。

MTS-16：其实，人脸识别现在渐渐地没有那么多人关注了。一些老牌的研究所，因为原来有基础，它会一直延续原来的研究，所以还有人在研究。现在，大家关注的问题就跟所有的问题解决不是一样的。从实验室到现实环境，大家都在开始做一些新的东西。

FTA-20：没有关注过。

MIS-21：从业务层面看，它已经比较成熟，已经做了这么多年，目前研究的趋势是开放场景的人脸识别，类似于这种闸机或者卡口的远距离、小分辨率的状况。因为这种在业界看来还是一个痛点问题。

（三）感知可信度的影响因素

1. 社会背景

我国人脸识别技术在全球范围内领先，能够掌握自身的数据安全，这间接导致受访者对我国的人脸识别技术有较高的信心。例如，MTS-16 和 MTA-17 都谈到了社会背景影响：

MTS-16：我们国家最厉害的叫海康威视，它是在我们读硕士的阶段开始发展起来的，公司做了很多，一开始是为政府做一些平安城市的项目，后来转向开发民用项目。

MTA-17：最近 10 年，单边主义保守主义导致的全球的信任度缺失和民粹主义也好，造成一种不和谐的状态，也非常不利于国家发展或人与人之间正常的交流。人脸识别它不是一个简单的伦理问题，它得放在现在我们今天中国这种特殊社会语境、中外关系中去讨论，就是有比较深意的。

2. 文化差异

文化潜移默化影响我们对隐私、对技术的看法。根据访谈资料，相较于西方社会，我国更重视社会安全，公民有时需让渡部分个人权利及当前利益来换取社会的秩序稳定与集体安全。有受访者表示，我国公民更少在意个人隐私，更多在意便利程度，这也使我们愿意信任或服从公共机构，如学校的决定。

MTS-16：相比于隐私，东方人更在意的是生活在一个比较安全的环境下，是生活在吃个消夜不被人抢劫这样的一个社会环境中。

MTA-17：人脸识别对于我们国家的治理，对于我们国家这种风险的控制，由于国家安全的需要和社会复杂性，如果不按照这个方式去管理，就会有风险。

MTA-18：我是2015年到美国去的，那个时候，我感觉美国的很多门禁，没怎么用人脸识别，还包括手机上的人脸识别。其实，我后来发现，他们有时候很注重这个，比如，有些地方会贴一个标识，如果有人脸识别，他们会提醒你之类的。

3. 最初认识

根据访谈结果，受访者均有人脸识别技术的使用经历，接触时间最迟为两三年前。对人脸识别最初的使用体验，一定程度上能够影响其后续的使用意愿。

FSA-10：非常的久远，我记不得了，反正很早以前什么认证银行卡的时候就弄了。隐患，我担心过。我觉得如果犯罪分子拿我的照片是不是可以盗刷我的银行卡？如果是在可以选择适不适用的情况下，我是倾向于规避使用。

MTA-18：接触到很早了，具体也说不清楚，我觉得起码是10年以上。我觉得可能最开始还是用一些门禁之类的，我觉得人脸识别这门禁好像跟手机差不多。……个人认为，国内很多地方还是有点滥用这个东西，你也不知道有没有人脸识别，然后弄了，你也不知道后果。

MTA-17：关注过人脸识别，首先它不是一个新东西，可以说是一个老东西了。所以在这个情况下，我觉得人脸识别它是一个老玩意儿，是我们生活中的一个老朋友。它还是有一些作用的，让我们工作更有效率，保密、安全性更强等。

4. 安全责任

多数受访者表示不了解校内具体负责管理人脸信息的部门，同时不曾在意或未看到过校内人脸识别应用的隐私协议。

但因校内人脸识别应用有学校公信力作为担保，即使安全责任不甚明晰，师生对校内人脸识别技术的信任水平也比较高。

FSA-8：没有提前说明，而且当时已经采集了我们的照片，也没有说是用来干什么的，忽然让我们发一张生活照，所以什么都不知道。我从来没有想过这个问题，因为我觉得学校公信力在那里，肯定不会主动泄露，但是其他我就不懂了。

FSA-10：我觉得学校毕竟是一个公办的机构，它泄露的风险不是很大。我觉得学校泄露的概率要比其他私人机构稍低一点。

MTA-20：第一应该讨论出隐私条款，比如学校师生都能够接受的；第二我觉得一定要有提示，比如这个地方是有人像的，要有所提示。

5. 技术原理

对人脸识别技术原理的了解受所学专业影响较深，根据访谈资料，对技术原理了解越深，对人脸识别技术的准确率抱有更多信心，相应对人脸识别技术的整体信任程度也更高。

MSS-13：可能一些研究的趋势类似于防伪检测，人脸的防伪检测其实也有挺多人在研究。换脸之后怎么能够判断出这个人是换脸，而不是原来的熟人呢？还有一些是合成的人脸。

MTS-16：这个是跟受控环境相关的。比如在机场 check in 的时候，它就很准，是因为它设了角度，而且，摄像头周围的光线情况是好的。所以，一个人脸识别技术的准确度跟它的应用场景和设置是很相关的。大部分情况下，现在用的卡口场景准确度是相当高的。整体的识别准确度也在90%以上，因为人多，所以它的准确度还是相当高的。

6. 新闻报道

根据访谈资料，受访者对人脸识别相关新闻报道关注度较低，国内热度较高的人脸识别相关新闻总体数量较少，且负面新闻与娱乐新闻兼而有之，对受访者信任度影响有限。

FSS-6：但有时候刷一些小文章会看到这个，可能是跟每个人的生物特征有关。但是，我感觉科技还不是很发达。

MSS-11：比如，支付宝最早推出人脸支付的时候，闹得沸沸扬扬，有人说如果用一张图片，我去假冒，能不能代替真正的人进行支付，或者是长得很像的人，会不会误用其他人的账号，人脸识别存在误识别的情况。最早可能听说人脸支付应该就是支付宝的人脸支付，听到它的负面新闻也有，正面新闻也有，负面新闻就是关于人脸误识别。正面的情况，是它的识别可能精度高，之前也听说它能够准确地识别。

7. 法律政策

有受访者表示，人脸识别相关法律尚未完善，存在一定风险。但也有受访者认为，技术发展先于法律完善乃客观规律，在尚未出现重大人脸信息泄露事故前，应给技术提供发展空间。法律政策的完善能够进一步增强师生对人脸识别技术的信心。

FSA-15：我并不是有足够的信任，因为我觉得我们国家现在的法律好像也没有对人脸识别有一个很具体的规范。如果到时候发生了信息泄露的问题，一方面是没有办法追责到底是谁导致的信息泄露，另一方面即使是学校导致的，好像也没有具体的哪种法律可以作为对它进行行政处罚或者其他惩处方式的具体监管。

MTA-17：有一个特定的现象，就是<u>科学技术这种东西，它一定要早于市场，市场一定要早于法律法规</u>。这是人类科学发展进步的保证。技术发展从实验室开始到市场，先是实验室，市场应用完之后，会有法律法规的约束。

8. 舆论影响

根据访谈资料，公众对人脸识别的担忧主要聚焦于隐私风险问题，但随着人脸识别应用普及，争议之声也渐弱，人脸识别技术证明了它的安全性与便利性。

MSS-11：<u>主要还是担心信息泄露、隐私保护的问题</u>。公众还是会担心被收集的人脸数据被用作其他目的，担心存在一些风险。可能出于特殊情况，他不喜欢自己的人脸暴露在镜头中，可能有些人会感到自卑，觉得"刷脸"会扭曲他的人脸，有点恐惧镜头的感觉。

MSS-12：<u>任何新技术的应用，其实都存在伦理隐私等方面的问题</u>。比如原子弹或者是一些之前的新技术，<u>要看你怎么去看待这个事件</u>。

9. 认知态度

对学校管理使用人脸识别技术的态度，对个人人脸信息的态度以及对使用人脸信息的态度因受访者个体差异而呈现不同趋势，总体可分为乐观接受、保持中立和悲观抗拒三种态度。

FSA-15：如果有备用选项，<u>我可能尽量不用</u>。我觉得要同意录入人脸信息，首先看他们会投入多大的成本来进行数据保护。如果我觉得<u>他们的安保做得不够到位</u>，我的人脸信息就有比较大的泄露风险。

MTA-17：比较支持，对于新技术我都很支持。我是一个在这方面比较开明的人，我不是一个反技术的，我做科学史，对于所有的先进技术我都很支持。

MIS-21：对于这种新技术，我持开放的态度，一个比较客观公正的态度，可能有利也有弊。但这个东西可能随着监管法律的完善，它的公信力或者安全性会越来越高。每个人用这个技术去做什么事情，或者是出于什么目的，是无法预测的，工具本身它是不具备好坏之分的，要看使用工具的人，他想达到一个什么目的。

通过深度访谈发现，校内师生对人脸识别应用的使用态度，尤其是课堂辅助功能应用的使用意愿受"感知风险""感知有用性"与"感知可信度"因素影响。其中，感知风险受直接接触到的技术问题与隐私问题影响较大，而对于人脸识别可能造成的社会问题，如算法歧视风险则无人提及。师生对人脸识别应用于校园管理总体上持积极态度，但对于应用于课堂辅助的态度隐隐呈现两极分化趋势。另外，感知风险影响师生对人脸识别的感知可信度，与此同时，感知可信度从宏观层面而言还受社会文化背景等因素的隐性影响；从治理机构而言，对学校公信力的高信任度导致其对校内人脸识别应用的高信任度；从个体差异而言，所学专业对个人的技术接受程度有着较深影响，进而影响对校内人脸识别技术的信任度。最后，人脸识别技术的优势、可替代性、应用场景等因素对感知有用性都有一定程度影响，但对于最终的使用意愿呈正面影响还是负面影响，还有待进一步检验。

第五节　教育场景中人脸识别
应用的规制建议

一　高标准的"知情同意"和法规跨境适用

（一）提出更高标准的"知情同意"

在人脸识别中最重要的原则应当是"知情同意"原则。这也是个人数据处理的合法性基础。鉴于学校与学生之间的权力不对等关系，应当对"同意"提出更高的标准。学校有必要采取清晰且易于理解的方式进行书面告知，获得学生的书面同意，还应保证学生是在有实际选择权的情况下作出的同意选择。"同意"有效性的困境曾一度引发学者争论，最终有学者提出"动态同意模式"。这种模式之下，数据主体有参与感和撤回权，这对于人脸识别技术应用中的人脸信息知情同意具备借鉴意义[①]。

此外，在学校和师生之间既有的信赖关系基础上，作为人脸信息控制者的学校应该履行信义义务，实施有效、实质性通知而非程序性通知，使知情同意的规范结构呈现为"分级信赖+按需同意＝合法处理"[②]。

（二）人脸识别法规跨境适用的一致性

法律的完善是规制技术、保护隐私的前提。我国目前尚且

---

① 石佳友、刘思齐：《人脸识别技术中的个人信息保护——兼论动态同意模式的建构》，《财经法学》2021 年第 2 期。

② 王崇敏、蔺怡琛：《告知同意规则在信赖理念下的反思与出路》，《海南大学学报》（人文社会科学版）2023 年 12 月 29 日。

缺乏规范人脸识别的专门性法律。而涉及生物识别的智慧课堂系统已经在许多初高中及大学广泛运用，其中蕴含的隐私风险不可忽视。

值得注意的是，人脸信息的管理并非只限于本国境内，信息在世界范围内的流通也可能带来跨国纠纷。此处讨论的校园场景人脸识别的应用也有此隐患，我国高校已有众多的国际学生，对其人脸信息的保护也涉及与其国家法律适用的问题。因此，人脸识别相关立法需要满足跨境法律适用的一致性。

回顾欧盟和美国的立法，其保护规制的核心重点在于对生物识别信息的保护，而非仅仅对人脸识别技术实施规制。因此，我国在立法时需要考虑境外法律规定，做出协调适应，抓准各国立法的核心重点，再从严格遵循知情同意、"最小必要"原则等方面进行展开。

（三）明确救济路径及处罚标准

学校运用人脸识别系统给学生造成损害时，在救济路径的选择上，应该根据学校的行为性质，选择相应的救济方式。其一，如果学校是出于行政管理的需要，而收集并处理学生的生物识别信息，则应向人民法院提起行政诉讼或向行政机关申请行政复议。在行政救济上，我国虽然有"国家信息中心""网信办"等机构，但这些机构并不具有法律意义上数据保护监管机构的地位、属性、职能和权力，学生无法向这些机构申请行政复议。因此，除教育行政部门作为学校的监督机构外，国家也应设立专门的数据保护监管机构受理行政控诉，明确监管机构对各种实体数据处理行为的审查权、许可权、调查权、检查权、命令权和司法介入权等。其二，如果学校收集和处理学生的生物识别数据，并非出于行政管理的需要，双方处于平等地位，则应当选择民事诉讼作为救济路径。

若学校运用人脸识别系统侵害学生权益，对学校的处罚标准还应进一步明确。如在帕特森等人诉 Respondus 公司、路易斯大学案中，原告是否能够索赔、能根据哪条 BIPA 的规定索赔也成为争议焦点；而瑞典 Anderstorp 高中则是被处罚了 20 万克朗（约 15 万元人民币）。在被称为国内"人脸识别第一案"中，杭州市民郭某诉杭州野生动物世界有限公司的二审判决中，判决野生动物世界赔偿郭某合同利益损失及交通费共计 1038 元，判决生效十日内履行。与欧盟、美国相比，我国对于人脸识别造成侵害的赔偿金额很少。在学校场景下，较少的赔偿金额和不明确的处罚依据将不利于学生自发维权，学校也可能仍然不重视对学生生物识别信息的保护。因此，应明确、严格制定相关的处罚标准，适当提高罚款金额。

二 管理层面：充分发挥教育行政部门的监督作用

（一）明确学校使用人脸识别的监督主体

要实现教育领域对人脸识别系统合法运用，应当明确监督的主体，方便之后进行相应的审批报备、风险评估等工作。《高等教育法》第 29 条规定，国务院教育行政部门或者省、自治区、直辖市人民政府教育行政部门，对学校的设立、分立、合并、终止以及其他重要事项，具有审批、核准权。因此，各级教育行政部门应当负责监督学校的生物识别信息处理行为。教育行政部门内部应当成立专门的个人信息保护部门以及专业评估机构。学校在对学生生物识别信息进行处理之前，应先行向教育行政部门备案，明确其所采用的设备技术标准，并由专门机构对其行为的风险进行评估，保证学校运用人脸识别系统遵循"最小必要"原则，必要时可在教育行政部门的监督下举行听证①。

监督主体应开展实时、全程监督。如定期对学校的信息负责部门进行检查，定期审查其技术漏洞、技术应用或创新的最新情况；定期审查其信息保护情况。由独立性更强的人脸识别技术专业化监督主体进行执法，提高监管的效率和精确度。

（二）设立校内专门部门管理人脸信息

设立校内负责信息保护部门，提高信息控制者的责任意识和监管水平。人脸识别应用出现侵犯个人信息问题，其影响难以评估，通常信息主体对其个人信息的控制力低下、举证困难，受限于信息主体与信息控制者之间力量悬殊等问题，仅通过法律或者政策，在短期内无法全盘解决人脸信息保护问题，但信息控制者本身却能轻易地将其储备的技术优势转化为有效的内部规制②。因此，人脸信息被采集之后，应设立部门负责个人信息保护，同时增强部门人员的责任意识和专业水平，使其通过"自律"的形式来规范人脸识别应用以及对个人信息的妥善保管。

三 技术层面：提升复杂环境下的识别精确度及人性化设计

高校人流量大、人员密集，对系统的开发规模、识别精准

---

① 王冲：《论生物识别信息处理行为的法律规制——以高校与学生关系为视角》，《科学技术哲学研究》2021 年第 2 期。

② 王嘉华：《论人脸识别技术应用中个人信息的法律保护》，硕士学位论文，浙江工商大学，2021 年。

度、预警及时性、异常轨迹追溯能力的要求更高。由于环境、光线、姿态、年龄、表情、装饰、距离及遮挡等原因，实际识别效果尚未满足用户预期，存在误识、漏识或不识的现象①。因此，提高人脸识别在复杂环境下的识别精确度迫在眉睫。

此外，通过访谈可知，校内师生进行人脸识别时会产生多样的困扰，如"刷脸"时暴露个人照片觉得尴尬，担心"刷脸"屏幕显示的个人信息被身后人员窥视等。以上问题皆是设计本身未充分考虑使用者的心理、处境造成，因而人脸识别在高校的应用也需注重人性化的设计。

---

① Lin, C. P., and Anol, B., "Learning Online Social Support: An Investigation of Network Information Technology Based on UTAUT", *CyberPsychology & Behavior*, Vol. 11, No. 3, 2008, pp. 268-272.

第五章　执法场景中人脸识别应用的公众态度与规制建议[*]

作为智慧生活的重要工具之一，人脸识别系统率先在执法领域落地且持续时间最长，是科技助力生活，实现科技建警、科技兴警的一次有效尝试[①]。在执法场景中，人脸识别应用主要分为三类：一是识别，指将特定个人的人脸图像与公安执法部门的储备数据库（如犯罪嫌疑人数据库）中的多个人脸图像进行一对多（1∶N）比对，以找到可能的匹配[②]。例如，公安民警在开展街面巡逻工作时佩戴的执法记录仪，一般具备人脸识别功能，采集到的面部图像可实时上传至公安情报平台[③]；二是验证，即将某个体的面部信息与执法部门数据库中存储的

---

* 本章执笔者：干敏、张坤然（武汉大学新闻与传播学院硕士研究生）、徐浩森（武汉大学新闻与传播学院硕士研究生）。

① 张莉莉：《人脸识别技术在治安管理中的应用及其规范路径》，《行政与法》2022 年第 3 期。

② Kay L Ritchie, Charlotte Cartledge, Bethany Growns, et al., "Public Attitudes Towards the Use of Automatic Facial Recognition Technology in Criminal Justice Systems Around the World", *PloS One*, Vol. 16, No. 10, October 2021, eo258241.

③ 张莉莉：《人脸识别技术在治安管理中的应用及其规范路径》，《行政与法》2022 年第 3 期。

特定个体进行一对一（1∶1）匹配，如果两张图像显示重合的比例高于一定阈值，则身份验证成功①；三是监视，即利用人脸识别系统收集非特定个人的面部信息，将其与数据库中可能涉嫌违法犯罪的非特定个人的面部信息进行多对多（N∶N）的比较，而嫌犯面部信息的标准将由执法者根据具体情况或规定来确定②。综合这三重应用，公安等执法机关能大大提升确认嫌犯、锁定目标、追捕逃犯的能力，从而更好地维护公共安全。

与此同时，关于执法场景中人脸识别应用的争论也随之而来。自2019年起，超过600个执法机构使用了美国初创公司Clearview AI设计的突破性人脸识别应用程序，而Clearview AI使用的却是未经用户授权而私自从社交媒体网站爬取的人脸数据③。事件曝光后，一场关于公安执法部门使用人脸识别系统合法性的争论在全球范围内兴起。一方面，人脸识别应用能让执法司法体系更加高效，有助于维护公共安全；另一方面，隐私风险、技术有效性及偏见、法律风险等问题亦不可忽视。我国《个人信息保护法》在为完善人脸识别应用的法律基础提供依据的同时，也明确指出如何对人脸识别应用进行有效规制是

---

① Lucas Introna and Helen Nissenbaum, "Facial Recognition Technology: A Survey of Policy and Implementation Issues", Lancaster University Management School Working Paper, July 2009.

② Tingyao Chen, "Case-Based Analysis of Discrimination in Police Surveillance Scene Regarding Facial Recognition", Paper Delivered to 2020 7th International Conference on Advanced Composite Materials and Manufacturing Engineering (ACMME 2020), Sponsored by *IOP Publishing*, Yunnan, China, June 20-21, 2020.

③ Dallas Hill, Christopher D O'Connor and Andrea Slane, "A Police Use of Facial Recognition Technology: The Potential For Engaging the Public Through Co-Constructed Policy-Making", *International Journal of Police Science & Management*, Vol. 24, No. 3, April 2022, pp. 325-335.

监管机构正面临的一项重大课题①。

"平安城市"的建设过程中，全国各地安装了大量监控摄像头，在一定程度上促进了视频侦查、智能化侦查的发展。虽然我国尚未出现类似爱德·布里奇斯（Edward Bridges）起诉英国南威尔士警方（South Wales Police）在辖区内试点自动人脸识别系统（Automated Facial Recognition Technology，简称 AFR）的案件②，但这些监控设备及人脸识别技术的应用必将重塑公安执法部门与公众之间的关系。本研究从公众角度出发，探讨公众对公安执法部门使用人脸识别系统的风险感知和态度意愿，深入剖析影响公众态度形成的各种因素，有助于执法部门在高效规范执法与尊重公众权益、规避相应风险之间取得平衡。

第一节　执法场景中人脸识别系统的主要风险

一　隐私侵犯风险

世界各地的警察当局出于增强公共安全的期望而广泛使用面部识别技术③。尽管不少学者论及其中的隐私风险④，但公

---

① 苗杰：《人脸识别"易破解"面临的风险挑战及监管研究》，《信息安全研究》2021 年第 10 期。

② Barrie J Gordon, "Automated Facial Recognition in Law Enforcement: the Queen (On Application of Edward Bridges) V the Chief Constable of South Wales Police", *Potchefstroom Electronic Law Journal*, Vol. 24, No. 1, 2021, pp. 1–29.

③ Sara Smyth, *Biometrics, Surveillance and the Law: Societies of Restricted Access Discipline and Control*, London, UK: Routledge, 2019.

④ Tim McSorley, "The Case For a Ban on Facial Recognition Surveillance in Canada", *Surveillance & Society*, Vol. 19, No. 2, June 2021, pp. 250–254.

安执法部门在公共空间对人脸信息的采集往往被认为是理所当然的，原因在于：

一是公共空间的"公共性"。公众在公共空间中无须身体停留配合，即可被人脸识别系统快速匹配人脸数据、识别个体身份、生成数字画像①。由于公共空间不属于传统意义上受保护的"隐私区"，所以采集于公共空间的个人信息往往不被视为"隐私"。但事实上，大多数人在公共场所也依然抱有隐私期望②③。然而，公安执法中对公众在公共空间中"隐私期待"的习惯性忽视，以及人脸等生物识别数据被采集时的"无感性"④，使得人脸识别的安全性容易被忽略。

二是执法理由的正当性。一般而言，涉及国家安全和公共安全时，公安执法部门使用人脸识别系统的理由具备正当性。应用人脸识别系统能够实现对恐怖分子和罪犯的追踪自动化，从而提高警察工作的效率⑤。但研究者也指出，试图凭借人脸识别系统使社会免受不安全因素的影响，可能会给公众带来新的不安全感⑥。这一技术的使用是柄双刃剑：密集监控可能会

① 林凌、程思凡：《识别数字化风险及多维治理路径》，《编辑学刊》2021 年第 6 期。

② Helen Nissenbaum，"Protecting Privacy in an Information Age：The Problem of Privacy in Public"，*Law and Philosophy*，Vol. 17，November 1998，pp. 559-596.

③ Mariko Hirose，"Privacy in Public Spaces：The Reasonable Expectation of Privacy Against the Dragnet Use of Facial Recognition Technology"，*Connecticut Law Review*，Vol. 49，No. 5，2016，pp. 1591-1620.

④ 顾理平：《智能生物识别技术：从身份识别到身体操控——公民隐私保护的视角》，《上海师范大学学报》（哲学社会科学版）2021 年第 5 期。

⑤ Amitai Etzioni，*The Limits of Privacy*，New York：Basic Books，1999.

⑥ Mitchell Gray，"Urban Surveillance and Panopticism：Will We Recognize the Facial Recognition Society?"，*Surveillance & Society*，Vol. 1，No. 3，2003，pp. 314-330.

保护公众免受他人破坏性、非法或异常行为的影响，但这种监控也会挑战基本的公民权利，比如隐私权和公众对自决的期望①。大多数情况下，公众通常意识不到他们正在被识别，即使意识到这点，他们通常也没有能力纠正错误的个人数据②，且知情同意原则和选择退出权都没法得到保证。

同时，公安执法部门自身大多并不具备足够的技术开发能力，只能依靠第三方技术力量进行人脸识别系统的搭建和人脸信息的存储。而第三方市场大多将注意力集中在人脸识别技术的商业扩张上，对于数据安全方面的投入不足③。若使用第三方技术公司的人脸识别数据库，公安执法部门也难以确保其数据来源是合法、正当且准确的④。当人脸识别系统将嫌疑人的图像与现有图像的大型数据库进行比对时，无论该数据库是从社交媒体来源（如 Clearview AI）还是从政务照片（如身份证、驾驶证）中挑选出来的，都未经公民同意，个人的隐私利益必然受到影响⑤。并且，人脸识别应用于公安执法，其背后还关

---

① Graham Sewell and James R. Barker, "Coercion Versus Care: Using Irony to Make Sense of Organizational Surveillance", *Academy of Management Review*, Vol. 31, No. 4, October 2006, pp. 934-961.

② Mitchell Gray, "Urban Surveillance and Panopticism: Will We Recognize the Facial Recognition Society?", *Surveillance & Society*, Vol. 1, No. 3, 2003, pp. 314-330.

③ 刘成、张丽：《"刷脸"治理的应用场景与风险防范》，《学术交流》2021年第 7 期。

④ Marie Eneman, Jan Ljungberg, Elena Raviola, et al., "The Sensitive Nature of Facial Recognition: Tensions Between the Swedish Police and Regulatory Authorities", *Information Polity*. Vol. 27, No. 2, January 2022, pp. 219-232.

⑤ Monique Mann, Marcus Smith, "Automated Facial Recognition Technology: Recent Developments and Approaches to Oversight", *University of New South Wales Law Journal*, Vol. 40, No. 1, 2017, pp. 121-145.

联着个人家庭情况、学历背景、职业、资产等更深层次的个人信息①，一旦泄露，公民更多的隐私将暴露无遗。

二　算法偏见风险

人脸识别算法是通过观察测试人脸样本来"训练"的，识别系统熟悉面孔的准确度比识别不熟悉面孔的准确度更高②。在某一类样本训练数据充足的情况下，人脸识别能够让精准、高效的"区别对待"成为可能③。人脸识别的高效运作背后实质是一种标签化的判断方式，性别、种族、地域等都成为标签的类目。人脸信息的处理过程，往往与肤色、表情、五官等因素相结合，呈现出一种统计意义上的社会评价，包括性别、阶级、肤色，甚至是同性恋等④。如果样本数量足够多，就可以对特定对象进行标签化处理和分类，从而精确地进行区别对待（比如歧视）⑤。但在某一类人群的测试数据不够充足的情况下，人脸识别可能诱发"歧视"。一些系统在识别某些特定的种族或群体时，比识别其他少数边缘群体表现出更强、更准确的识别能力⑥。这可能导致社会上某些群体因无法被识别而不

---

① 胡凌：《刷脸：身份制度、个人信息与法律规制》，《法学家》2021年第2期。

② James Hayward, *ICO Investigation Into How the Police Use Facial Recognition Technology in Public Places*, Information Commissioner's Office, October 31, 2019.

③ 刘成、张丽：《"刷脸"治理的应用场景与风险防范》，《学术交流》2021年第7期。

④ 徐祥运、刁雯：《人脸识别系统的社会风险隐患及其协同治理》，《学术交流》2022年第1期。

⑤ 胡凌：《刷脸：身份制度、个人信息与法律规制》，《法学家》2021年第2期。

⑥ Tom Simonite, "How Coders are Fighting Bias in Facial Recognition Software", https://www.wired.com/story/how-coders-are-fighting-bias-in-facial-recognition-software, March 29, 2018.

能享受应有的权利或服务，甚至引发社会排斥（social exclusion）问题。如果某一特定人群总是被频繁地识别错误，将严重影响他们对执法人员或对该项技术本身的信任和信心。

人脸识别算法的稳定性至少受到两方面因素的影响：一是光照条件、地理位置、遮挡状况等外部因素；二是系统存储图像的清晰度或识别阈值设置等内部因素[1]。公安执法部门用于和数据库匹配的嫌疑人图片的重要来源之一，是监控摄像头录像所生成的图片[2]。但由于视频片段上光线、距离、位置等因素可能会弱化被识别者的面部特征，或者系统所存图像的清晰度有限，身份识别可能会产生错误匹配[3]。人脸识别算法从不提供明确的结果，只提供两张人脸的匹配概率，因此人脸识别系统本身就存在一定的误差范围，可能会导致人们被错误匹配[4]。另外，一旦人脸识别系统的深度学习算法模型离开训练时常用的场景数据，其真实效果就会大打折扣[5]。这也意味着即便是在正常光照、面部图像清晰的情况下，人脸识别系统也有

---

① 王鑫媛：《人脸识别系统应用的风险与法律规制》，《科技与法律（中英文）》2021 年第 5 期。

② Bigos, M. A., "Let's 'Face' It: Facial Recognition Technology, Police Surveillance, and the Constitution", *High Technology Law*, Vol. 22, No. 1, 2021, pp. 52-94.

③ European Union Agency for Fundamental Rights, "Facial Recognition Technology: Fundamental Rights Considerations in the Context of Law Enforcement" (November 27th, 2019), http://fra.europa.eu/sites/default/files/fra_uploads/tra-2019-facial-recognition-technology-focus-paper-1_en.pdf.

④ European Union Agency for Fundamental Rights, "Facial Recognition Technology: Fundamental Rights Considerations in the Context of Law Enforcement" (November 27th, 2019), http://fra.europa.eu/sites/default/files/fra_uploads/fra-2019-facial-recognition-technology-focus-paper-1_en.pdf.

⑤ 中国信息通信研究院、中国人工智能产业发展联盟：《人工智能发展白皮书-技术架构篇（2018）》，中国信息通信研究院 2018 年版。

可能会出错。美国公民自由联盟认为："人脸识别软件很容易被发型或胡须的变化、衰老、体重增加或减少以及简单的伪装所'绊倒'。系统会因此错过大部分嫌疑人，并标记大量无辜的人。这不仅浪费宝贵的人力资源，还可能产生虚假的安全感，让人们降低警惕。"[①] 人脸识别系统是否容易被虚假的面部图像欺骗的问题，对于能否实现执法目的尤其重要。尽管近年来人脸识别系统的准确率已得到提升，但当前人脸识别系统水平下的误差可能超出合理容错率（Fault-tolerance rate）[②]。人脸识别的技术成熟度及其在执法场景内的实际应用效果依然饱受争议。

三　自由裁量权的潜在自动化风险

人脸识别系统还可能以其技术的表面客观性掩盖其不平等，导致警察自由裁量权的潜在自动化[③]。通常情况下，决策者倾向于采纳与他们个人信念和刻板印象一致的算法建议[④]，即使在有矛盾或不确定证据的情况下，人类也依然倾向于依赖算法建议[⑤]。而人脸识别系统用看似客观的计算机辅助决策代

[①]　Mitchell Gray, "Urban Surveillance and Panopticism: Will We Recognize the Facial Recognition Society?", *Surveillance & Society*, Vol. 1, No. 3, 2003, pp. 314-330.

[②]　徐祥运、刁雯:《人脸识别系统的社会风险隐患及其协同治理》,《学术交流》2022 年第 1 期。

[③]　Thaddeus L. Johnson, Natasha N. Johnson, Denise McCurdy, et al., "Facial Recognition Systems Inpolicing and Racial Disparities in Arrests", *Government Information Quarterly*, Vol. 39, No. 4, October 2022, 101753.

[④]　Sebastian Jilke and Martin Bækgaard, "The Political Psychology of Citizen Satisfaction: Does Functional Responsibility Matter?", *Journal of Public Administration Research and Theory*, Vol. 30, No. 1, January 2020, pp. 130-143.

[⑤]　Matthew M. Young, Justin B. Bullock and Jesse D. Lecy, "Artificial Discretion as a Tool Ofgovernance: A Framework For Understanding the Impact of Artificial Intelligence on Public Administration", *Perspectives on Public Management and Governance*, Vol. 2, No. 4, December 2019, pp. 301-313.

替被认为是不公平的人类决策，也就向外部观察者掩盖了其中潜在的不公平①，为预先存在的歧视性警务实践披上了一层中立的技术外衣②。人脸识别系统的算法有可能会使自动公安执法部门的决策变得"自动化"，而随着执法人员越来越依赖于计算机软件和数据分析，其自由裁量权的范围和使用也将随之减少③。最终，执法人员在执法过程中将很难注意到一些相互矛盾的信息或会主动去探求别的可能性，只是简单地编码和复制现有的偏见和歧视④。

第二节　人脸识别系统的公众态度

一　执法场景中人脸识别系统的公众态度研究

目前，关于执法场景下公众对人脸识别系统态度的调查研究主要集中于西方国家，且大部分研究表明，公众对于公安执法部门使用人脸识别系统普遍持支持态度。如英国信息专员办公室（Information Commissioner's Office，ICO）于 2019 年针对英国公众进行的调查显示，82% 的受访者表示警察使用实时人

---

① Laura M. Moy, "A Taxonomy of Police Technology's Racial Inequity Problems", *University of Illinois Law Review*, Vol. 2021, No. 1, 2021, pp. 139-192.

② Hannah Couchman, "Policing By Machine：Predictive Policing and the Threat to Our Rights", *Liberty*, February 2019.

③ Mark Bovens and Stavros Zouridis, "From Street-Level to System-Level Bureaucracies：How Information and Communication Technology is Transforming Administrative Discretion and Constitutional Control", *Public Administration Review*, Vol. 62, No. 2, December 2002, pp. 174-184.

④ Jacob Hood, "Making the Body Electric：The Politics of Body-Worn Cameras and Facial Recognition in the United States", *Surveillance & Society*, Vol. 18, No. 2, June 2020, pp. 157-169.

脸识别系统（Live facial recognition，LFR）是可以接受的；72%的受访者同意或强烈同意在高犯罪率地区长期使用 LFR；65%的受访者同意或非常同意 LFR 是防止低级犯罪的必要安全措施①。另外一项以加拿大公众为调查对象的研究也显示了同样的结果，大约有 69%的人认为警察可以使用 FRT，48%的人认为，如果使用 FRT 大大减少犯罪（即减少 5%），那么失去一些隐私也是值得的②。但也有调查指出，公众对于公安执法部门使用人脸识别系统的态度并不是完全一致，会受到一些其他因素的影响。首先是性别、种族、年龄等人口统计学因素。伦敦警察厅的一项调查表明，虽然有 57%的受访者同意 MPS 使用 LFR，但在亚裔和黑人受访者中的反对比例分别高达 56%和 63%，伦敦年轻人的支持度也较低，16—24 岁人群和 25—39 岁人群中均有过半数的人反对警察使用 LFR③。一项针对 5000 名澳大利亚人的调查也发现，老年人和经常使用电脑的人对将人脸识别系统用于执法的支持率更高④。其次是公安执法部门使用人脸识别系统的场景和目的。调查发现，公众对 LFR 的行为意向与犯罪性质有关，即技术所针对的犯罪严重程

---

① James Hayward，*ICO Investigation Into How the Police Use Facial Recognition Technology in Public Places*，Information Commissioner's Office，October 31，2019.

② Cybersecure Policy Exchange & Tech Informed Policy，*Facial Recognition Technology Policy Round table：What We Heard*，Canada，Exchange C P.，2021.

③ Fussey Peter and Murray Daragh，*Independent Report on the London Metropolitan Police Service'S Trial of Live Facial Recognition Technology*，University of Essex Human Rights Center，2019.

④ Catherine Emami，Rick Brown and Russell Smith，"Use and Acceptance of Biometric Technologies Among Victims of Identity Crime and Misuse in Australia"，*Trends and Issues in Crime and Criminal Justice*，No. 511，April 2016，pp. 1-6.

度越高，公众的支持率越高①。最后，政治派别②、信任③、合
法性④以及对政府反恐政策的看法⑤等也可能会影响到公众对
公安执法部门使用人脸识别系统的态度。

而就公众支持的原因而言，大部分调查提及了公众认为使
用人脸识别系统能更好维护秩序，增强他们的安全感⑥，除此
之外，认为人脸识别系统能使警察的行动更专业⑦、认为自身
有社会义务支持警察⑧以及支持人脸识别系统本身⑨等也有可

① Fussey Peter and Murray Daragh, *Independent Report on the London Metropolitan Police Service's Trial of Live Facial Recognition Technology*, University of Essex Human Rights Center, 2019.

② Daniel E. Bromberg, Étienne Charbonneau and Andrew Smith, "Body-Worn Cameras and Policing: A List Experiment of Citizen Overt and True Support", *Public Administration Review*, Vol. 78, No. 6, March 2018, pp. 883-891.

③ Ben Bradford, Julia a Yesberg, Jonathan Jackson, et al., "Live Facial Recognition: Trust and Legitimacy As Predictors of Public Support For Police Use of New Technology", *The British Journal of Criminology*, Vol. 60, No. 6, May 2020, pp. 1502-1522.

④ Miliaikeala SJ. Heen, Joel D. Lieberman and Terance D. Miethe, "The Thin Blue Line Meets the Big Blue Sky: Perceptions of Police Legitimacy and Public Attitudes Towards Aerial Drones", *Criminal Justice Studies*, Vol. 31, No. 1, November 2017, pp. 18-37.

⑤ Christopher G. Reddick, Akemi Takeoka Chatfield and Patricia A. Jaramillo, "Public Opinion on National Security Agency Surveillance Programs: A Multi-Method Approach", *Government Information Quarterly*, Vol. 32, No. 2, April 2015, pp. 129-141.

⑥ Daniel E. Bromberg, Étienne Charbonneau and Andrew Smith, "Body-Worn Cameras and Policing: A List Experiment of Citizen Overt and True Support", *Public Administration Review*, Vol. 78, No. 6, March 2018, pp. 883-891.

⑦ Crow, Matthew S., Snyder, Jamie A., Crichlow, Vaughn J., et al., "Community Perceptions of Police Body-Worn Cameras: The Impact of Views on Fairness, Fear, Performance, And Privacy", *Criminal Justice and Behavior*, Vol. 44, No. 4, 2017, pp. 589-610.

⑧ Daniel E. Bromberg, Étienne Charbonneau and Andrew Smith, "Body-Worn Cameras and Policing: A List Experiment of Citizen Overt and True Support", *Public Administration Review*, Vol. 78, No. 6, March 2018, pp. 883-891.

⑨ Adelaide Bragias, Kelly HineFleet, R., "'Only in Our Best Interest, Right?' Public Perceptions of Police Use of Facial Recognition Technology", *Police Practice and Research*, Vol. 44, No. 4, June 2021, pp. 1637-1654.

能会提高公众对人脸识别系统的支持率。

与此同时，也有部分公众认为，公安执法部门对人脸识别系统的使用会使他们感到不舒服，其主要担忧包括技术准确性、侵犯隐私、监视常态化、缺少选择退出或知情同意权以及缺乏对警方合理使用 LFR 的信任等[1][2]。对此，部分公众表示希望人脸识别系统只在必要的时间和地点使用，同时也希望能知道人脸识别是何时被使用，并有反对他们的面部图像被处理和存储的权利[3]，还有部分公众指出政府应该要限制公安执法部门对人脸识别系统的使用[4]。

二　其他场景中人脸识别系统的公众态度研究

除执法场景外，许多学者对电子商务、交通、教育、政务等场景下公众的技术接受意愿进行了研究，存在一些除上述已提及影响因素外的其他有可能影响人脸识别系统公众态度的因素，主要包括：一是个人创新性（Personal innovation）。在技术采用的语境下，利图·阿加瓦尔（Ritu Agarwal）和伊雅萨德·普拉萨德（Iaysad Prasad）将个人创新性定义为"个人尝

---

① Daniel E. Bromberg, Étienne Charbonneau and Andrew Smith, "Body-Worn Cameras and Policing: A List Experiment of Citizen Overt and True Support", *Public Administration Review*, Vol. 78, No. 6, March 2018, pp. 883-891.

② Adelaide Bragias, Kelly Hine and Robert Fleet, "'Only in Our Best Interest, Right?' Public Perceptions of Police Use of Facial Recognition Technology", *Police Practice and Research*, Vol. 44, No. 4, June 2021, pp. 1637-1654.

③ James Hayward, *ICO Investigation Into How the Police Use Facial Recognition Technology in Public Places*, Information Commissioner's Office, October 31, 2019.

④ Ada Lovelace Institute, *Beyond Face Value: Public Attitudes to Facial Recognition Technology*, Ada Lovelace Institute, September, 2019.

试使用任何新信息技术的意愿"，他们认为个人创新性是个人
新技术使用意愿的决定因素①。研究表明，总是追求新奇的用
户更有可能主动寻求新产品、服务和体验②。二是个人经验
（Personal experience）。一项针对 282 名英国参与者的关于生物
识别技术态度的调查还发现，公民更容易接受他们熟悉的技
术③。科斯特卡（Genia Kostka）等人的研究表明，在中国和美
国，私下使用人脸识别系统频率较高的公民对人脸识别系统的
接受程度更高④。三是享乐动机（Hedonic motivations），文卡特
什（Viswanath Venkatesh）等人在 UTAUT2 模型中增加了享乐
动机作为技术行为意向的预测因素之一，享乐动机会正向影响
客户使用人脸识别系统的意愿⑤。四是感知安全性（Perceived
security）。感知安全性主要指的公众所感知的系统安全性，信
息系统的安全性则指保证处理、传输或存储的数据不会被欺骗

　　① Ritu Agarwal and Jayesh Prasad, "A Conceptual and Operational Definition of Personal Innovativeness in the Domain of Information Technology", *Information Systems Research*, Vol. 9, No. 2, June 1998, pp. 204-215.

　　② Tanya Domina, Seung-Eun Lee and Maureen MacGillivray, "Understanding Factors Affecting Consumer Intention to Shop in a Virtual World", *Journal of Retailing and Consumer Services*, Vol. 19, No. 6, 2012, pp. 613-620.

　　③ Oliver Buckley and Jason R. C. Nurse, "The Language of Biometrics: Analysing Public Perceptions", *Journal of Information Security and Applications*, Vol. 47, 2019, pp. 112-119.

　　④ Genia Kostka, Léa Steinacker and Miriam Meckel, "Between Security and Convenience: Facial Recognition Technology in the Eyes of Citizens in China, Germany", *Public Understanding of Science*, Vol. 30, No. 6, 2021, pp. 671-690.

　　⑤ Olena Ciftci, Eun-Kyong (Cindy) Choi and Katerina Berezina, "Let's Face It: Are Customers Ready For Facial Recognition Technology At Quick-Service Restaurants?", *International Journal of Hospitality Management*, Vol. 95, 2021, Article 102941.

性地访问和使用①。已有的研究结果表明，在餐厅②、酒店③等场景下使用生物识别技术时，感知安全性会对顾客行为意图产生直接和间接的显著积极影响。五是媒体接触。个人会根据各种媒体来源的信息形成自己对新兴技术的态度，负面媒体报道可能会降低公众对某项技术的接受意愿④。

虽然关于执法场景下公众对人脸识别系统态度的调查研究结果在某些方面存在一致性，但不同的国家之间依然存在一些关键的差异。例如，与英国人和澳大利亚人相比，美国公众更能接受私营企业使用 LFR，而对警察使用 LFR 不太信任⑤。这也说明了不同国家和社区对公安部门使用人脸识别系统的支持程度往往是不同的⑥，然而，目前关于执法场景下公众对人脸识别系统态度的调查研究基本以国外公众为研究对象，以中国

① Cihan Cobanoglu and Frederick J. Demicco, "To Be Secure Or Not to Be: Isn't This the Question? a Critical Look At Hotel's Network Security", *International Journal of Hospitality & Tourism Administration*, Vol. 8, No. 1, 2007, pp. 43-59.

② Cristian Morosan, "Customers' Adoption of Biometric Systems in Restaurants: An Extension of the Technology Acceptance Model", *Journal of Hospitality Marketing & Management*, Vol. 20, No. 6, 2011, pp. 661-690.

③ Chen-Kuo Pai, Te-Wei Wang, Shun-Hsing Chen, et al., "Empirical Study on Chinese Tourists' Perceived Trust and Intention to Use Biometric Technology", *Asia Pacific Journal of Tourism Research*, Vol. 23, No. 9, 2018, pp. 880-895.

④ Emily C Anania, Stephen Rice and Nathan W Walters et al., "The Effects of Positive and Negative Information on Consumers' Willingness to Ride in a Driverless Vehicle", *Transport Policy*, Vol. 72, 2018, pp. 218-224.

⑤ Kay L Ritchie, Charlotte Cartledge, Bethany Growns, et al., "Public Attitudes Towards the Use of Automatic Facial Recognition Technology in Criminal Justice Systems Around the World", *PloS One*, Vol. 16, No. 10, October 2021, e0258241.

⑥ Genia Kostka, Léa Steinacker and Miriam Meckel, "Between Security and Convenience: Facial Recognition Technology in the Eyes of Citizens in China, Germany, the United Kingdom, and the United States", *Public Understanding of Science*, Vol. 30, No. 6, 2021, pp. 671-690.

公众为调查对象的研究屈指可数。此外，从整体的文献梳理来看，目前学界对人脸识别的研究大多集中在现状分析、风险研判、发展前景等定性分析层面，与公众态度相关的调查研究也更多以民意调查为主，而非实证研究，因此无法对感知有用性、风险、信任等相关影响因素和公众对人脸识别系统行为意向之间的关系有清晰直接的认识。因此，针对这一研究空白，本研究探讨公众对在公安执法场景下人脸识别应用的风险感知和接受程度，研究问题如下：

第一，公众对公安部门的信任如何影响其对人脸识别系统的行为意向？

第二，公众认为公安执法部门使用人脸识别系统对自身及社会有何助益？公众认为在享受这些益处的同时（如减少犯罪），需要承担何种风险（如隐私风险）？

第三，在什么情况下，公众会对公安执法部门使用人脸识别系统感到抗拒？

第三节　研究假设与模型

一　技术接受模型与行为意向研究

戴维斯（Fred D. Davis）于 1989 年提出技术接受模型（Technology Acceptance Model，TAM），用于分析用户对技术的接受或拒绝行为。TAM 具有较强的适应性，已成为迄今为止衡量信息系统行为意向最常用的模型之一[①]。自该理论模型提出

[①] Priyanka Surendran, "Technology Acceptance Model: A Survey of Literature", *International Journal of Business and Social Research*, Vol. 22, No. 4, 2012, pp. 175-178.

以来，其一直被广泛运用于各类用户信息技术接受与采纳行为的研究中，许多学者在后续的研究中对该模型作了发展和补充。

为了更好地解释用户的信息技术接受与使用意愿，文卡特什（Viswanath Venkatesh）等人于 2003 年提出了整合型科技接受模式（Unified Theory of Acceptance and Use of Technology，UTAUT）[①]。UTAUT 综合了理性行为理论（Theory of Reasoned Action，TRA）、技术接受模型（Technology Acceptance Model，TAM）等 8 个信息技术接受领域理论模型的特点和优势。在该模型中，绩效期望（Performance expectancy，PE）、付出期望（Effort expectancy，EE）、社群影响（Social influence，SI）三个核心变量与用户的行为意向（Behaviour intention，BI）和使用行为（Use behaviour）相关，便利条件（Facilitating conditions，FC）和使用行为（Use behaviour）相关。这四个核心变量已被用于测量用户对各种不同技术系统和服务的行为意向，包括资讯亭（Information kiosks）[②]、手机银行[③]、即时通信[④]

①　Viswanath Venkatesh, Michael G. Morris, Gordon B. Davis, et al., "User Acceptance of Information Technology: Toward a Unified View", *MIS Quarterly*, Vol. 27, No. 3, 2003, pp. 425-478.

②　Yi-Shun Wang and Ying-Wei Shih, "Why Do People Use Information Kiosks? a Validation of the Unified Theory of Acceptance and Use of Technology", *Government Information Quarterly*, Vol. 26, No. 1, 2009, pp. 158-165.

③　Gonçalo Baptista and Tiago Oliveira, "Understanding Mobile Banking: The Unified Theory of Acceptance and Use of Technology Combined with Cultural Moderators", *Computers in Human Behavior*, Vol. 50, 2015, pp. 418-430.

④　Chieh-Peng Lin and Bhattacherjee Anol, "Learning Online Social Support: An Investigation of Network Information Technology Based on UTAUT", *Cyber Psychology & Behavior*, Vol. 11, No. 3, 2008, pp. 268-272.

等。其中绩效期望指公众相信人脸识别系统能带来某些益处的感知；付出期望指的是公众对使用人脸识别系统需要耗费自身精力（包括脑力、体力等）程度大小的感知；社群影响则指公众认为他人支持使用人脸识别系统的程度。此外，UTAUT 模型还指出有性别、年龄、经验和自愿这四个控制变量。不少研究已证明 UTAUT 是一个在许多情况下能够解释和预测用户对新技术的接受行为的有效模型[1][2]。

基于以上文献梳理和分析，本书提出以下研究假设：

H1：在执法场景中，绩效期望正向影响公众对人脸识别系统的行为意向。

H2：在执法场景中，付出期望正向影响公众对人脸识别系统的行为意向。

H3：在执法场景中，社群影响正向影响公众对人脸识别系统的行为意向。

二 感知风险与行为意向

在 20 世纪 20 年代，"风险"一词在经济领域十分流行，随后被广泛运用于金融、决策科学等领域。1960 年，鲍尔（Raymond A. Bauer）将"感知风险"（Perceived risk）这一概念引入市场营销之中，意在描述消费者在购买商品时对不确定

---

① Fazil Abdullah and Rupert Ward, "Developing a General Extended Technology Acceptance Model for E-Learning (GETAMEL) By Analysing Commonly Used External Factors", *Computers in Human Behavior*, Vol. 56, 2016, pp. 238-256.

② Sevgi Ozkan and Irfan Emrah Kanat, "e-Government Adoption Model Based on Theory of Planned Behavior: Empirical Validation", *Government Information Quarterly*, Vol. 28, No. 4, 2011, pp. 503-513.

性与负面后果的感知程度①。彼得（J. Paul Peter）和瑞安（Michael J. Ryan）将感知风险定义为一种主观的预期损失②；费瑟曼（Mauricio S. Featherman）和帕夫洛（Paul A. Pavlou）也将感知风险定义为追求期望结果时可能出现的损失③。感知风险并不等同于客观风险，而是强调用户的主观风险认知。研究表明，人们对风险的认知并不总是与我们所知道的某些活动的实际风险相一致④。感知风险是数字环境中需要考虑的一个重要因素，对人脸识别系统应用的态度，其实就是在技术所带来的利益与风险之间衡量的结果。

虽然鲍尔（Raymond A. Bauer）最初的研究将感知风险视为一个二维结构（即不确定性和负面后果）⑤，但后来许多学者的研究都将其视为一个多维结构。斯通（Robert N. Stone）将感知风险分为社会、时间、财政、身体、功能和心理风险这六个维度⑥；哈桑（Ahmad Hassan）等则将在线购物情境下的

---

① Grahame Dowling and Richard Staelin, "A Model of Perceived Risk and Intended Risk - Handling Activity", *Journal of Consumer Research*, Vol. 21, No. 1, 1994, pp. 119-134.

② J. Paul Peter and Michael J. Ryan, "An Investigation of Perceived Risk At the Brand Level", *Journal of Marketing Research*, Vol. 13, No. 2, 1976, pp. 184-188.

③ Mauricio S. Featherman and Paul A. Pavlou, "Predicting E-Services Adoption: A Perceived Risk Facets Perspective", *International Journal of Human-Computer Studies*, Vol. 59, No. 4, 2003, pp. 451-474.

④ Raphael, G. Kasper, "Perceptions of Risk and Their Effects on Decision Making", *Societal Risk Assessment: How Safe is Safe enough?*, Boston, MA: Springer US, 1980, pp. 71-84.

⑤ Grahame Dowling and Richard Staelin, "A Model of Perceived Risk and Intended Risk-Handling Activity", *Journal of Consumer Research*, Vol. 21, No. 1, 1994, pp. 119-134.

⑥ Robert N. Stone, Kjell Grønhaug, "Perceived Risk: Further Considerations For the Marketing Discipline", *European Journal of Marketing*, Vol. 27, No. 3, 1993, pp. 39-50.

感知风险分为社会、时间、财政、身体、功能、心理、来源和隐私八类①；而在一项消费者生物识别技术使用情况的调查中，感知风险则被分为隐私风险、功能风险和身体风险②。不同产品的风险维度不同，并相互独立不受影响③。相关研究表明，用户风险认知的提高与其对某新技术行为意向之间存在显著关系④⑤。

作为一种需要采集生物识别信息（Biometric information）的认证技术，人脸识别系统的风险问题十分突出，主要集中于隐私风险（Privacy risk，PR）、心理风险（Psychological risk，PLR）、社会风险（Social risk，SLR）和功能风险（Performance risk，PFR）四方面。其中，隐私风险指对个人信息的潜在失控；心理风险指因采用某种产品或服务而导致情感受到伤害；社会风险指因采用某种产品或服务而导致在社会群体中地位的潜在丧失；功能风险指产品出现故障的可能性或没有按照设计和宣传的那样发挥作用，因此无法带来预期的好处。具体

---

① Ahmad Hassan, Michelle B. Kunz, Allison W. Pearson, et al., "Conceptualization and Measurement of Perceived Risk in Online Shopping", *Marketing Management Journal*, Vol. 16, No. 1, 2006, pp. 138-147.

② Sookeun Byun and Sang-Eun Byun, "Exploring Perceptions Toward Biometric Technology in Service Encounters: A Comparison of Current Users and Potential Adopters", *Behaviour & Information Technology*, Vol. 32, No. 3, 2013, pp. 217-230.

③ Michel Laroche, Gordon H. G. McDougall, Jasmin Bergeron, et al., "Exploring How Intangibility Affects Perceived Risk", *Journal of Service Research*, Vol. 6, No. 4, 2004, pp. 373-389.

④ Ming-Chi Lee, "Predicting and Explaining the Adoption of Online Trading: An Empirical Study in Taiwan", *Decision Support Systems*, Vol. 47, No. 2, 2009, pp. 133-142.

⑤ Ming-Chi Lee, "Factors Influencing the Adoption of Internet Banking: An Integration of TAM and TPB with Perceived Risk and Perceived Benefit", *Electronic Commerce Research and Applications*, Vol. 8, No. 3, 2009, pp. 130-141.

到执法场景中的人脸识别风险，其主要集中于隐私风险、社会风险和功能风险，其中知情同意隐私问题属于隐私风险；警察自由裁量权的潜在自动化和技术偏见属于社会风险；对技术准确性和有效性的质疑则属于功能风险。公众对人脸识别系统风险感知的提高，无论是何种风险，都有可能降低其对公安执法部门使用人脸识别系统的行为意向。

基于以上文献梳理和分析，本研究提出以下研究假设：

H4a：在执法场景中，公众感知到的隐私风险越强，其行为意向越低。

H4b：在执法场景中，公众感知到的功能风险越强，其行为意向越低。

H4c：在执法场景中，公众感知到的社会风险越强，其行为意向越低。

三　感知信任与感知风险、行为意向

感知信任（Perceived Trust，PT）可以定义为"某一群体在预期对方会做出合乎自己利益行为的情境下，无论自己有没有能力督察或控制另一方的行为都愿承受被伤害的不确定性"[1]。在不同的使用情境下，感知信任的含义也有所不同，包括对技术使用主体的信任（Trust in organization）[2] 和对技术

① Roger C. Mayer, James H. Davis and F. David Schoorman, "An Integrative Model of Organizational Trust", *Academy of Management Review*, Vol. 20, No. 3, 1995, pp. 709-734.

② Cristian Morosan, "Hotel Facial Recognition Systems: Insight Into Guests' System Perceptions, Congruity with Self Image, and Anticipated Emotions", *Journal of Electronic Commerce Research*, Vol. 21, No. 1, 2020, pp. 21-38.

系统的信任（Trust in system）①。本研究中的感知信任主要指公众对公安执法部门提供可靠、高效服务能力的信心。大多数经济和社会互动中都存在不确定性，当在不确定的环境中从事活动时，信任便显得尤为重要②。在电子商务场景中，建立消费者信任对发展电子商务而言十分关键③，缺乏信任会阻碍消费者进行交易。Pai 等人的研究则证明了对人脸识别系统的信任对客户在酒店中接受该技术的意愿具有积极影响④。而在教育场景中，阿尔马亚（Mohammed Amin Almaiah）等人也发现，信任因素能够显著影响学生对移动学习系统的接受和使用⑤。回归到执法场景下，国外许多学者的调查研究都证明了感知信任和公众对技术的态度之间的显著相关性。一项调查表明，公民对与人脸识别系统具有相似性的监视导向安全技术（Surveil-

---

① Olena Ciftci, Eun-Kyong (Cindy) Choi and Katerina Berezina, "Let's Face It: Are Customers Ready For Facial Recognition Technology At Quick-Service Restaurants?", *International Journal of Hospitality Management*, Vol. 95, 2021, Article 102941.

② Sulin Ba and Paul A. Pavlou. , "Evidence of the Effect of Trust Building Technology in Electronic Markets: Price Premiums and Buyer Behavior", *MIS Quarterly*, Vol. 26, No. 3, 2002, pp. 243-268.

③ Jonathan W. Palmer, Joseph P. Bailey and Samer Faraj, "The Role of Intermediaries in the Development of Trust on the www: The Use and Prominence of Trusted Third Parties and Privacy Statements", *Journal of Computer-Mediated Communication*, Vol. 5, No. 3, 2000, JCMC532.

④ Chen-Kuo Pai, Te-Wei Wang, Shun-Hsing Chen, et al. , "Empirical Study on Chinese Tourists' Perceived Trust and Intention to Use Biometric Technology", *Asia Pacific Journal of Tourism Research*, Vol. 23, No. 9, 2018, pp. 880-895.

⑤ Drmohammed Almaiah, Masita Abdul Jalil and Mustafa Man, "Extending the TAM to Examine the Effects of Quality Features on Mobile Learning Acceptance", *Journal of Computers in Education*, Vol. 3, No. 4, 2016, pp. 453-485.

lance-oriented security technologies）的评估，很大程度上是基于技术实施的相关社会环境。那些信任政治机构的人倾向于认为监视导向安全技术能够有效保障他们的安全，而那些对政府监控意图表示担忧的人则认为监视导向安全技术侵犯了他们的隐私①。也就是说，信任对用户是否接受新技术系统起到重要作用。"情绪启发式"（affect heuristic）理论表明，在缺乏相关知识和直接经验的情况下，人们对新技术和实施者的情感反应会影响自身对技术相关风险和利益的评估，从而影响其对新技术的行为意向②。由于大多数人都做不到深入了解每一项技术的知识，因此公众可能会依赖于对权威者，比如公安执法部门的信任，来决定自身对技术的行为意向③④。因此，我们认为，感知信任能够促使人们接受公安执法部门对人脸识别系统的使用，因为这意味着公众相信这项新技术将会被公安执法部门以正确的方式使用，而不会被滥用。

　　基于以上文献梳理和分析，本研究提出以下研究假设：

① Vincenzo Pavone, Sara Degli Esposti, "Public Assessment of New Surveillance-Oriented Security Technologies: Beyond the Trade-Off Between Privacy and Security", *Public Understanding of Science*, Vol. 21, No. 5, 2012, pp. 556-572.

② Paul Slovic, Melissa Finucane, Ellen Peters, E., et al., "Rational Actors or Rational Fools: Implications of the Affect Heuristic For Behavioral Economics", *The Journal of Socio-Economics*, Vol. 31, No. 4, 2002, pp. 329-342.

③ Ashley A. Anderson, Dietram A. Scheufele, Dominique Brossard, et al., "The Role of Media and Deference to Scientific Authority in Cultivating Trust in Sources of Information About Emerging Technologies", *International Journal of Public Opinion Research*, Vol. 24, No. 2, 2012, pp. 225-237.

④ Chul-Joo Lee and Dietram A. Scheufele, "The Influence of Knowledge and Deference Toward Scientific Authority: A Media Effects Model For Public Attitudes Toward Nanotechnology", *Journalism & Mass Communication Quarterly*, Vol. 83, No. 4, 2006, pp. 819-834.

H5：在执法场景中，公众对公安执法部门的感知信任越强，其行为意向越高。

感知风险对感知信任的影响在许多领域已经得到验证，不少学者指出感知风险是影响信任形成的决定性因素[①][②]。如在移动支付服务领域，用户对移动支付服务的信任会随着他们感知到风险的升高而下降[③][④]。在医疗领域，亦有研究表明更高的风险认知会降低医生对电子医疗系统正常运行和所能提供益处的信任[⑤]。公众的感知风险会增加用户对于不确定的感知，从而阻碍公众信任感的形成和发展。而针对生物识别系统，恩古吉（Benjamin Ngugi）等人发现公众对生物识别系统的感知系统侵入性（Perceived System Invasiveness，如感知隐私风险）对公众的感知信任存在负面影响[⑥]。此外。有学者研究了中国用户使用人脸识别系统进行支付的意愿，发现隐私风险和财务

① Michael Koller, "Risk As a Determinant of Trust", *Basic and Applied Social Psychology*, Vol. 9, No. 4, 1988, pp. 265-276.

② Vincent-Wayne Mitchell, "Consumer Perceived Risk: Conceptualizations and Models", *European Journal of Marketing*, Vol. 33, No. 1/2, 1999, pp. 163-195.

③ Subhro Sarkar, Sumedha Chauhan and Arpita Khare, "A Meta-Analysis of Antecedents and Consequences of Trust in Mobile Commerce", *International Journal of Information Management*, Vol. 50, 2020, pp. 286-301.

④ Jalayer Khalilzadeh, Ahmet Bulent Ozturk and Anil Bilgihan, "Security-Related Factors in Extended UTAUT Model For NFC Based Mobile Payment in the Restaurant Industry", *Computers in Human Behavior*, Vol. 70, 2017, pp. 460-474.

⑤ José Manuel Ortega Egea, María Victoria Román González, "Explaining Physicians' Acceptance of EHCR Systems: An Extension of TAM with Trust and Risk Factors", *Computers in Human Behavior*, Vol. 27, No. 1, 2011, pp. 319-332.

⑥ Benjamin Ngugi, Arnold Kamis and Marilyn Tremaine, "Intention to Use Biometric Systems", *e-Service Journal: A Journal of Electronic Services in the Public and Private Sectors*, Vol. 7, No. 3, 2011, pp. 20-46.

风险负向影响用户的感知信任①。回归到执法场景，对一项技术的风险认知很可能反映了人们对相关部门有效管理该技术所带来风险的能力缺乏信任②，如果风险和不确定性降低，公众就会更加信任该项技术及其服务。因此，如果用户认为人脸识别系统的使用风险较高，他们可能会不信任这项技术及技术提供者，从而降低他们对人脸识别系统的接受度。

基于以上文献梳理和分析，本研究提出以下研究假设：

H6a：执法场景中感知信任在公众感知隐私风险对行为意向的影响中起中介作用。

H6b：执法场景中感知信任在公众感知功能风险对行为意向的影响中起中介作用。

H6c：执法场景中感知信任在公众感知社会风险对行为意向的影响中起中介作用。

四　合法性与行为意向

合法性（Legitimacy，LGM）是一种普遍的看法或假设，指在一些社会构建的规范、价值、信仰和定义体系中，一个实体的行为被认为是可取的、适当的③。合法性是影响公众接受或拒绝公安执法部门权力和技术能力变化的核心因素。在做出合法性判断时，人们会考虑公安执法部门的活动是否在适当的

---

① Bo Hu, Yu-li Liu and Wenjia Yan, "Should I Scan My Face? the Influence of Perceived Value and Trust on Chinese Users' Intention to Use Facial Recognition Payment", *Telematics and Informatics*, Vol. 78, 2023, 101951.

② Paul Slovic, James H. Flynn and Mark Layman, "Perceived Risk, Trust, And the Politics of Nuclear Waste", *Science*, Vol. 254, No. 5038, 1991, pp. 1603–1607.

③ Mark C. Suchman, "Managing Legitimacy: Strategic and Institutional Approaches", *Academy of Management Review*, Vol. 20, No. 3, 1995, pp. 571–610.

法律和道德界限内发生，当这种界限被超越时，合法性就会受损①。公安执法工作需要公众的支持和合作，才能有效地发挥其维护秩序的作用②，而这种基本的公众支持和合作取决于公众对公安执法部门合法性的判断，当公众认为一个机构是合法的，他们就会尊重和服从这个机构③，从而也更有可能接受这个机构对新技术的使用。希恩（Miliaikeala Sj. Heen）的研究也表明了合法性能够正向促进公众对无人机④这一新警务技术的行为意向。此外，信任和合法性也密切相关。在布拉德福德（Ben Bradford）的研究中，合法性被分为规范一致性（Normative alignment）和服从义务（Duty to obey），其研究表明，信任和合法性均与公众对人脸识别系统的行为意向显著相关⑤。

　　基于以上文献梳理和分析，本研究提出以下研究假设：

　　H7：在执法场景中，合法性正向影响公众对人脸识别系统的行为意向。

---

　　①　Rick Trinkner, Jonathan Jackson and Tom R Tyler, "Bounded Authority: Expanding 'Appropriate' Police Behavior Beyond Procedural Justice", *Law and Human Behavior*, Vol. 42, No. 3, 2018, pp. 280-293.

　　②　Peter Neyroud and Emma Disley, "Technology and Policing: Implications For Fairness and Legitimacy", *Policing: A Journal of Policy and Practice*, Vol. 2, No. 2, 2008, pp. 226-232.

　　③　Jason Sunshine and Tom R. Tyler, "The Role of Procedural Justice and Legitimacy in Shaping Public Support For Policing", *Law & Society Review*, Vol. 37, No. 3, 2003, pp. 513-547.

　　④　Miliaikeala SJ. Heen, Joel D. Lieberman and Terance D. Miethe, "The Thin Blue Line Meets the Big Blue Sky: Perceptions of Police Legitimacy and Public Attitudes Towards Aerial Drones", *Criminal Justice Studies*, Vol. 31, No. 1, November 2018, pp. 18-37.

　　⑤　Ben Bradford, Julia a Yesberg, Jonathan Jackson, et al., "Live Facial Recognition: Trust and Legitimacy As Predictors of Public Support For Police Use of New Technology", *The British Journal of Criminology*, Vol. 60, No. 6, May 2020, pp. 1502-1522.

综合以上假设，本研究模型如图 5.1 所示。

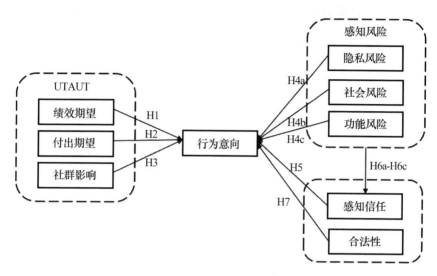

图 5.1　研究模型示意图

第四节　问卷调查与结果

根据《最高人民法院关于审理使用人脸识别系统处理个人信息相关民事案件适用法律若干问题的规定》，信息处理者采集和处理未成年人人脸信息时，必须征得其监护人的单独同意①。由于我国未成年人人脸信息的采集和处理较为敏感，即便是公安执法人员，在执法过程中亦通常不随意采集未成年人的人脸信息，因此本研究将问卷调查对象限制在 18 岁以上的中国公民，不回收未成年人的样本数据。

---

① 王亦君、李施安：《最高法发布司法解释：未经监护人同意采集未成年人人脸信息　从重从严处罚》，中青在线，http://m.cyol.com/gb/articles/2021-07-28/content_7LK6BFe3M.html，2021 年 7 月 28 日。

一　数据分析

学者克莱因（Rex B. Kline）认为，样本量的个数为需要估计的参数个数的 10 倍时较理想，20 倍则更理想[1]。吴明隆等则建议样本量最基本的要求是超过 200 个以上，样本数量为问卷题项数目的 10—15 倍则更佳[2]。当然，样本量数据越大，越能反映真实状况。本研究的测量变量共为 34 个，若要符合大于 10 倍样本变量的要求则需确保样本量至少大于 340 个，而若要符合 15 倍的要求，则将样本量应在 510 个以上。

在正式问卷回收过程中，本研究使用同一份问卷，先后进行了两次调研，并以 2020 年第七次全国人口普查报告为依据，有针对性地进行线上问卷发放以保证样本均衡性。回收数据后，使用统计软件 SPSS21.0 和 AMOS22.0 对数据进行录入和处理。最终，本研究总共回收问卷 1561 份，并通过设置检验题项、保证填写内容完整、最低填写时间等方法确保回收数据的质量。

（一）描述性统计

此次问卷调研中，性别、年龄、地区、学历是主要的人口学变量，样本结构分布如表 5.1 所示。根据 2020 年第七次全国人口普查报告，截至 2020 年 11 月 1 日零时，我国男女人口比例接近 1.05∶1，与本研究所回收样本的男女比例及地区分布比例基本一致。

---

[1] Kline Rex B., *Principles and Practice of Structural Equation Modeling*, New York, NY: Guilford Publications, 2015.

[2] 吴明隆、涂金堂：《SPSS 与统计应用分析》，东北财经大学出版社 2012 年版。

此外，全国信息安全标准化技术委员会和南方都市报人工智能伦理课题组发布的《人脸识别应用公众调研报告（2020）》显示，在课题组回收的 2 万余份匿名问卷中，大学本科及以上学历的受访者约占比 60%，专科学历占比 20.73%，高中学历占比 15.39%；而在年龄分布上，19—40 岁的受访者超过 85%。报告介绍，此课题组受访者覆盖了全国不同地区、学历、年龄段人群，调研范围较大，问卷数据比较全面地反映了当前公众对人脸识别系统的接纳态度①。因此，本研究所回收样本以中青年和高学历人群为主的样本结构具有合理性。

表 5.1　　　　　　　　人口学变量的描述性统计

类别		人数（人）	百分比（%）
性别	男	808	51.8
	女	753	48.2
年龄	25 岁以下	309	19.8
	26—35 岁	411	26.3
	36—45 岁	287	18.4
	46—55 岁	226	14.5
	56 岁及以上	328	21.0
学历	初中及以下	274	17.6
	高中	397	25.4
	本科/高职/大专	650	41.6
	硕士或博士研究生	240	15.4

---

① 全国信息安全标准化技术委员会：《人脸识别应用公众调研报告（2020）》，全国信息安全标准化技术委员会 2020 年版。

　　本研究将执法场景细分为火车站、机场等公共场所，大型场馆以及街面巡逻三个情境，了解公众对在这些情境下使用人脸识别系统处理不同程度犯罪的接受度，结果见表 5.2。大多数公众支持在上述情境中使用人脸识别系统，选择都不支持的公众占比较小。从人数占比来看，火车站、机场等公共交通场所对将人脸识别系统用于寻找潜在恐怖分子和严重犯罪分子的支持率更高，而大型场馆情境下对用于寻找严重犯罪分子和轻微犯罪分子的支持率则更高。此外，在公安执法人员街面巡逻时这一使用情境下，公众则更支持用于寻找轻微犯罪分子和识别某特定违法者身份。

表 5.2　　　　公众对不同使用情境态度的描述性统计

使用情境	犯罪程度	人数（人）	百分比（%）
火车站、机场等公共交通场所	无差别识别人脸以寻找潜在恐怖分子	1210	77.5
	无差别识别人脸以寻找严重犯罪分子	906	58.0
	无差别识别人脸以寻找轻微犯罪分子	775	49.6
	识别某特定违法者（如寻衅滋事者）身份	279	17.9
	都不支持	74	4.7
大型场馆（如体育/音乐活动）	无差别识别人脸以寻找潜在恐怖分子	1038	66.5
	无差别识别人脸以寻找严重犯罪分子	1020	65.3
	无差别识别人脸以寻找轻微犯罪分子	838	53.7
	识别某特定违法者（如寻衅滋事者）身份	312	20.0
	都不支持	67	4.3

续表

使用情境	犯罪程度	人数（人）	百分比（%）
公安执法人员街面巡逻	无差别识别人脸以寻找潜在恐怖分子	1053	67.5
	无差别识别人脸以寻找严重犯罪分子	848	54.3
	无差别识别人脸以寻找轻微犯罪分子	811	52.0
	识别某特定违法者（如寻衅滋事者）身份	396	25.4
	都不支持	73	4.7

（二）信度检验

筛选有效样本后，研究者对本次调研最终获得的 1561 份样本数据进行了信度分析。如表 5.3 所示，《公安执法场景下公众对人脸识别应用的风险感知及接受意愿调查问卷》α 系数为 0.820，说明总量表数据内部一致性较好，具有较高信度。

表 5.3　　　　　　总量表（正式调研）的信度分析

	Cronbach α 系数	题项数
公安执法场景下公众对人脸识别应用的风险感知及接受意愿调查问卷	0.820	34

随后，分别计算各分量表的 Cronbach α 系数。计算结果显示，所有变量对应分量表的 α 系数均在 0.7 左右，说明各题项数据可靠，问卷总样本数据符合信度检验标准，见表 5.4。

表 5.4　　　　　　分量表（正式调研）的信度分析

变量	题项	CITC	删除项后的 Cronbach α 系数	Cronbach α 系数
绩效期望	PE1	0.208	0.819	0.758
	PE2	0.126	0.821	
	PE3	0.159	0.820	
付出期望	EE1	0.254	0.817	0.716
	EE2	0.232	0.818	
	EE3	0.184	0.819	
社会影响	SI1	0.443	0.810	0.927
	SI2	0.469	0.809	
	SI3	0.444	0.810	
	SI4	0.410	0.812	
感知信任	PT1	0.268	0.817	0.748
	PT2	0.173	0.819	
	PT3	0.302	0.816	
	PT4	0.176	0.820	
合法性	LGM1	0.297	0.816	0.803
	LGM2	0.288	0.817	
	LGM3	0.253	0.817	
	LGM4	0.167	0.820	
	LGM5	0.258	0.817	
	LGM6	0.219	0.818	
功能风险	PFR1	0.321	0.815	0.877
	PFR2	0.280	0.817	
	PFR3	0.374	0.813	

续表

变量	题项	CITC	删除项后的 Cronbach α 系数	Cronbach α 系数
社会风险	SR1	0.471	0.810	0.859
	SR2	0.481	0.809	
	SR3	0.512	0.808	
隐私风险	PR1	0.459	0.810	0.928
	PR2	0.514	0.807	
	PR3	0.464	0.809	
	PR4	0.486	0.809	
行为意向	BI1	0.111	0.821	0.731
	BI2	0.089	0.822	
	BI3	0.083	0.822	
	BI4	0.021	0.823	

（三）效度检验

首先对 KMO 和 Sig. 进行检验，以验证此次研究的数据是否适合进行探索性因子分析。在正式效度检验中，先对感知风险量表进行单独的因子分析。感知风险量表的 KMO 及 Bartlett 球形检验结果如表5.5所示，说明各变量间具有相关性，因子分析有效。

表5.5 感知风险量表（正式调研）的 KMO 及 Bartlett 球形检验

KMO 度量	Bartlett 的球形度检验		
	近似卡方	df	Sig.
0.896	11575.101	45	0.000

　　经主成分提取后，本量表的公因子方差萃取值位于 0.608 至 0.827，表明各个变量均能较好地被公因子表达。提取后感知风险量表的公因子累计解释率为 74.696%，提示提取结果可靠。10 个题项旋转后的因子载荷也均大于 0.5（位于 [0.765，0.897] 区间），各项指标数据均达标，表明感知风险量表具有良好的结构效度。但隐私风险维度与社会风险维度的效度区分不明显。

表 5.6　　感知风险量表（正式调研）的因子分析结果摘要

题项	经正交旋转后的因子载荷（>0.5）			公因子方差
	隐私风险	社会风险	功能风险	
PFR1			0.897	0.827
PFR2			0.884	0.795
PFR3			0.864	0.792
SR1		0.765		0.608
SR2		0.769		0.664
SR3		0.815		0.707
PR1	0.846			0.736
PR2	0.897			0.813
PR3	0.854			0.750
PR4	0.877			0.778
累计解释率		49.413	74.696	

　　然后再对其余维度进行因子分析。如表 5.7 所示，KMO 值为 0.879，Bartlett 球形检验结果显示显著性水平小于 0.05，说

明各变量间具有相关性，因子分析有效。

表 5.7　其余量表（正式调研）的 KMO 及 Bartlett 球形检验

KMO 度量	Bartlett 的球形度检验		
	近似卡方	df	Sig.
0.879	16147.551	276	0.000

经提取后，所有题项的公因子方差萃取值位于 0.563 至 0.826，表明各个变量均能较好地被公因子表达。公共因子累积解释率为 67.528%，提示提取结果可靠。

34 个题项旋转后的因子载荷均大于 0.6（位于［0.604, 0.909］区间），表明量表整体的收敛效度良好。此外，同一理论层面构念的测量条目经过因子旋转后均聚集到一起，说明量表具有较好的结构效度，可用于后续的数据分析。

表 5.8　其余量表（正式调研）的因子分析结果摘要

题项	经正交旋转后的因子载荷（>0.5）						公因子方差
	社会影响	合法性	感知信任	行为意向	绩效期望	付出期望	
PE1					0.834		0.760
PE2					0.683		0.640
PE3					0.772		0.729
EE1						0.751	0.678
EE2						0.752	0.631
EE3						0.688	0.619

续表

题项	经正交旋转后的因子载荷（>0.5）						公因子方差
	社会影响	合法性	感知信任	行为意向	绩效期望	付出期望	
SI1	0.888						0.804
SI2	0.895						0.826
SI3	0.909						0.853
SI4	0.901						0.824
PT1			0.714				0.613
PT2			0.761				0.665
PT3			0.665				0.646
PT4			0.663				0.666
LGM1		0.708					0.646
LGM2		0.776					0.672
LGM3		0.604					0.647
LGM4		0.741					0.662
LGM5		0.752					0.646
LGM6		0.674					0.502
BI1				0.710			0.576
BI2				0.617			0.623
BI3				0.682			0.563
BI4				0.741			0.712
累计解释率（%）	14.019	25.196	34.261	42.968	51.504	59.833	67.528

（四）验证性因子分析

1. 模型拟合度

为验证本研究构建模型的拟合度，运用 AMOS 软件对所回收数据进行验证性因子分析，结果如表 5.9 所示，GFI = 0.805，TLI = 0.811，NFI = 0.813，CFI = 0.827，IFI = 0.827，RMSEA = 0.080，各项指标均可接受，表明模型拟合效果可接受，结构效度较好。

表 5.9　　　　　　　　　验证性因子模型拟合指数

	NFI	IFI	TLI	CFI	GFI	RMSEA
指标值	0.813	0.827	0.811	0.827	0.805	0.080
建议值	>0.9	>0.9	>0.9	>0.9	>0.9	<0.08
拟合结果	可接受	可接受	可接受	可接受	可接受	可接受

2. 聚敛效度

聚敛效度主要通过潜变量提取的平均萃取方差抽取量（AVE）和组合信度（C.R.）来分析。每个变量的 AVE 值高于 0.36 为可接受，高于 0.5 则为理想，AVE 值越高，则表示构念有越高的信度与聚敛效度。组合信度系数大于 0.6 为可接受，大于 0.7 则为理想。根据表 5.10 的结果，大部分题项的因子载荷都大于 0.5，说明各个潜变量对应题项所具代表性符合要求。除行为意向维度组合信度略小于 0.7 外，组合信度大部分大于 0.7，说明构念内在一致性较高。而在平均萃取方差抽取量方面，付出期望、合法性、感知信任以及行为意向维度的 AVE 接近 0.5，处于可接受范围，其余维度的 AVE 均大于

0.5，说明整体聚敛效度较为理想。

表 5.10   聚敛效度检验统计

路径			Estimate	AVE	C. R.
PE1	<---	绩效期望	0.709		
PE2	<---	绩效期望	0.742	0.513	0.759
PE3	<---	绩效期望	0.697		
EE1	<---	付出期望	0.721		
EE2	<---	付出期望	0.682	0.462	0.720
EE3	<---	付出期望	0.633		
SI1	<---	社会影响	0.835		
SI2	<---	社会影响	0.864		
SI3	<---	社会影响	0.907	0.759	0.926
SI4	<---	社会影响	0.878		
PT1	<---	感知信任	0.695		
PT2	<---	感知信任	0.562		
PT3	<---	感知信任	0.758	0.436	0.754
PT4	<---	感知信任	0.61		
LGM1	<---	合法性	0.757		
LGM2	<---	合法性	0.689		
LGM3	<---	合法性	0.623		
LGM4	<---	合法性	0.472	0.415	0.806
LGM5	<---	合法性	0.722		
LGM6	<---	合法性	0.558		
PFR1	<---	功能风险	0.876		
PFR2	<---	功能风险	0.813	0.709	0.880
PER3	<---	功能风险	0.836		

续表

路径			Estimate	AVE	C. R.
SR1	<---	社会风险	0.778		
SR2	<---	社会风险	0.827	0.672	0.860
SR3	<---	社会风险	0.852		
PR1	<---	隐私风险	0.845		
PR2	<---	隐私风险	0.899		
PR3	<---	隐私风险	0.869	0.764	0.928
PR4	<---	隐私风险	0.883		
BI1	<---	行为意向	0.458		
BI2	<---	行为意向	0.551		
BI3	<---	行为意向	0.542	0.367	0.688
BI4	<---	行为意向	0.812		

3. 区分效度

区分效度主要用以验证潜在变量的各测量变量间的区分程度。福梅尔（Claes Fornell）提出计算各潜变量平均变异萃取 AVE 的平方根大于该潜变量和其他不同变量的相关系数，说明区分效度理想①。本研究在聚敛效度部分基于标准化载荷系数基础，已通过公式计算得到 AVE 值，最终区分效度结果如表 5.11 所示，其中表格中对角线上是各维度潜变量的 AVE 的平方根。各潜变量的平均萃取变异量 AVE 的平方根均大于它们两两潜变量间的相关系数，表明问卷具有良好的区分效度。

---

① Claes Fornell and David F. Larcker, "Evaluating Structural Equation Models with Unobservable Variables and Measurement Error", *Journal of Marketing Research*, Vol. 18, No. 1, 1981, pp. 39-50.

表5.11 区分效度检验统计

	PR	SR	PFR	PE	LGM	SI	EE	PT	BI
PR	0.874								
SR	0.872 **	0.820							
PFR	0.34 **	0.43 **	0.842						
PE	0	0	0	0.716					
LGM	0	0	0	0	0.644				
SI	0	0	0	−0.149 **	0	0.871			
EE	0	0	0	0.576 **	0	−0.096 **	0.680		
PT	0	0	0	0	0	0	0	0.660	
BI	−0.325 **	−0.311 **	0.003 **	0.27 **	0.192 **	−0.121 **	0.25 **	0.319 **	0.610

注：** 表明相关性显著。

（五）结构模型分析及假设检验

通过以上探索性因子和验证性因子分析，验证了各测量构念模型信度与效度的合理建构。为了进一步检验理论模型的科学性，本研究使用 AMOS 进行结构方程模型分析，结构方程模型如图 5.2 所示。

结构方程拟合指标如表 5.12 所示，GFI = 0.805，TLI = 0.811，NFI = 0.813，CFI = 0.827，IFI = 0.827，RMSEA = 0.080，各项指标均可接受，表明模型拟合效果可接受，结构效度较好。说明建构的理论模型较好，可以进行路径分析。

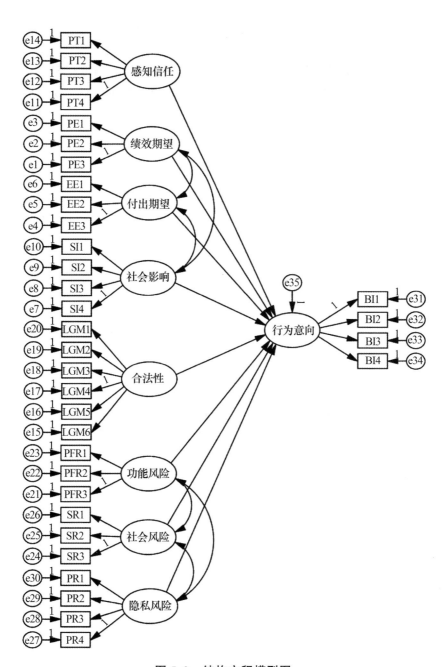

图 5.2 结构方程模型图

表 5.12 结构方程模型拟合指数

	NFI	IFI	TLI	CFI	GFI	RMSEA
指标值	0.813	0.827	0.811	0.827	0.805	0.080
建议值	>0.9	>0.9	>0.9	>0.9	>0.9	<0.08
拟合结果	可接受	可接受	可接受	可接受	可接受	可接受

根据表 5.13 显示，绩效期望对行为意向的标准化路径系数为 0.125（t 值 = 4.229，p<0.001），说明绩效期望对行为意向存在显著正向影响，假设 H1 成立；付出期望对行为意向的标准化路径系数为 0.115（t 值 = 3.348，p<0.001），说明绩效期望对行为意向存在显著正向影响，假设 H2 成立；社会影响对行为意向的标准化路径系数为 -0.026（t 值 = -2.978，p<0.001），说明社会影响对行为意向存在显著负向影响，假设 H3 不成立；感知信任对行为意向的标准化路径系数为 0.231（t 值 = 9.461，p<0.001），说明感知信任对行为意向存在显著正向影响，假设 H5 成立；合法性对行为意向的标准化路径系数为 0.159（t 值 = 6.354，p<0.001），说明合法性对行为意向存在显著正向影响，假设 H7 成立。

而在感知风险维度，隐私风险对行为意向的标准化路径系数为 -0.071（t 值 = -2.834，p = 0.005<0.01），说明隐私风险对行为意向存在显著负向影响，假设 H4a 成立；社会风险对行为意向的标准化路径系数为 -0.081（t 值 = -2.592，p = 0.01<0.05），说明社会风险对行为意向存在显著负向影响，假设 H4b 成立；功能风险对行为意向的标准化路径系数为 0.063，且所对应 p 值小于 0.001，说明功能风险与行为意向之间存在

正向的关系，假设 H4c 不成立。

表 5.13　　　　　　　　　　　　路径系数

路径			Estimate	S. E.	C. R.	P	假设支持
行为意向	<---	感知信任	0.231	0.024	9.461	***	H5 支持
行为意向	<---	绩效期望	0.125	0.029	4.229	***	H1 支持
行为意向	<---	付出期望	0.115	0.034	3.348	***	H2 支持
行为意向	<---	社会影响	-0.026	0.009	-2.978	0.003	H3 不支持
行为意向	<---	合法性	0.159	0.025	6.354	***	H7 支持
行为意向	<---	功能风险	0.063	0.013	4.88	***	H4c 不支持
行为意向	<---	社会风险	-0.081	0.031	-2.592	0.01	H4b 支持
行为意向	<---	隐私风险	-0.071	0.025	-2.834	0.005	H4a 支持

注：*** 表示 P<0.001。

最终路径分析如图 5.3 所示。

（六）中介效应检验

本研究利用 SPSS 统计软件的 Process 插件对数据进行分析，检验感知信任在感知风险对行为意向的影响中所起到的中介作用。由于本研究将感知风险分为隐私风险、功能风险和社会风险子维度，故分别检验这三个子维度下感知信任的中介作用。

1. 隐私风险

本研究在进行数据分析时将置信区间设置为 95%，并选用 Model 4 进行分析。根据表 5.14，隐私风险与行为意向的直接效应（LLCL=-0.1510，ULCL=-0.1108）偏差校正 95%CI 区间不

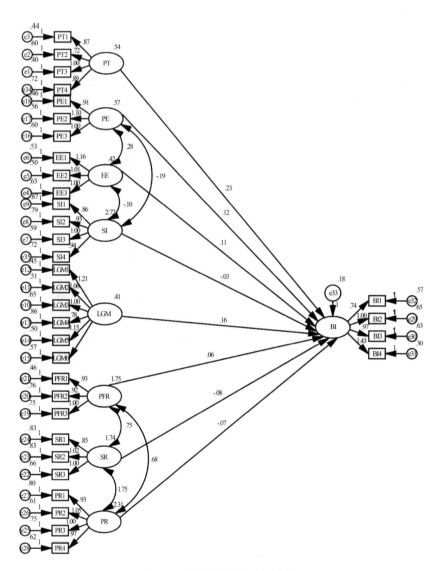

图 5.3　路径分析图（标准化）

包含 0，提示显著，其间接效应（LLCL = −0.0488，ULCL = −0.0199），偏差校正 95% CI 区间亦不包含 0，表明间接效应也显著。直接效应与间接效应皆显著,则感知信任在隐私风险和行为意向之间起到了部分中介作用,假设 H6a 成立。

表 5.14 感知信任在隐私风险和行为意向间的中介效应检验

项目	Effect	BootSE	偏差校正 95%CI	
			BootLLCI	BootULCI
总效应	-0.1639	0.0110	-0.1856	-0.1423
直接效应	-0.1309	0.0102	-0.1510	-0.1108
间接效应	-0.0330	0.0072	-0.0488	-0.0199

2. 社会风险

表 5.15 结果表明,社会风险与行为意向的直接效应(LLCL = -0.1642,ULCL = -0.1180)显著和其间接效应(LLCL = -0.0523,ULCL = -0.0208)偏差校正 95%CI 区间均不包含 0,表明直接效应和间接效应皆显著,感知信任在社会风险和行为意向之间的中介效应具有可信度,为部分中介,假设 H6b 成立。

表 5.15 感知信任在社会风险和行为意向间的中介效应检验

项目	Effect	BootSE	偏差校正 95%CI	
			BootLLCI	BootULCI
总效应	-0.1765	0.0127	-0.2015	-0.1515
直接效应	-0.1411	0.0118	-0.1642	-0.1180
间接效应	-0.0354	0.0079	-0.0523	-0.0208

3. 功能风险

最后对功能风险在社会信任和行为意向之间的中介效应进行检验。根据表 5.16，功能风险与行为意向的直接效应和间接效应皆不显著，总效应也不显著，不能说明感知信任在功能风险和行为意向之间起到了中介作用，假设 H6c 不成立。

表 5.16　　　　感知信任在功能风险和行为意向间的中介效应检验

项目	Effect	BootSE	偏差校正 95%CI	
			BootLLCI	BootULCI
总效应	0.0006	0.0137	−0.0263	0.0275
直接效应	0.0085	0.0123	−0.0157	0.0326
间接效应	−0.0079	0.0076	−0.0233	0.0066

二　假设检验结果

综上，假设检验的结果汇总如表 5.17 和图 5.4 所示。

表 5.17　　　　　　　　假设检验结果

假设	内容	检验
H1	执法场景中，绩效期望正向影响公众对人脸识别系统的行为意向。	成立
H2	执法场景中，付出期望正向影响公众对人脸识别系统的行为意向。	成立
H3	执法场景中，社群影响正向影响公众对人脸识别系统的行为意向。	不成立
H4a	执法场景中，公众感知到的隐私风险越强，其行为意向越低。	成立
H4b	执法场景中，公众感知到的社会风险越强，其行为意向越低。	成立

续表

假设	内容	检验
H4c	执法场景中，公众感知到的功能风险越强，其行为意向越低。	不成立
H5	执法场景中，公众对公安执法部门的感知信任越强，其行为意向越高。	成立
H6a	执法场景中感知信任在公众感知隐私风险对行为意向的影响中起中介作用。	成立
H6b	执法场景中感知信任在公众感知社会风险对行为意向的影响中起中介作用。	成立
H6c	执法场景中感知信任在公众感知功能风险对行为意向的影响中起中介作用。	不成立
H7	执法场景中，合法性正向影响公众对人脸识别系统的行为意向。	成立

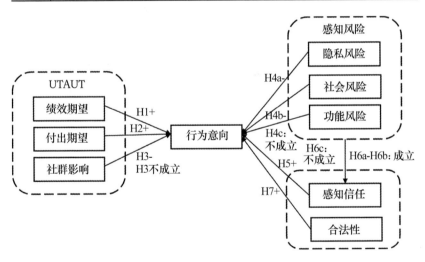

图 5.4　假设检验结果示意图

三　访谈设计与结果分析

以量化研究部分的研究结果为基础，选取更具价值的研究结果继续进行探索，同时深入挖掘公众更深层次的心理与想法，探究公众对公安执法部门使用人脸识别的容忍界限到底在哪里，进一步解释研究问题"在什么情况下，公众认为公安执法部门的使用越过了不可接受的界限"以及"公众的人际关系和其对公安执法部门的信任如何影响其对人脸识别系统的行为意向"。

（一）访谈对象

采用目的抽样的方法，基于质性阶段所要研究的问题，以线上文字或语音交流的形式，选取 13 名受访者进行一对一访谈，访谈对象选取标准如下：（1）参与前期问卷调查；（2）愿意参与本质性阶段的研究；（3）对人脸识别系统具备一定的认知能力（以是否接触过人脸识别系统作为评判标准）。依据以上标准，最终从不同年龄阶段的问卷调查对象中共选择 13 名被试参与访谈，包括男生 7 名，女生 6 名，其中 18—25 岁和 26—35 岁的受访者各 4 名，36—45 岁的受访者 3 名，46 岁以上的受访者 2 名。13 名受访者的基本情况如表 5.18 所示。

表 5.18   **受访者基本情况**

编号	性别	年龄	学历	是否使用过人脸识别系统
P1	女	18	高中	是
P2	男	23	硕士	是
P3	女	23	硕士	是
P4	女	25	本科	是
P5	女	26	本科	是
P6	男	28	博士	是
P7	男	28	高职	是

续表

编号	性别	年龄	学历	是否使用过人脸识别系统
P8	男	31	本科	是
P9	男	36	本科	是
P10	女	41	大专	是
P11	男	43	硕士	是
P12	女	49	大专	是
P13	男	60	高中	是

（二）访谈提纲

在深度访谈开始之前，结合量化研究结果，根据研究问题拟定采访提纲，主要包括以下三大部分：（1）受访者平时生活中的人脸识别系统使用情况如何？（2）受访者对公安执法部门本身及公安执法场景下使用人脸识别系统的评价如何？（3）受访者不可接受公安执法部门使用人脸识别系统的具体情境有哪些？具体访谈提纲如表 5.19 所示。

表 5.19　　　　　　　访谈提纲主要内容

序号	访谈提纲主要内容
1	平时是否使用过人脸识别系统？如果有，使用频率是怎样的？有被公安执法人员要求进行过人脸识别系统吗？
2	您怎么看待在公安执法场景下使用人脸识别系统？（根据回答适当追问效应感知及风险感知）
3	您会担心人脸识别系统无法发挥其作用吗？这会影响您对在执法场景下使用人脸识别系统的接受度吗？

续表

序号	访谈提纲主要内容
4	您怎么看待公安部门在我们日常生活中的角色？您认为他们会按照规范使用人脸识别系统吗？
5	您能感知到身边的人或社会舆论对公安使用人脸识别系统大多持什么态度吗？如果有，您觉得他们的态度会影响到您吗？
6	我看到您在车站、机场等公共场所/大型场馆/街面巡逻情境下选择了×××，可以说一下为什么吗？（根据问卷提问）
7	您能接受的人脸识别系统使用的最大程度是什么？或者说您能想到的在什么情况下公安使用人脸识别系统会让您感到反感？
8	假设您走在路上，执法人员未说明理由，要求您进行人脸识别，您会配合吗？
9	因为人脸识别系统大多数是无感的，您如何看待在不知不觉中您的人脸信息就可能被采集这件事情？比如街上监控摄像头采集您的人脸信息。
10	人脸识别系统可以用于身份认定、预测人物社交关系、行为习惯以及情绪与生活状况等信息，您不希望被采集到的人脸信息被用于什么用途呢？
11	您对在公安执法场景下应用人脸识别系统有什么建议吗？

（三）访谈文本分析

访谈前，研究者先简单介绍访谈目的，并向受访者简要解释和说明人脸识别系统目前在公安执法场景下的应用情况，确保受访者能够正确理解人脸识别系统在公安执法场景下的应用。访谈过程中，首先请受访者介绍其对人脸识别系统的理解，以熟悉访谈议题，让受访者处于轻松状态。研究者对每位受访者进行时长 30—40 分钟的访谈，并记录谈话内容，访谈中没有任何关于访谈问题的提示和引导，同时避免受访者受到外界因素的干扰。访谈结束后，整理访谈文本，并向受访者反馈转录文本，通过受访者检验提高研究效度，以确保研究的可靠性。确认访谈文本无误后，本研究借助分析软件 NVivo11.0 对访谈文本资料进行编码分析，采用开放性编码、主轴性编码、选择性编码的三级编码方式，提取出类属和核心概念。

1. 开放性编码

在本研究的质性研究阶段，研究者将原始访谈文本分解、打散，逐句编码后再进行概念化、范畴化操作。经整理，得到概念化词语 54 个，分析后总共得到范畴化词语 18 个，分别是社会风险、隐私风险、功能风险、便利执法、保护社会、使用必要性、被动接受、法律信念感、生活侵扰程度、程序正当性、场所限制、使用程度、违法犯罪情况、技术信心、机构信任度、人员信任度、意见环境感知和态度培养。由于篇幅所限，每个范畴仅呈现 3—5 个原始语句，如表 5.20 所示。

表 5.20　　　　　　　　　　　　**开放性编码**

范畴化	概念化	原始语句
社会风险	区别对待	有时会出现一些不公平的现象，比如执法人员看到一些他们自己觉得不面善的人，就进行区别对待。
	被凝视感	对执法人员不太信任，很难讲会不会有执法人员跟朋友分享自己今天处理的信息，对他人进行评价。
	特殊群体压迫	一些没接触这种技术的老人被要求使用可能会有心理压力。
	执法扩大化	必要性并不突出的场合无差别使用，有可能造成执法扩大化，在这些普通场合的使用和采集，反而会给公众带来不安全的感觉和体验。

范畴化	概念化	原始语句
隐私风险	信息泄露	可能会泄露公众信息，对公众造成不必要的麻烦，比如一些不法分子盗取信息，冒充公安机关进行诈骗。
	监控恐惧	这可能导致我陷入一种 24 小时被监控的恐惧当中，到处都有人脸识别来判断我是不是恐怖分子，或者说犯罪分子的话，我觉得是影响到了我的正常生活和我的自由权利。
	权利侵犯	在执法过程中使用人脸识别系统也可能会受到一些群众的不理解，他们可能会认为这侵犯了肖像权。
	数据滥用	谁知道公安会拿这些数据去干吗？
功能风险	错误匹配	在这个使用过程中，人脸识别可能由于匹配不精确而出现误读的情况，就会给公众带来麻烦，而且会影响公众对公安部门的信任程度。
		有些群体的训练数据有限，识别的精度较低，可能会造成误判和歧视。
	识别精确度	人脸识别系统可能不够灵敏，比如说使用人脸识别系统时需要把面部遮挡物撤掉才能识别出来，而且有时候人脸识别需要扫多次才能准确识别。
便利执法	减轻执法工作强度	通过人脸识别可以降低公安人员在海量人员信息排查中的难度，减弱他们的工作强度，减少嫌疑人的对比工作，让侦查范围缩小。
	提高在逃罪犯抓捕率	有利于提高对在逃人员的逮捕率。比如之前在演唱会上，公安人员在检票系统或者说什么地方就抓到了网上在逃人员，那如果在日常的治安巡逻中，也对这些可能潜在的在逃人员进行人脸识别的话，应该可以提高逮捕成功率。
	提高执法效率	目前来看，人脸识别能比较有效地甄别犯罪对象，这就可以节省时间，提高执法效率。这个时间，我觉得应该是民众都共同期待的一个时间。

续表

范畴化	概念化	原始语句
保护社会	社会发展需要	这是技术应用在现代社会管理上的一个体现。
		这是社会发展的结果，科技在进步，人不能一成不变，要学会接受各种新事物。
	维护社会稳定	公安部门使用人脸识别系统能够防范风险，对于参与公共活动的人员进行安全筛查，也更能够保证秩序完整，避免出现意外情况。
		中国整体的治安状况并不理想，维稳压力大，案件频发，不仅有利于案件侦破，而且对违法犯罪活动具有威慑作用。
使用必要性	合法合规性	只要合理合法合规，我都接受。
	场所需要	对于涉及公众安全、反恐、寻找受害人的场合，还是比较支持的。公共交通场景和大型场馆（音乐会）这些受社会公众瞩目和人群大规模聚集的活动，一旦出事，造成的社会影响会很大，必要性足够，采用识别措施也属于公众能理解的范围。
	最大有利原则	要看利益侵犯程度，还要看一个平衡。虽然人脸识别可能会侵犯我们所有人的一点权益，但是国家政策，或者说集体推行了这个事情，那你损失一点权益也没有办法，而且当从国家层面去推行的时候，我想他肯定是对的，至少对大部分人是有利的。
		可以想象成你和政府的交易？它保障社会稳定，在危险的时候给予帮助。我让渡一些隐私，帮助它实现对社会的监控。因为这种监控是安全的基础。
被动接受	顺应权威	如果这是政府规定的话，我会选择接受。因为我们大多数的规定是由政府制定的，好像很难以我们的个人意志去左右一些规定。
	配合义务	配合工作是我们的义务，也是为了市民的安全。觉得可以接受，我相信执法人员出发立场都是好的，所以觉得可以不用说明理由。
	认知局限	最好的方式就永远不让我知道，采集就采集了，如果在对我本人没有任何影响的情况下是可以接受的。

续表

范畴化	概念化	原始语句
法律信念感	清者自清	因为我普通公民也没有干过什么违法的事情，你采集就采集了，又没什么大不了的，而且我觉得这个东西就跟监控一样，它应该还是保护大部分不犯法的公民的。
		这个人脸识别只要被正规使用，真正害怕的是那些会犯罪的人，像我们这些守法公民其实不会受到什么影响，反而能够提高安全性。
	法律底线	法律是最低的底线吧，有的人确实利用手里的权力去干一件事情，但只要没有违法，也不一定涉及严重后果，就可以忍受。比如有的人利用这个去窥探别人在干什么，可能是看他亲近的人，或者说他讨厌的人，有的时候可能会说点闲话，但也都是在法律的范围之内，并没实际做什么，我觉得可以忍受。
生活侵扰程度	行程侵扰	在一个场景下频繁使用人脸识别系统，当我比较忙，有紧急事情要处理的时候我会反感，比如一个小时内三次进行人脸识别。
	享乐侵扰	大型场馆，比如音乐会那种场景下我在娱乐，不希望被这种东西影响心情。
	利益侵扰	伤害我的利益的时候就不行，包括财产、人身等。
	精力消耗	使用过程不希望消耗我过多精力，只要不会让我觉得很麻烦，我都可以接受。
程序正当性	身份正当	如果被要求进行人脸识别，这种情况对方的态度以及他是否能够证实自己的身份对我来说更重要。
	理由正当	路上逮人很不礼貌，也不符合警察办事的程序吧，不是因为你是警察就可以要求民众做任何事，就像你逮捕人也要出示逮捕令，搜查民宅也要出示搜查令，除非警察证明了有合理的理由，必须要求我配合，不然民众有权拒绝。
	事前告知	不喜欢在没有任何提示和说明的情况下，利用监控摄像头在公共场合对我进行人脸识别并标注相关标签。
		反感不说明相关情况强行使用人脸识别，我觉得应该充分尊重大家的知情权和意愿。

续表

范畴化	概念化	原始语句
场所限制	第三方介入	火车站等公共交通属于我的已知可接受范畴,演唱会不属于,因为公共交通有公安部门监督,很多是属于政府管理的,但是演唱会类似的活动就没有。
	资源利用率	比如说他在每个小区安上人脸识别,那就有点多余,浪费资源了。
	社会影响面	街道要看地方了,毕竟大部分街道现在人员没那么多人聚集,比如像网红街道、小吃街这样人多的地方使用力度强一点的,人员少的街道就没必要使用人脸识别了。
	私密性	一般人对公众场合不太介意,对隐私性强的场合(比如楼宇内部、居住单元楼内部)是很反感的,一些必要性不充分的场合(比如大街上随机抽检)也是很反感的。
使用程度	使用用途	除了身份认定,其他我都不希望,因为身份认定大家可以普遍接受,其他的就涉及生活的隐私问题了,可能会让人感到不适。
		除了身份认定,其他都不喜欢,感觉自己被监视,除非公安是用于破案就可以接受。
	使用针对性	人脸识别系统的使用一定要出于特定的目的和特定的场景,不能滥用,就是不能对每一个人进行无差别识别,应该是在一些卡口进行特定的设置,就像酒驾查询。
		有些场合有滥用的嫌疑,比如街上的监控摄像头随机采集路人人脸信息进行比对。街道场景不聚焦,必要性并不充分,涉嫌过度使用人脸识别系统,滥用行为会对公众看法和认知的影响较大。

范畴化	概念化	原始语句
违法犯罪情况	危害程度	轻微犯罪的社会危害性小，不会在公共场合无故对我造成直接伤害，所以我觉得不太需要用来识别他们。
		在公共场合，我更担心的是一些恐怖分子，因为这些恐怖分子的目标是非常明晰的，危害非常大，而严重违法行为还要看具体犯罪类别，比如说经济犯罪，对整体公民人身安全来说威胁性小，可以不使用。
	嫌疑人制约难度	公共交通场景下我会更希望能保证一个更安全的环境，当然大多数情况下，可能在这些犯罪人员的脸部信息已经归档的情况下才好用人脸识别吧，公安也很难去制约一个潜在的人，在街道上使用人脸识别，犯罪人员自己就会绕开，所以在巡逻过程中很难识别到犯罪的人，只有识别特定犯罪分子才会比较符合实际，所以我觉得没必要去识别潜在犯罪者。
技术信心	技术容错度	人脸识别作为一项新兴技术，我觉得我对它的识别错误率不是零容忍的态度，应该给它一些成长的空间，让他在后续不断提高识别成功率，这是每一项技术都需要经历的。
		任何技术本身就会存在功能障碍，不可能保证百分百没有误差的，我觉得这个我是可以接受的，而且他虽然有误差，但是肯定还是能抓到一些人，只要抓到了安全性不就提高了吗？
	多技术协同性	政府使用人脸也不是说就把它当成唯一的身份信息识别工具，很多其实是结合其他手段一起应用的，比如密码、指纹等。这可能也是因为他们也知道人脸识别目前并不能100%准确，也可能是为了留有余地。在这样的多重保障下，我认为人脸识别错认的风险是可以接受的。
		现在作为一种辅助手段的话，它只是很小的一部分，可以慢慢去提高它的识别成功率，我们还有其他很多手段去判断在逃人员。
	技术成熟度	暂时来说没感觉人脸识别系统有什么风险，所以没有觉得有必要去控制或打压这种技术。

续表

范畴化	概念化	原始语句
机构 信任度	重要性	我觉得公安部门在我们的日常生活中还是扮演了安全保障这一非常重要的角色，他们对犯罪的打击，还有对普通治安事件的处理，都会给我们很大的安全感。
	公正执法保证	我对公安部门有一定的信心，总体上还是坚信他们会公平公正地执法，营造更加安全稳定的社会治安环境。
		我相信国家会制定合理的规定。
	舆论约束	如果公安泄露个人信息，那可以说是会被所有人围攻，直接影响到政府的公信力等。在这样的背景下我相信政府不会想要冒这样的风险，所以它为了自己也会保护好我们的信息，所以泄露风险不大。
人员 信任度	安全确保	我认为公安部门就是人民群众日常生活的战斗堡垒，有危险的地方就有人民警察，我们有需要的时候，他们也能有所回应，我认为他们是能很好做到保障我们安全的，也相信他们会按照规范使用人脸识别系统。
	法律制约	我相信他们基本会按规范使用，因为毕竟会受法律约束。
	人员素质感知	我觉得大部分公安肯定是好的，会用心为人民服务，保护人民的安全，但是也不排除存在一些害群之马，他们利用人脸识别的系统去做一些伤害人民的事情。
		宏观来说，我认可公安部门对社会稳定的保障作用。但就我个人而言，我所接触过的公安人员有些并没有达到能够给人安全感或者维护我的权益的标准。
意见环 境感知	讨论度低	感知不强，因为平时大家很少讨论这个话题。
	话题敏感	大家并没有什么态度吧，我们目前的舆论环境不允许大家讨论这些。年纪大一点的也就是抱怨麻烦之类的，不会直接质疑技术的风险或者效果。
	负面信息少	我目前来说，还没有听到有什么负面的、不支持的信息，我自我感觉大部分人比较认可，反正我身边没有人说拒绝，因为这个东西它对人体确实没有什么伤害。

范畴化	概念化	原始语句
态度 培养	认知塑造	在一些刑侦剧中可以看到人脸识别对于公安部门侦破案件非常有帮助。因为执法场景是我日常难以接触到的，所以我没有相关的个人经验，只能从别的地方获取。但只能说影响了我对它的具体用法和一定程度上的有效性吧，不会再是一个抽象的概念这样。
	恐惧传染	他们的态度会影响到我，对人脸识别持怀疑态度和反对的人，如果他们觉得会泄露信息，我也会害怕。
		如果我通过媒体了解到有信息泄露等事情发生的先例的话，会影响到我的态度，更多有一种无风不起浪的观念吧。
	从众心理	以前看过一些文章，大部分人是比较支持的，毕竟能带来一些方便，如果一项技术支持的人多于不支持的人的话，我相信他肯定是利大于弊的。
	舆论质疑	不太受媒体影响，因为我本身接触社会舆论就比较少。看网上的很多信息也会看，但受教育受到这个阶段了，受人云亦云这种影响的概率很低了，还是辩证看待一些事物。

2. 主轴性编码

在质性研究的第二个阶段，即主轴性编码阶段，研究者依据上一阶段编码的逻辑，对产生的 18 个初始范畴进行归纳演绎，确定各范畴间的关联性，整合出更具有概括性、更加概念化的 5 个主范畴，如表 5.21 所示。

表 5-21　　　　　　　　　　**主轴性编码**

主范畴	对应范畴
风险感知	社会风险 隐私风险 功能风险

主范畴	对应范畴
接受依据	便利执法 保护社会 使用必要性 被动接受 法律信念感
反对依据	生活侵扰程度 程序正当性 场所限制 使用程度 违法犯罪情况
信任感知	技术信心 机构信任度 人员信任度
信息感知	意见环境感知 态度培养

3. 选择性编码

选择性编码的目的是从主范畴中提炼核心范畴，是对第二阶段编码的进一步深化。在此阶段，本研究对主轴性编码阶段所获得的 5 个主范畴间的逻辑关系进行关联整合及深入挖掘，最终得到两类核心范畴，一类是公众接受界限，另一类是外部交互影响。前者主要包括三个范畴：感知风险、接受依据和反对依据，这三个范畴在一定程度上能用于衡量公众对在公安执法场景下使用人脸识别系统的接受界限；后者则包括信任感知及信息感知，公众的信任感往往在与外部环境交流互动的过程中形成，而信息感知既包括公众从自身人际社交网络中获取的信息，也包括公众从媒体和社会舆论中感知到的信息。

第五节　公众对公安执法场景中人脸识别应用的接受意愿

一　公众感知信任及社群影响

根据量化阶段的研究结果，公众感知信任越高，对在公安执法场景下使用人脸识别系统的接受度就越高。整体上，大部分公众对公安执法部门的信任度依然处于较高水平。一方面，这是因为公众对国家、政府、法律体系的信赖会延伸至对公安执法部门的信赖。根据爱德曼国际公关公司（Edelman Public Relations Worldwide）发布的《2023 年全球信任度调查报告》，2023 年中国民众对公共机构的信任程度位居全球第一，其中对政府的信任度达到 89%，居调查报告榜首[①]。不同于美国公众更能接受私营企业使用人脸识别系统，而对警察使用人脸识别系统不太信任[②]，相比起私营企业，中国公众普遍更能信任公共权威机构，尤其是政府部门对人脸识别系统的使用。有调查显示，那些信任政治机构的人更倾向于认为与人脸识别系统具有相似性的监视导向安全技术能够有效保障他们的安全[③]。在本研究的访谈阶段，先后有公众提及"**我相信国家会制定合**

[①]　Tonia E. Ries, *2023 Edelman Trust Barometer Global Report*, Edelman Public Relations Worldwide, January 18, 2023.

[②]　Kay L Ritchie, Charlotte Cartledge, Bethany Growns, et al., "Public Attitudes Towards the Use of Automatic Facial Recognition Technology in Criminal Justice Systems Around the World", *PloS One*, Vol. 16, No. 10, October 2021, e0258241.

[③]　Vincenzo Pavone, Sara Degli Esposti, "Public Assessment of New Surveillance-Oriented Security Technologies: Beyond the Trade-Off Between Privacy and Security", *Public Understanding of Science*, Vol. 21, No. 5, 2012, pp. 556-572.

理的规定"（P5）、"我相信他们基本会按规范使用，因为毕竟会受法律约束"（P1）、"我更能接受在地铁等公共交通场所使用人脸识别技术，因为地铁等公共交通场所有公共部门监督，大多是属于政府管理的，但是演唱会类似的场所就没有"（P3）等，这种信任本质上是出于公众对于政治机构的信赖，促使他们相信公安执法部门会按照规范使用人脸识别系统，从而提升公众对在公安执法场景下使用人脸识别系统的接受度。

　　另一方面，在公共领域，存在一种被称为"塔西佗陷阱"的现象，形容当政府等机关单位丧失公信力时，不管发表何种言论、不管做何种事情，社会都会给予负面评价①。部分公众认为，公安执法机关作为为人民服务的机构，在舆论压力的迫使下会合法合规使用人脸识别系统。这在某种程度上也是出于对公安执法部门自律性及舆论监督能力的信赖。此外，公众信任的产生其实是建立在信任者和被信任者利益关系的基础之上。在公安执法场景下，信任能够得到维持的前提是公安执法部门（被信任者）对公众（信任者）的权益能够进行有效维护，若维护失败或侵犯了公众的个人权益，信任便可能会转化为不信任，二者之间存在一种利益博弈的关系。如果公众感知到的隐私风险、社会风险或功能风险过高，代表公众可能认为公安执法部门无法有效维护自己的个人权益，信任产生的基础由此丧失，从而影响到公安执法场景下公众对人脸识别应用的行为意向。

　　对我国公众而言，当前公安执法场景下人脸识别系统的使

①　胡象明、张丽颖：《公共信任风险视角下的塔西佗效应及其后果》，《学术界》2019 年第 12 期。

用是比较陌生的，大部分受访者在接受访谈前并不清楚公安执法场景下人脸识别系统的具体应用，整体意见环境呈现出讨论度低、话题敏感、负面信息少的局面。公众对执法场景下人脸识别系统应用的认知更多来源于影视剧或媒体报道，当公众接触到相关负面信息时，可能会产生一种"恐惧传染"效应，即因为他人害怕自己也感到害怕，其效果接近于说服效果理论当中的"恐惧诉求"理论。在威胁评估中，个体意识到威胁存在时会建立有关威胁的严重程度和威胁遭受概率的信念[①]，虽然负面信息传播者在传播负面信息的过程中并不一定以说服为目的，但是公众接收到的关于人脸识别系统应用的负面信息可能会对公众情绪形成刺激，并激发公众的心理反应，增强公众的威胁感知，从而导致公众形成或改变自身对人脸识别系统应用的态度。而当接触到相关正面信息时，公众也可能会产生一种从众心理，因为大多数人支持而选择支持，尤其是当有意见领袖如相关专家表示支持在执法场景下人脸识别系统的使用时，公众的从众心理会更强烈。这也表明公众与自身所处外部环境交互的过程会在一定程度上影响其对在公安执法场景下使用人脸识别系统的态度。

二 公众的风险感知状况

当前，公众对在公安执法场景下使用人脸识别系统的风险感知主要集中于隐私风险、社会风险和功能风险。既有研究表

---

① 王璐瑶、刘晓君、徐晓瑜：《新冠肺炎疫情常态化防控中居民防疫制度遵从意愿的影响机制——基于恐惧诉求与威慑理论视角》，《中国软科学》2022年第7期。

明，隐私风险、社会风险和功能风险对公众技术接受意愿存在负向影响①。而根据本研究的结果，隐私风险和社会风险负向影响公众对在公安执法场景下使用人脸识别系统的态度，这与大部分前人研究结果一致，但功能风险与公众对在公安执法场景下使用人脸识别系统的态度之间则不存在显著关系。

在隐私风险层面，此前已有学者指出无论是在私人空间还是在公共场所，公众都具有一定程度的隐私期望②，而人脸信息的敏感性和特殊性则促使公众在人脸识别系统的使用过程中可能抱有更强烈的隐私期望。访谈过程中，几乎每位受访者或多或少提及了对隐私风险的担忧，包括信息泄露、监控恐惧、权利侵犯和数据滥用等，部分受访者甚至直接表示"只要个人人脸信息能够得到安全保障，我是可以接受的"（P9）、"如果说他们（执法人员）能保守这些隐私，不盗取你这些隐私，危害到公民个人利益的话，我觉得我能理解"（P12），这也说明公众对隐私风险的关注最为强烈，甚至在部分公众看来，隐私保护是在公安执法场景下使用人脸识别系统的前提。

同时，由于人脸的唯一性和难篡改性，其所牵涉的个人信息十分复杂。人脸所象征的不仅仅是个人身份，其背后还牵涉包括家庭背景、资产、学历、工作等更深层次的信息③。在公众的认知当中，隐私风险牵涉的不仅仅是隐私权，还包括肖像权、自由权、人身权、财产权等一系列权利，隐私一旦泄露，

① Mauricio S. Featherman and Paul A. Pavlou, "Predicting E-Services Adoption: A Perceived Risk Facets Perspective", *International Journal of Human-Computer Studies*, Vol. 59, No. 4, 2003, pp. 451-474.

② Helen Nissenbaum, "Protecting Privacy in an Information Age: The Problem of Privacy in Public", *Law and Philosophy*, Vol. 17, November 1998, pp. 559-596.

③ 胡凌：《刷脸：身份制度、个人信息与法律规制》，《法学家》2021 年第 2 期。

将会带来严重后果，因而他们也往往更关注执法场景下人脸识别系统使用所带来的隐私问题。当被问及"人脸识别系统可以用于身份认定、预测人物社交关系、行为习惯以及情绪与生活状况等信息，您不希望被采集到的人脸信息被用于什么用途呢?"这一问题时，大部分受访者回答的是"**不希望将公安执法场景下的人脸识别系统用于除身份认定以外的用途**"（P1、P2、P3、P4、P9、P10、P11）。这也说明，公众恐惧被监视，恐惧人脸信息被用于挖掘更深层次的信息。

在社会风险层面，平等观念较强的公众往往感知更为强烈，他们的担忧主要集中于区别对待、被凝视感（即认为部分执法人员会私下讨论今天处理的人脸信息）、特殊群体压迫和执法扩大化。社会风险感知较为强烈的公众，对执法人员的信任度往往也更低，有受访者在访谈过程中会直接表示"**主要是对人不太信任，很难讲会不会有某个公安执法人员跟朋友分享今天处理的信息，对他人进行评价**"，"**觉得公安执法人员在某些特定事情处理上面还是有点偏颇的**"（P5）、"**可能有时候公安执法人员看到一些不面善的人，就区别对待某些人**"（P1）。在他们看来，公安执法人员素质参差，部分不良公职人员可能会将自己的价值观强加于技术使用过程中。公众感知到的社会风险越高，就越难接受在公安执法场景下应用人脸识别系统。

在功能风险层面，与不少研究已证实的功能风险与公众技术接受意愿之间的关系不同①，本研究结果表明，在公安执法场景下，功能风险与公众对人脸识别系统的接受态度之间并不

---

① Sookeun Byun and Sang-Eun Byun, "Exploring Perceptions Toward Biometric Technology in Service Encounters: A Comparison of Current Users and Potential Adopters", *Behaviour & Information Technology*, Vol. 32, No. 3, 2013, pp. 217-230.

存在显著关系。总体来看，公安执法场景下公众的感知情况可分为两类，一类是公众对人脸识别系统本身存在较强信心，认为当前人脸识别系统已经相对成熟，容错率在合理范围内，此类公众感知功能风险一般较低。另一类是公众虽然感知功能风险较高，认为人脸识别系统目前的确存在错误识别、精确度不高的问题，但相信人脸识别系统将越来越完善，需要给予其发展空间，同时认为人脸识别系统仅是辅助手段，即使出现错误识别、遗漏嫌疑人等问题，依然有指纹等其他识别手段或者执法人员可以进行二次把关。公众对人脸识别系统的容错度较高和对多技术协同性的感知，使得功能风险并未成为影响公众接受或反对在执法场景下应用人脸识别系统的决定性因素。

三 执法场景中人脸识别的使用边界

公众对在执法场景下使用人脸识别系统的绩效感知构成了公众接受行为的基础。大部分受访者在被问及"如何看待在公安执法场景下使用人脸识别系统"这一问题时，首先认为该技术的使用能够起到便利执法和社会保护的作用，其中便利执法具体体现为减轻执法工作强度、提高在逃罪犯抓捕率以及提高执法效率，社会保护则具体体现为社会发展需要和维护社会稳定。综合问卷分析和访谈结果，公众普遍希望人脸识别系统的使用能够有效震慑违法犯罪活动，保障整体社会安全，部分公众还认为在必要的情况下，比如在涉及公众安全、反恐、寻找受害人的场合，为了维护社会稳定和安全，牺牲一些个人利益是值得的，即执法场景下人脸识别系统的使用可以遵循"最大有利原则"，这与一项以加拿大公众为调查对象的研究结果显示一致：48%的被调查者认为，如果使用人脸识别系统可以有效降低犯罪率（即减少 5%），那么失去一些隐私也是值得的①。部分公众还存在一种"法律信念感"，认为人脸识别系统针对的是违法犯罪者，只要自身遵纪守法，则不会受到影响。

此外，还存在一种被动使用的情况，即公众认为执法场景下人脸识别系统的使用无法受个人意志左右而选择妥协，或认为自身本身有配合公安执法部门的义务。一项关于公众对无人机这一新警务技术接受意愿的研究表明，合法性正向促进公众对在执法场景下使用无人机的接受意愿②。从政治心理学的角度来看，公安执法机关公信力的实质就是一种政治认同感，即公众在政治生活中形成的对公安执法部门权威性的认可和拥护，并心甘情愿地接受这种政治力量的领导，对自己的言行进行自我约束的一种政治心态③。公众所产生的配合义务感以及公众所感知到的执法部门与自身价值观的一致性便构成了合法性，公众感知到的合法性越高，就越倾向于配合公安执法部门所做出的执法决定，对执法场景下人脸识别系统使用的支持度就越高。

但与此同时，公众也并非觉得执法场景下人脸识别系统的使用不需要有边界。访谈结果显示，公众对在执法场景下使用

①　Cybersecure Policy Exchange & Tech Informed Policy, *Facial Recognition Technology Policy Round table*：*What We Heard*, Canada, Exchange C P., 2021.

②　Miliaikeala SJ. Heen, Joel D. Lieberman and Terance D. Miethe, "The Thin Blue Line Meets the Big Blue Sky: Perceptions of Police Legitimacy and Public Attitudes Towards Aerial Drones", *Criminal Justice Studies*, Vol. 31, No. 1, 2018, pp. 18-37.

③　韩宏伟：《超越"塔西佗陷阱"：政府公信力的困境与救赎》，《湖北社会科学》2015 年第 7 期。

人脸识别系统的接受界限主要受到生活侵扰程度、程序正当性、使用场所、使用程度及违法犯罪情况等因素的影响。一是生活侵扰程度。公众普遍希望执法人员使用人脸识别不会给自己的出行、游玩等带来不好的体验和损害自身的利益。当公众有急事需完成或者在音乐会、旅游景点等场所时被要求进行人脸识别，往往会产生反感情绪。此外，付出期望，即公众对配合公安执法部门进行人脸识别不需要耗费自身过多精力（包括脑力、体力等）的感知也会在一定程度上影响公众的接受意愿。譬如，在电子支付领域①和即时通信领域②，付出期望已被证明会正向影响公众对技术系统和服务的行为意向。而本研究的受访者在访谈过程中也多次提及"（人脸识别系统）使用过程不希望消耗我过多精力，只要不会让我觉得很麻烦，我都可以接受"（P7）、"不希望做点什么都要人脸识别，觉得很麻烦"（P13）、"公共交通场所下会更能接受，因为在那些场所下要走的程序本来就很多，多一个人脸识别也觉得还好"（P3）。这说明在公安执法场景下，如果公众感知到配合公安执法部门进行人脸识别所需耗费的精力越少，对人脸识别系统的接受行为意向就越高，反之，感知越麻烦，则接受行为意向越低。二是程序正当性，主要包括身份正当、理由正当和提前告知，即必须保证在执法场景下人脸识别系统的使用者是正规

---

① Gonçalo Baptista and Tiago Oliveira, "Understanding Mobile Banking: The Unified Theory of Acceptance and Use of Technology Combined with Cultural Moderators", *Computers in Human Behavior*, Vol. 50, No. 1, 2015, pp. 418-430.

② Chieh-Peng Lin and Bhattacherjee Anol, "Learning Online Social Support: An Investigation of Network Information Technology Based on UTAUT", *CyberPsychology & Behavior*, Vol. 11, No. 3, 2008, pp. 268-272.

执法人员，使用也必须是出于正当的理由，确保被采集者的知情同意权。三是使用场所，大多数人更能接受在地铁、火车站等公共交通场所使用人脸识别系统，因为这种类型的场所具有官方背景，人流量较大，一旦发生事故则危害严重，所以公众普遍能理解在此类场所使用人脸识别系统。而一些私密性更强或人流量较少的场所，公众则认为这种使用可能会造成隐私侵犯或资源浪费，不属于必要使用范畴。四是使用程度，公众对将人脸信息应用于除身份认定外的用途，如预测个人社交关系、行为习惯以及情绪与生活状况等往往持拒绝态度，同时更希望将人脸识别系统用于识别特定人群，如犯罪者或被拐卖者，而非进行无差别识别，认为这种无差别识别存在滥用的嫌疑。五是违法犯罪情况。调查发现，公众对人脸识别系统的行为意向与犯罪性质有关，即技术所针对的犯罪严重程度越高，公众的支持率越高[1]。相比轻微犯罪者，公众更支持将人脸识别系统用于识别危害程度高、可能对公众生命安全造成威胁的犯罪者。

第六节　公安执法场景中人脸识别应用的规制建议

公安执法场景中，人脸识别系统在协助社会治理、降低执法成本、提高执法效率等方面的益处不言而喻，但一味追求管

---

[1] Fussey Peter and Murray Daragh, *Independent Report on the London Metropolitan Police Service's Trial of Live Facial Recognition Technology*, University of Essex Human Rights Center, 2019.

理效率而忽略技术使用的合理性亦不可取。为了将人脸识别系统应用可能带来的风险降到最低，本研究提出以下规制建议。

一　划定人脸识别应用合法性边界

目前我国尚未设立专门针对人脸识别系统使用的法律法规，仅在宏观层面规定了收集个人信息的"合法性、正当性和必要性"原则，关于人脸识别系统的部门规定约束力并不足，相关立法大幅落后于执法技术更新换代的速度。未来有必要制定一部关于人脸识别系统应用的法律规范，明确人脸识别系统的适用原则和范围、内部审查批准程序以保障当事人权利，划定"红线"，以回应科技快速发展对法律适应性所提出的挑战。立法必须明确人脸识别的使用原则，应在比例原则、告知同意原则、目的限制原则的基础上设立。当前，公众普遍对在公安执法场景下使用人脸识别系统的接受度较高，他们反感使用人脸识别系统的情境归根结底是因为人脸识别应用侵犯了个人隐私、财产、人身、自由等各方面的合法权益。因此，公安执法场景下人脸识别系统的使用必须以"比例"原则（principle of proportionality）为标尺。"比例"原则在西方公法界可以说是"帝王条款"，不仅是一种具有高度可操作性的规范，同时也是衡量公共权力和公民个体权利之间平衡性的重要尺度①。当使用人脸识别系统造成侵犯他人利益的结果时，有必要对使用人脸识别系统所获得的利益和其所侵法益之间进行权衡。如果应用人脸识别系统带来的效益明显大于其所造成的公众权益损

① 瓮怡洁：《法庭科学 DNA 数据库的风险与法律规制》，《环球法律评论》2012 年第 3 期。

失，则认为使用人脸识别系统能够有效避免违法犯罪，而如果应用人脸识别系统带来的损害明显大于其所造成的效益，则认为使用人脸识别系统的使用已经超出了合理界限，应该得到制约。"比例"原则可以为人脸识别的合法性边界制定具体标准，有助于寻求公权力与私权益之间的平衡。

其次，公安执法场景下人脸识别系统的使用应以"告知同意"原则为前提。执法部门在工作中如果需要使用人脸识别系统，应就人脸信息的采集和处理行为对公众作一般性告知，以信息主体的知情和同意为底线。一些国家对人脸识别系统等刑事侦查技术的使用就有作出明确规定，即便是用于秘密侦查，也必须定期进行司法统计，通过报告的形式公布刑事侦查技术的使用执行情况。以通信监听为例，德国《刑事诉讼法》规定，州和联邦总检察长向联邦司法局递交所在辖区范围内采用监听措施的报告，再由司法局制作在全国范围内采取监听措施的摘要年报，并在互联网上公布[①]。此外，考虑到在部分涉及人员较广、案件较为复杂的情况下，人脸识别系统应用可能会面临处理信息规模巨大、远程采集、难以准确知会每一位公众个体等问题，公安执法部门可以选择结合现代技术手段，比如通过移动端推送或服务内弹窗等形式进行单独告知，能有效提高告知效率。

最后，还应以"目的限制"原则为保障，即公安执法部门后续使用处理个人人脸信息的目的应与采集人脸信息时的初衷保持一致，不得私自将公众的人脸信息用于其他用途。此原则

---

① 卢莹：《刑事侦查中人脸识别技术的应用与规制》，《法治研究》2022 年第 6 期。

应贯穿信息处理的各个阶段，避免公众人脸信息被漫无目的地滥用，造成功能潜变或隐私泄露等后果。

二　建立公开透明的"留痕"机制

20 世纪 60 年代以前，大陆法系国家从性质上将犯罪预防与犯罪侦查归入不同领域，进行了严格区分，但随着各项技术的发展，这一情况逐渐发生改变，公安部门运用信息技术采集大量信息，逐渐转变为集侦防于一体，犯罪预防与犯罪侦查功能开始混合[1]。从前述研究结果来看，公众普遍同意将人脸识别系统应用于犯罪侦查，但对将人脸识别系统应用于犯罪预防的认可度则不高，因为犯罪预防表明需将人脸信息用于分析个人情绪愤怒指数、自动判断个人行为风险等级、预测个人危险行为和犯罪热点，这个过程极易侵犯个人权益，也会给公众带来被监视的不适感。当前我国并未设立将人脸识别系统作为刑事侦查手段的司法审批制度，人脸识别技术侦查属于不需要犯罪嫌疑人事先同意便可进行的强制性侦查措施，也正因如此，利用人脸识别系统进行刑事侦查的过程极易造成公民个人权益的损害。为解决此问题，执法部门有必要建立严格的内部监管审批机制，尤其是将人脸识别系统应用于犯罪预防时，审批标准应更为严格。

当公安执法部门需要将人脸识别系统应用于犯罪侦查时，必须基于足够的证据和合理的怀疑，同时也应当根据犯罪嫌疑人的犯罪性质、其所涉嫌的具体罪名、可能判处的刑期长短以及案件的紧急程度等因素，综合考虑人脸识别侦查措施的适用

---

① 程雷：《大数据侦查的法律控制》，《中国社会科学》2018 年第 11 期。

对象。在美国，执法部门收集相关人员信息的前提是已有充足的证据表明该人员的确存在一定的嫌疑，即已经达到一定的可疑程度才能对该人员信息进行收集，此原则称为"合理怀疑"（reasonable suspicion）①。对判断被识别者是否为违法犯罪人员的依据必须进行严格的法律审查和控制。而在需要将人脸识别系统应用于犯罪预防时，亦有必要执行严格的内部审批制。在实施具体应用行为前，公安执法人员应当及时报请相关单位负责人，经审批后方可运用人脸识别系统进行持续监控。在审批过程中，相关负责人亦需严格按照依据审查使用理由的合理性及必要性，对可能给被识别个体造成的影响进行预判，秉持最小必要原则。使用时，公安执法部门也必须确保人脸识别系统只能够用于该案件的调查，而不能用于别的途径。通过审批后，相关执法人员在应用人脸识别系统时，须记录下操作的全过程，包括人脸图像的采集、输入、更改、咨询、披露和删除等都务必留下操作"痕迹"，确保公权力的透明运行。同时，在人脸识别系统的操作日志中，需尽可能详细记录操作原因、操作时间、操作地点、被识别对象身份等信息。通过这种方式，确保人脸信息处理和操作步骤可溯源，对部分未经授权私自使用个人信息的执法人员能够起到一定的威慑作用。此外，公众普遍对干扰自身正常生活的人脸识别系统使用情境感到反感，因此公安执法人员在使用过程也必须以尽量不侵扰民众日常生活为主，兼顾满足执法工作需要和保护人权的需求。例如，德国《刑事诉讼法》中便明文规定，禁止采取刑事侦查措

---

① 卢莹：《刑事侦查中人脸识别技术的应用与规制》，《法治研究》2022 年第 6 期。

施展开大规模的监听与监视，并且相关措施的使用只能针对特定的涉案当事人，不能对无关人员造成侵扰，否则也会被视为侵犯个人权益①。

三　强化人脸识别的技术风险评估

虽然研究结果表明功能风险并不是公众对人脸识别系统应用于公安执法场景下的行为意向的直接决定性因素，但公众的技术信心有一部分是来源于相信人脸识别系统将会越来越完善，如果人脸识别系统长期处于止步不前的状态或出错频率过高，难以保证公众对公安执法场景中应用人脸识别系统的接受意向不会降低。要想减少算法偏见，解决算法歧视问题，最有效方法便是提升算法透明度。首先，人脸识别系统开发设计机构应主动打开算法"黑盒子"，确保数据来源、数据内容和数据处理过程的"透明化"，为其他需要进行技术审查和监督的机构提供基础资料。其次，执法部门在采购第三方机构的人脸识别系统之前，必须对该机构所提供人脸识别技术的可靠性、安全性和稳定性等进行风险评估，同时还需评估该人脸识别系统所依赖数据库是否具有代表性和充分覆盖不同人群。评估完成后，则需在不可控环境中对该人脸识别系统进行现场应用测试，确保人脸识别系统的实践运用准确率在合理范围内。此外，由于犯罪嫌疑人数据库一直处于动态变化之中，公众的人脸也并非一成不变，因此在人脸识别系统的日常应用中，需保证人脸识别数据库的实时更新，及时调整人脸数据库内容以保

---

① 刘军：《技术侦查的法律控制——以权利保障为视角》，《东方法学》2017年第6期。

证识别准确率。

除了技术本身，还需从技术应用控制者的视角进行风险控制。如果执法人员过于依赖人脸识别算法，不综合其他情报信息对人脸识别结果进行严格审查和周密判断，而是直接将系统自动化处理结果作为最终决策依据，很可能会导致错误的决策结果。因此需要加强对执法人员的业务培训，培养精通人脸识别系统操作流程以及充分认知人脸识别系统应用偏见的专业执法人员，防止执法人员过度依赖系统处理结果。在使用人脸识别系统进行人脸识别后，还需设立第二道"关卡"，通过人工或其他手段进行二次审核，在要求公众进行人脸识别时，也需确保"程序正义"，提前出示证件和向公众说明理由，争取公众理解和配合。同时，还可设立专门的监督机构。如美国华盛顿州颁布的《人脸识别服务法》第十条明确指出，必须建立由国会代表、少数族裔代表、执法机关代表、消费者组织代表、科学研究机构代表组成的"人脸识别工作小组"，其职责是评估人脸识别技术中可能出现的风险（如：质量、精度、有效性）以及使用是否具有正当性、是否侵犯他人权益等①。通过设立专门机关，定期审查人脸识别系统的具体应用案件，评估其使用频率和误识率是否合理，并将检查报告报送单位相关负责人进行审查，可以层层把关，有效降低使用风险。

四　核心主体与辅助主体协同共治

在执法场景下运用人脸识别系统进行治理的最终目的应该

---

①　张涛：《人脸识别技术在政府治理中的应用风险及其法律控制》，《河南社会科学》2021 年第 10 期。

是"以技术服务人"。从访谈反馈来看，当前公众并不熟悉公安执法场景下人脸识别技术的应用，这种模糊感知可能会增加公众对在公安执法场景下使用人脸识别系统的不确定感，最终导致公众感知风险增加，感知信任降低。如果公众的信任感降低，那么就可能会在公共领域引发一系列的连锁反应①。因此，公安执法部门可加大对人脸识别系统应用成功案例的宣传力度，提升公众对相关工作的了解度和对工作开展的支持度，强化公共信任，让公众意识到配合人脸识别公众亦是在为社会治理作贡献。相关部门在制定人脸识别系统开发或使用的执行方案时，可以通过公开征求意见的方式，听取公众建议，完善执行方案，引导公众参与到人脸识别的治理过程中来。

此外，由于人脸识别技术在实际应用过程中，可能会侵害或限制公众个人合法权益，因此应完善社会救济机制，为被识别个体建立当自身权益遭受侵害后可寻求救济的有效途径。对于因公安执法部门使用人脸识别系统而被损害权益的公众，执法部门应当承担损害赔偿责任。在实践中，可以考虑采取信息公益诉讼的方式提供救济。当前，信息公益诉讼是一种对个人信息的保护具有积极意义的新途径，特别是由检察机关提起的行政公益诉讼，它能够缩小个人和行政机关在地位、认知能力和技术能力上的差距，不仅能够为个人信息的保护提供一条有效的路径，还能够对收集人脸信息的公共部门展开监督②。社会救济途径的提供，在某种程度上也是在提高公众的公共信

---

① 胡象明、张丽颖：《公共信任风险视角下的塔西佗效应及其后果》，《学术界》2019 年第 12 期。

② 张涛：《人脸识别技术在政府治理中的应用风险及其法律控制》，《河南社会科学》2021 年第 10 期。

任。如果维权困难的问题得到解决，公众认为自身权益遭受侵害后能够及时得到维护，那么公众对将人脸识别系统应用于公安执法场景下的信赖度也会随之提升。此外，畅通社会救济渠道亦是在畅通社会的举报渠道，能够对不良公职人员形成一种无形的约束力，有助于公安执法部门及时了解目前人脸识别应用存在的问题并进行整改。公众作为人脸识别治理过程中不可或缺的重要节点，只有提升每一位公民的依法维权意识，畅通侵权行为发生时公众的社会救济渠道，执法人员与公众协同共治，才能真正搭建起一道公众人脸信息合法权益的保护墙。

第六章 公共交通场景中人脸识别应用的公众态度与规制建议[*]

第一节 公共交通场景中的人脸识别应用利益与风险分析

中共中央、国务院于 2019 年 9 月印发实施的《交通强国建设纲要》（以下简称《纲要》）指出，要大力发展智慧交通，推动大数据、互联网、人工智能、区块链、超级计算等新技术与交通行业深度融合，推动交通发展由追求速度规模向更加注重质量效益转变①。《纲要》的提出，为人脸识别等新兴技术在交通中的应用推广提供了动力。从基础设施建设、交通装备运维，到运输服务供给、安全保障完善，人脸识别技术全面布局"智慧交通"领域。

---

* 本章执笔者：王敏、胡雪梅（陕西师范大学文学院辅导员）。

① 中华人民共和国中央人民政府：中共中央国务院印发《交通强国建设纲要》，中国政府网，http://www.gov.cn/zhengce/2019-09/19/content_5431432. htm，2019 年 9 月 19 日。

一　人脸识别在公共交通场景中的应用

随着技术和基础设施建设的发展，人脸识别技术在公共交通领域应用程度的加深，有必要将其与应用实例相结合，定位公众对技术使用表示赞同或产生担忧的症结点，以解决公众在特定人脸识别技术应用情景中遇到的问题。结合媒体人脸技术在公共交通场景中使用的相关报道和部分受访者对技术的使用和感知，本研究基于应用目的和收集的用户数据类型差异将该场景下的技术应用分为五大类型，见表 6.1。

表 6.1　　　　公共交通场景中人脸识别应用类型梳理

ID	功能	目的	数据类型
S1	支付交易（刷脸购票等）	简化交通流程，优化出行体验	人脸信息、数字账户信息
S2	验证通行（出入交通枢纽，验证乘坐交通工具等）	核查身份信息，加速人员流通	人脸信息、个人行程信息
S3	身份认证（营运人员身份检测）	避免危险行为，保护司乘安全	人脸信息、行为信息
S4	公共监控（交通枢纽站内监控等）	动态监管人群，维护公共安全	人脸信息、犯罪记录、个人位置信息
S5	执法监管（十字路口、高速公路抓拍设施等）	提高执法效率，维护社会秩序	人脸信息、行为信息、个人位置信息

（一）推进出行服务快速化、便捷化

身份验证是人脸信息被开发利用的首要功能，也是在公共交通场景中应用最为广泛的功能之一。2022 年 1 月，深圳北站宣布铺设数十台"健康防疫核验平台一体机"①，旅客仅需出示个人二代身份证，摄像头会将采集到的人脸信息与旅客证件、出行和健康防疫（核酸检测结果、疫苗接种记录）信息进行核验，匹配成功即可进站。不仅提升了乘客的通行效率，还节约了大量的人力物力，铁路检票服务再次提质升级。相比于2017年为提升春运出行效率和质量而出现的"一代刷脸认证系统"，能够减少用户在取票、通行等过程中付出的时间成本、更好满足旅客无纸化通行需求，降低人工服务引导与核验压力、确保工作效率和正确率，且与时代诉求相得益彰，符合民众对个人出行安全的期待。

身份识别功能的出现进一步提高了出行效率与服务质量。2018年，公安部第一研究所与支付宝开启政企合作，在福州汽车站落地网证购买大巴票模式。用户需要在支付宝端刷脸录入个人信息，经公安部第一研究所可信身份认证平台（CTID）认证获得用于购票的居民身份证网上功能凭证②。为保证信息安全，用户进入、使用该系统都需要刷脸验证；2019年，广深城际铁路携手支付宝开通全球首个刷脸乘坐火车功能。乘坐广深线的旅客在支付宝小程序中刷脸录入个人信息后，仅需在进站口出示支付宝付款码，摄像头会比对匹配人脸信息并在对应账户内完成购买，乘车信息会以短信形式推送到

---

① 深圳特区报：《只刷身份证即可进站！深圳北站核验车票和防疫信息仅需4秒》，光明网，https://m.gmw.cn/baijia/2022-01/19/1302769432.html，2022年1月19日。

② 林侃：《电子身份证来了！福州成全国首个支持用网证买大巴票的城市》，新华网，http://m.xinhuanet.com/fj/2018-04/18/c_1122698794.htm，2018年4月18日。

用户手机；2021 年，成都地铁上线"智慧票务"系统实现"刷脸上车"①，不仅支持戴口罩识别功能，还通过用户前后顺序筛选判断避免"蹭脸"乘车，加速人员流通。目前，沈阳地铁②和安徽公交③也先后利用专属 APP 实现刷脸通行，公民无感通行时代已经到来。2022 年，成都轨道主动融入"智慧蓉城"建设，在国内率先推出智慧乘客服务平台（智慧票务、智慧安检、智慧测温)④，全市地铁站内闸机上线人脸识别功能，实现"一脸通行""一秒响应"，提升公众地铁出行的便捷程度。

（二）确保安全体系专业化、智能化

广州出租汽车公司引入 AI 智能终端，借助高清摄像头抓取记录驾驶员营运行为照片、视频，对营运人员不规范、不合法行为发出语音警示并同步上报企业管理员，降低实时监管压力；杭州公交公司配置搭载人脸识别技术的 5G 智慧公交⑤，不仅可以根据营运人员面部表情判断是否存在疲劳驾驶行为并进行远程干预，还能发起多目标的同步跟踪和快速识别，嫌疑人员、公交黑名单人员将无处遁形。

各大交通枢纽陆续引入智能监控系统，对售票区域、候车区

---

① 程文雯：《即日起，成都地铁可以刷脸乘车了》，《华西都市报》2021 年 9 月 2 日 A6 版。

② 沈阳地铁报：《官宣！今天起，乘坐沈阳地铁方式有变!》，沈阳地铁报微信公众号，https：//mp. weixin. qq. com/s/xerPfI71BFLCmFjz9c8UIg，2022 年 1 月 16 日。

③ 毛振楠：《凭"面子"坐公交铜陵刷脸乘车时代到来》，http：//ah. anhuinews. com/tl/kjww/kj/202202/t20220214_5809514. html，2022 年 2 月 10 日。

④ 澎湃新闻：《成都地铁全线网所有闸机一次性上线人脸识别功能，可戴口罩刷脸》，https：//www. thepaper. cn/newsDetail_forward_16849472，2022 年 2 月 25 日。

⑤ 钱江晚报：《5G 网络、刷脸支付、异常信息预警……5G 智慧公交来啦!》，https：//baijiahao. baidu. com/s? id = 1636288710788019437&wfr = spider&for = pc，2019 年 6 月 14 日。

域和站台区域进行安全监管，提高了风险事件预防、监管及出行服务的智能化水平。以运输压力较大的火车站为例，售票区域的监控系统可以统计分析某一局部售票空间内的旅客人次，便于通过语音播报系统进行合理引导；候车区域内的监控系统可以提供事前预防，避免盗窃、踩踏等不良事件的发生，也可以事后救济，提供调查取证功能。

市内十字路口、城际道路部分区段设置的人脸识别系统则更具有"电子警察"的意义。通过照片、视频形式记录违法或不良行为，并及时上传系统后台或开启实时语音提醒，降低执法压力，提高执法效率，通过潜在压力约束公民行为，维护公共秩序。唐山公安交警支队使用人脸识别预警功能打击无驾驶资格人员驾驶车辆，上线一周查获 30 余名无证驾驶者[①]；济南交警启用了人脸识别设备对交通违法人脸抓拍取证，一个月内抓拍6000 多起行人和非机动车闯红灯违法行为[②]，以罚款、通报信息等方式提高闯红灯"成本"，道路文明逐渐回归。

二 公共交通场景中应用人脸识别的利益分析

在建成现代化高质量国家综合立体交通网的总体目标下，利用智能化的新技术和新手段助力交通管理和服务质量提升是实现"智慧交通"的重要举措。而这其中，人脸识别无疑展现出了显著价值。

---

① 唐山你好：《全国首例！唐山各路口的摄像机具备人脸识别功能！》，搜狐，https：//www. sohu. com/a/389461486_704828，2020 年 4 月 20 日。

② 《闯红灯遭遇人脸识别高科技！济南路口加装高清摄像头》，大众网，http：//www. dzwww. com/shandong/shandongtupian/201706/t2017062 8_ 16095136. htm，2017 年 6 月 28 日。

（一）符合秩序行政目的

秩序行政以创设良好公共秩序、维护公共利益为目的，又称规制行政[①]。现代化风险的普遍性、不稳定和不可预测性造成了对合法性、财产和利益的系统化威胁[②]。在物理空间与网络空间虚实结合中，社会风险呈现出现实与非现实交融的状态，随之而来的大规模破坏致使任何事后救济都于事无补，风险社会的治理路径从事后监管转向事前防控。为提高"动态化、信息化条件下驾驭社会治安"的能力，搭建具有预测性质社会治安防控网络建设，人脸识别技术在交通场景中得以广泛布局。

较之传统交通管理执法模式，以认证通行为目的的人脸识别系统将个人信息与物理身份相关联，提高身份核查效率，缓解交通执法资源不足压力，保障通行流量和通行安全；以执法监管为目的的人脸识别系统修正了道路追踪中因牌照遮挡导致追查失败的弊端，能够对违法行为进行落实到个人的实时鉴别，避免执法不严或执法不到位等乱象出现。场所治理中人脸识别技术的应用可以提供全局安全治理，实现 24 小时动态核查，还可以为争议事件提供照片或视频说明，减轻执法人员抗辩压力，提升社会精准治理水平。

（二）符合给付行政目的

给付行政以改善公民生活条件、提供生活服务为目的，又称福利行政[③]，以完成预定目标、合理配置政府资源为目的，

[①] 孟凡壮：《网络谣言扰乱公共秩序的认定——以我国〈治安管理处罚法〉第 25 条第 1 项的适用为中心》，《政治与法律》2020 年第 4 期。

[②] ［德］乌尔里希·贝克：《风险社会》，何博闻译，译林出版社 2004 年版，第 21—27 页。

[③] 关保英：《数字化之下的给付行政研究》，《法律科学（西北政法大学学报）》2022 年第 6 期。

对社会发展具有引导作用。《纲要》指出，要"构建安全、便捷、高效、绿色、经济的现代化综合交通体系"。人脸识别技术在交通行业的应用符合发展建设现代化经济体系的总体目标，有助于交通业态整体升级。

为满足人民群众对美好生活的需求，优化衣、食、住、行条件来提高人民满意度和获得感，这至关重要。人脸识别技术的便捷性、简易性和非接触性等特征，与降低公众使用门槛、提高公共通行服务效率的需求相符。相比"证件+票据"双证核查通行的传统方式，人脸识别技术可以为旅客节省取票、排队入内的时间，刷脸获取电子证件也能够避免证件缺失导致的行程延误问题。正处于探索实践中的刷脸购票乘车服务强化了人证合一通行准则，实现"一脸通行"期待，出行服务的智能化水平整体提升。

三　公共交通场景中应用人脸识别的风险分析

由于可能危害个人权益，公共和私人领域的人脸识别技术应用已经引发诸多争议。但不同于以利益获取为目的而被施加严格惩罚的商业化场景，公共治理中的人脸识别技术以维护公共利益为目的，被视为防范化解社会风险的必要手段。公共交通场景中的技术使用亦是因此得以广泛应用。但是，以牺牲个人信息利益为代价进行公共保障反而会降低技术使用的合目的性和正当性，激化社会风险。以上述五大应用类型为例，在公共交通场景中使用人脸识别技术存在如下风险及争议。

（一）技术成熟不足

受图像质量、数据库结构、技术应用目的等因素影响，人脸识别应用中数据的抓取、流转、存储都可能造成误判。2021年3月，开封一位出租车司机在夜间行车时挠耳朵的状态被错误判定为"在行车中使用手机"导致年检无法通过，虽然可以发起行政复议，但是需要等待60天，造成收益受损。人们在公共交通出行过程中不可避免的面部遮挡也增加了人脸识别的技术难度。在出行人次较少、活动空间范围较大的机场环境中，保持一定的社交距离以提高认证精确度相对容易；而在人员密度较高的空间，如火车站、地铁站等，认证速度往往因人数影响而降低。国内北京、成都、深圳、西安、哈尔滨、福州和济南等城市仅有成都在地铁全线网范围内使用人脸识别技术，而明确且支持戴口罩刷脸的城市为郑州、哈尔滨、成都三座城市；刷脸过程也存在"蹭脸"及发型、配饰（如眼镜）更改导致识别缓慢的问题，需要辅以人工调整或在 APP 内更新面部信息满足乘车需求。以"刷脸"登机为例，2017年我国南方航空公司率先采用人脸识别化登机技术，让旅客依靠"刷脸"实现秒速验证登机，该技术的应用使得人脸识别再次成为热门话题，受到广泛讨论①。此外，监控设备的风险预防功能是通过分析用户行为变化或输入特殊监控名单的方式实现的，行为分析的标准是什么，能否达到一定的准确率，特殊监控名单是否会因机器学习深度加强而对自然人产生过度监控压迫，目前仍待确定。

（二）隐私侵扰加剧

首先，人脸信息系个人信息，其足以单独或者与其他信息

---

① 包雨朦、姚晓岚：《刷脸秒速登机！南航在河南启用国内首个人脸识别登机系统》，澎湃新闻网，https://www.thepaper.cn/newsDetail_forward_1719826，2017年6月28日。

结合，用以识别特定自然人的身份。其次，人脸信息属于个人生物识别信息，是基于大数据、人工智能等特定技术处理和获取，与自然人脸部生理特征有关，可以确认自然人的独特身份的个人数据。最后，人脸信息系敏感个人信息。人脸信息属于"数字人权"①，具有唯一性、永久性和不可替代性，一旦被泄露或者非法使用，将引发无底线的算法歧视、无节制的追踪监视、无下限的不信任和提防等不良后果，损害人格尊严，且人脸识别广泛应用于金融支付，人脸信息被盗用，必然危害财产及金融安全。

　　人脸识别直接扫描的人脸信息包含人格利益，具有人格利益属性②。人脸是社会交往不可或缺的生物表征，承载着社会身份、地位，置于中国社会背景下，与传统观念中的"面子"有着直接联系。依据我国《民法典》第 1034 条第 2 款适用人格权中的有关隐私权的规定，有关人格权编具体条款中"等权利""人格利益"的表述实质上确定了中国民法体系中人格权利保护的开放性。基于此背景，《民法典》将人脸信息可识别利益与信息空间人格权益相关联，因为该类信息直接影响自然人对识别自身身份可能性的控制能力。③《人脸识别技术处理个人信息若干规定》第 2 条至第 9 条亦从人格权益和侵权责任角度，界定滥用人脸识别技术处理人脸信息行为的性质和责任。第 2 条以"举例+兜底"的方式指出几类典型行为，明确

---

　　① 马长山：《智慧社会背景下的"第四代人权"及其保障》，《中国法学》2019 年第 5 期。

　　② 王毓莹：《人脸识别中个人信息保护的思考》，《法律适用》2023 年第 2 期。

　　③ 赵精武：《〈民法典〉视野下人脸识别信息的权益归属与保护路径》，《北京航空航天大学学报》（社会科学版）2020 年第 5 期。

将非法使用人脸信息界定为侵害自然人人格权益的行为。

即便是在公共交通场景中，人们也对个人隐私保护存有合理期待，包括个人身份信息、特定主体行为与行程、账户财产信息等具有私人特征、与人格权益相关的内容。而以公共安全和预防混乱为由进行的人脸识别技术的大规模应用却给"开放道路上的隐私"① 的合理预期投下阴影。深圳北站使用的"健康防疫核验平台一体机"能够自行匹配关联旅客的身份信息和核酸检测及疫苗接种记录，这意味着旅客的身份信息、行程信息和健康信息都将被系统获取；济南交警在十字路口使用的电子眼虽然会对身份证、住址和单位中的部分信息进行遮挡处理，但以 LED 屏显示记录的方式仍然会对个人隐私造成侵犯。同时，该系统还会进一步识别获取违法人员的单位信息或社区信息，对私人空间的侵入不断加深。虽然我国以"告知—同意"原则和目的原则建立起了个人信息保护的基本框架，但是在公共交通场景的实践中，无论是主观上忽略还是客观上难以实现，公共权力机构可能违反这一原则，有关公众隐私信息的获取、处理、存储和退出均未得到合理保护。

（三）政府监控压力

交通场景下的人脸识别技术部署是由公共权力机构授权执行的，通常会依靠履行法律义务或维护公共利益来证明个人数据处理的合理性。但是，由于缺乏明确的规制约束，政府监控

---

① Mane Torosyan, "Traffic surveillance and human rights: How can states overcome the negative impact of surveillance technologies on the individual right to respect for privacy and personal data protection?", *Global Campus of Human Rights*, 2020, https://repository.gchumanrights.org/server/api/core/bitstreams/bbe766e0-d2ce-41d1-9856-076f19053774/content.

权力扩大问题逐渐受到各界关注。当前，美国、欧盟都对相关问题予以关注并进行了立法规制。以美国为例，华盛顿州的《华盛顿隐私法》不仅对面部识别技术的控制者和使用者提出需求，要求数据控制者向数据主体提供隐私通知[1]，还额外限制政府机构权力，将执法目的和法院命令作为人脸识别技术部署的条件。随后出现的《停止秘密监控条例》（旧金山市）、《众议院第1538号/参议院第1358号法案》（萨默维尔市）则更为严苛，明确禁止公共主体使用人脸识别技术。

与部分西方国家、地区相比，我国的公共监控和个人生物识别信息保护还处于割裂状态，仅仅强调"维护公共安全所必需"的合目的性原则和合法依据，以及"设置显著提示标准"的告知义务。在公共交通场景的实践中，人脸识别技术的部署应用未经公众民主协商，公众对所处场景中自身被收集的信息类型、使用处理方式和存储时效也一无所知，不存在严格意义上的"知情—同意"，且相关部门对人工通道非技术手段应用区域并无指示告知，自由选择权受到限制。同时，在大规模、非接触式的"隐匿注视"中，公众对信息收集的范围并不明确。即便是依照"监控名单"重点关注某些特殊群体，这些群体的隐私信息也可能遭到泄露，突破了"知情—同意"与"最小必要"原则，存在架空个人信息保护框架的风险。

（四）数据保护压力

人脸数据库作为人脸技术"训练"算法的"学习"材料，不仅存储社会个体的人脸数据，还为技术应用的识别过程提供

---

① Payal Parekh and Mahesh Goyani, "A Comprehensive Study on Face Recognition: Methods and Challenges", *The Imaging Science Journal*, Vol. 68, No. 2, 2000, pp. 114-127.

匹配对象，在公共交通场景人脸识别技术的开发与应用中发挥着关键作用，成为未来公共交通场景技术应用的重要趋势①。然而，建立大型人脸数据库可能引发数据安全风险，数据库管理部门需面临数据保护压力，主要体现在以下两个方面。

其一，数据安全风险可能源于内部滥用。从人脸识别技术在公共交通场景中的应用过程来看，技术的前期研发多由其他相关行业的科技公司负责，将算法可信理念植入需求分析和系统详细设计等规划设计中，从而使后续的研发测试和运营始终符合算法可信要求②；而后期的部署运行则主要是由实际使用人脸识别技术的机构负责，包括人脸数据的建立和管理。③ 在实际数据管理中，部分负责管理个人信息数据库的公权力机构或部门，对大型数据库未设置严格的信息访问控制权限，给内部工作人员依工作之便获取、泄露、滥用公民信息提供了可乘之机，成为泄露公民主体信息的"源头"。例如最高人民检察院于 2017 年 5 月发布的六起侵犯公民个人信息犯罪典型案例中，有两起涉及国家机关工作人员侵犯公民个人信息犯罪④。"韩某等侵犯公民个人信息案"中，韩某作为上海市疾病预防

① Wang Yi-Chu, Bryan Donyanavard and Kwang-Ting Cheng, "Energy-Aware Real-Time Face Recognition System on Mobile Cpu-Gpu Platform", Paper Delivered to Trends and Topics in Computer Vision: ECCV 2010 Workshops, Heraklion, Crete, Greece, September 10-11, 2010.

② 许可：《论新兴科技法律治理的范式迭代——以人脸识别技术为例》，《社会科学辑刊》2023 年第 6 期。

③ Mann Monique and Marcus Smith, "Automated Facial Recognition Technology: Recent Developments and Approaches to Oversight", *University of New South Wales Law Journal*, Vol. 40, No. 1, 2017, pp. 121-145.

④ 中华人民共和国最高人民检察院：《最高检发布六起侵犯公民个人信息犯罪典型案例》，中华人民共和国最高人民检察院官网，https://www.spp.gov.cn/xwfbh/wsfbt/201705/t20170516_190645.shtml#1，2017 年 5 月 16 日。

控制中心工作人员，利用工作便利，将上海市新生婴儿信息共计 30 余万条出售给他人；"籍某某、李某某侵犯公民个人信息案"中，籍某某作为高邑县王同庄派出所民警，利用其工作之便，使用他人的数字证书查询公安系统内公民个人信息 3670 余条，并将其出售给李某某。

其二，黑客等外部不利因素对公共交通场景的人脸信息数据库造成安全威胁。如前所述，人脸数据库是研发公司在开发人脸识别系统过程中的必要内容，人脸数据库中的数据内容越丰富、规模越大，越利于训练人脸识别算法[①]。因此，对于希望或能够从该数据库中获利的群体而言，人脸数据库具有重要的经济价值；伴随着"刷脸支付"在公共交通场景中不断普及，为这些群体破坏、窃取或售卖人脸数据库中的数据提供了重要动因。一些网络黑客或不法分子将各类人脸数据库作为攻击目标，利用各种技术手段获取人脸数据，并用于交易或诈骗犯罪。在实践中，与人脸数据相关的违法犯罪事件不断发生，预示着人脸数据库存在严重的数据安全风险。

例如，2023 年 12 月，化名"dawnofdevil"的黑客利用 Laravel 框架应用程序中存在的安全漏洞成功突破印度领先的互联网服务提供商（ISP）和有线电视服务运营商 Hathway 的防御措施，窃取超过 4100 万名客户的详细信息，并以 1 万美元的价格将其出售[②]。另据央视网报道，部分犯罪嫌疑人将"人

[①]　Guo Yandong et al，"MS－Celeb－1M：A Dataset and Benchmark For Large－Scale Face Recognition"，Paper Delivered to Computer Vision－ECCV 2016：14th European Conference，Amsterdam，The Netherlands，October 11－14，2016.

[②]　郑州市网络安全协会：《印度 ISP Hathway 数据泄露：黑客泄露 400 万用户、KYC 数据》，郑州市网络安全协会官网，https：//www.zzwa.org.cn/7007/，2024 年 1 月 11 日。

脸数据集"出售到网络平台上，10 元钱即可购买 5000 多张人脸照片，均为真人生活照、自拍照等充满个人隐私内容的照片①。"人脸数据"交易已经成为一条灰色产业链②。

（五）算法偏见风险

在公共交通场景的人脸识别技术中，算法系统是重要的组成部分，也是支持人脸识别技术正常运作的关键。从理论设想来看，人脸识别技术中的算法自动化系统可以对经过前端摄像设备的所有人进行同等评估，从而可以很好地避免歧视，尤其是在行政执法中，可以确保执法人员不再基于预感、印象或偏见而对相对人作出盘问或检查的决定。在这个过程中，人为偏见和价值观也可能被嵌入算法系统开发的每一个步骤中。正如美国学者弗兰克·帕斯奎尔（Frank Pasquale）所述，"运算程序并不能杜绝基本的歧视问题，而只是会使那些没有事实依据的负面假设汇集成偏见。程序的编写是由人完成的，而人又会将其价值观嵌入程序，编写程序过程中使用的数据也会不可避免地带有人的偏见"③。在人脸识别技术在公共交通场景的应用中，"算法偏见"引发的不公平对待风险主要表现为公共交通场景中人脸识别系统的准确性而引发的不公平对待。在实际识别场景中，面部表情、照明光线强弱程度、人体动作变化幅

---

① 中央广播电视总台：《2 元就能买上千张人脸照片！"刷脸"真的安全吗?》，央视网，https：//jingji. cctv. com/2020/10/27/ARTI3ZJ26H3dKUesran1FdEZ 201027. shtml，2020 年 10 月 27 日。

② Hu Shaojie and Jianxun Zhang，"Analysis of Artificial Intelligence Industry Based on Grey Correlation-A Case Study of Tianjin"，Paper Delivered to 2021 2Nd International Conference on Electronics，Communications and Information Technology（CECIT），sponsored by IEEE December，2021.

③ ［美］弗兰克·帕斯奎尔：《黑箱社会：控制金钱和信息的数据法则》，赵亚男译，中信出版社 2015 年版，第 55 页。

度等因素都可能对人脸识别结果的准确性造成影响①，具体可分为两类：一是公共交通人脸识别系统将个体的人像信息与数据库的图像信息进行不准确匹配，例如将"李四"的人像照片错误识别为"王五"；二是公共交通人脸识别系统无法将采集到的个体人像信息与数据库中的图像完全匹配，导致出现"无法识别"的结果②。无论哪种准确性问题，均有可能导致一个无辜的人被错误地当成怀疑对象，被无端地盘问或检查，同时也可能导致一个有犯罪嫌疑的人逃脱检查。

第二节　公共交通场景中人脸识别应用的公众态度调研

公共交通场景中的人脸识别应用涉及公共利益和个人权益的协调与平衡，需要在明确公众态度的前提下进行合理引导与规制。本章借助技术接受模型和感知风险理论构建研究框架，通过问卷发放进行公众态度调研，结合对本研究表示出参与兴趣的调研对象进行深度访谈，进一步分析公众态度成因。

一　理论基础

（一）技术接受模型

20 世纪 80 年代起，信息技术的接受和使用一直是信息系

① Hassaballah, Mahmoud and Saleh Aly, "Face Recognition: Challenges, Achievements and Future Directions", *IET Computer Vision*, Vol. 9, No. 4, 2015, pp. 614-626.

② Barlas Pinar et al. "To 'See' is to Stereotype: Image Tagging Algorithms, Gender Recognition, and the Accuracy-Fairness Trade-off", *Proceedings of the ACM on Human-Computer Interaction*, Vol. 4, 2021, pp. 1-31.

统研究和实践的重点问题之一。人脸识别技术作为一项新兴技术手段也随其发展和应用受到诸多考察。基于 Davis 提出的技术接受模型（TAM），感知有用性和感知易用性是技术接受模型中的两类核心因素。前者用于描述个体用户预期使用特定技术可以提高他或她的工作业绩的程度；后者被定义为个体用户认为使用该特定技术的容易程度①。当个体对这一技术的感知有用性越强，使用越容易，使用态度和行为的积极性就越强。

由于该模型中缺乏对主观规范的考察，TAM 模型也受到了一定的质疑。在经过 TRA、TAM、TAM2 等技术接受模型和创新扩散理论、动机理论等基础理论整合修正后，Venkatesh 等根据实证研究的进展提出了技术接受和使用统一理论（UTA-UT）。该理论指出，使用行为意愿由绩效预期、努力预期、促成因素和社会影响所决定，同时受到性别、年龄、经验和使用自愿性的影响②。努力期望和绩效期望与感知易用性、感知有用性的定义类似，是基于个体使用技术所付出努力程度和技术对工作有益程度的判定结果。促成因素是指个体认为组织和技术发展对特定产品的支持程度，包括对技术实用价值和更新迭代等要素的感知效果；社会影响是指个体受到具有一定社会地位的人采用此产品或针对此产品使用在群体内形成的认同效果影响的程度。这些要素的加入，极大提升了模型的解释力和可信度。

（二）信任理论

部分学者认为，信任是一个因测量方式和实际环境差异而

① 陈渝、杨保建：《技术接受模型理论发展研究综述》，《科技进步与对策》2009 年第 6 期。

② Venkatesh Viswanath et al, "User Acceptance of Information Technology: Toward a Unified View", *Mis Quarterly*, Vol. 27, No. 3, June 2003, pp. 425–478.

呈现出多维度特点的概念，但总结发现，他们对信任的定义大多建立在一些相同的功能原则上，比如：期望（expectation）、易损性（vulnerability）和信心（confidence）。在人际关系中，能力、仁爱和正直是经常被提及的要素，并形成了信任研究的基本框架。信任被定义为，"无论是否有能力监管或控制另一方，由于期望另一方对委托人执行重要的特定行为而易受另一方给自己带来影响的意愿"①，他们指出，信任本身不是承担风险，而是愿意承担风险。

　　考虑到以上因素均为人类所特有的人格特征，以可预测性、可靠性和技术效用描述技术信任则更为贴切。研究者指出，技术可预测性包括对机器实际行为的可预测性、操作者评估机器行为能力可预测性和系统运行环境的稳定性②。可靠性则被定义为系统故障或崩溃的频率和用户需要使用系统时系统的稳定性③。李柏·凯瑟琳（Lippert Susan Kathleen）认为，技术可靠性是指个人在涉及依赖和风险的情况下对技术使用的信任程度，个体体验到的技术可靠性越大，其对信息系统技术的信任度就越高④。

---

① Mayer Roger C., James H. Davis and F. David Schoorman, "An Integrative Model of Organizational Trust", *Academy of Management Review*, Vol. 20, No. 3, 1995, pp. 709-734.

② Muir Bonnie M., "Trust in automation: Part I. Theoretical Issues in the Study of Trust and Human Intervention in Automated Systems", *Ergonomics*, Vol. 37, No. 11, 1994, pp. 1905-1922.

③ Goodhue Dale L., "Development and Measurement Validity of a Task-Technology Fit Instrument For User Evaluations of Information System", *Decision Sciences*, Vol. 29, No. 1, 1998, pp. 105-138.

④ Susan Kathleen Lippert, "An Exploratory Study Into the Relevance of Trust in the Context of Information Systems Technology", The George Washington University, 2001.

（三）感知风险

技术接受模型标准的开发最初主要是为了评估人们在工作中对信息技术的接受程度，一些测量指标与人脸识别技术应用评估似乎并不相关。对与身体高度关联的生物识别技术而言，个人隐私与信息安全的研究为其提供了重要视角。相关调查显示，消费者对个人数据披露的接受或反对取决于对数据披露的负面后果的感知程度的差异，即感知风险，主要是指由于购买结果的不可预知而使消费者在实施消费行为所承担的风险[①]。

感知风险与发生在特定环境中的个人决策有关。唐纳德·考克斯（Donald F. Cox）和斯图尔特·里奇（Stuart U. Rich）首先将风险的概念模型化，认为财务因素和社会心理会对消费者行为造成影响[②]。随着对风险纬度探析的深入，西尔卡·贾文帕（Sirrka L. Jarvenpaa）和彼得·托德（Peter A. Todd）将隐私风险纳入感知风险中，他们以用户网络消费行为为切入视角，指出隐私风险反映了消费者在购物过程中所感知到的因信息收集而带来的隐私损失的程度[③]。伴随着信息技术的发展，隐私风险已成为考察信息技术环境中用户行为决策重要因素。毛里西奥·费瑟曼（Mauricio S. Featherman）等人汇总指出，感知风险包括性能风险、财务风险、时间风险、心理风险、社

---

① Hancock, Robert S., "*Dynamic Marketing For a Changing World: Proceedings of the 43Rd National Conference of the American Marketing Association*", June 15-17, 1960.

② Donald F. Cox and Stuart U. Rich, "Perceived Risk and Consumer Decision-Making: The Case of Telephone Shopping", *Journal of Marketing Research*, Vol. 1, No. 4, 1964, pp. 32-39.

③ Sirrka L. Jarvenpaa and Peter A. Todd, "Consumer Reactions to Electronic Shopping on the World Wide Web", *International Journal of Electronic Commerce*, Vol. 1, No. 2, 1996, pp. 59-88.

会风险、隐私风险以及整体风险七个方面①，其中，性能风险指产品有用性与预期或宣传效果不符；财务风险是根据产品的初始购买价格以及随后产生的维护和修理成本相关的潜在货币支出来定义②；时间风险是指技术采用或产品购买不合预期，但消费者已为其付出时间和精力；隐私风险是指用户可能失去对个人信息的控制；心理风险是指生产者的选择或表现会对消费者的内心平静或自我感知产生负面影响的风险；社会风险是指由于接受了某种产品或服务而在社会群体中潜在地位的丧失；整体风险则是对所有风险维度的一般评估。

（四）负面报道

改革开放以来，新闻报道观念的转变和社会结构化转型中的矛盾冲突为负面报道提供了平台，国内的负面报道内容逐渐增多。有的学者着眼于媒体报道的题材和角度，认为负面报道是对有悖于社会运行发展秩序和传统道德价值观念的事件进行的报道③④⑤，例如，对贪污腐败官员、违法违规生产企业的披露性报道。在信息传播中，受众的负面特性心理倾向会让其对负面信息赋予更大的权重。阿莫斯·特维斯基（Amos Tversky）和丹尼尔·卡尼曼（Daniel Kahneman）指出，当负性和正性事

---

① Featherman Mauricio S. and Paul A. Pavlou, "Predicting E-Services Adoption: A Perceived Risk Facets Perspective", *International Journal of Human-Computer Studies*, Vol. 59, No. 4, 2003, pp. 451-474.

② Dhruv Grewal, Jerry Gotlieb and Howard Marmorstein, "The Moderating Effects of Message Framing and Source Credibility on the Price-Perceived Risk Relationship", *Journal of Consumer Research*, Vol. 21, No. 1, 1994, pp. 145-153.

③ 邱沛篁：《论媒介素质教育》，《西南民族大学学报》（人文社会科学版）2004 年第 10 期。

④ 杨保军：《正效新闻·负效新闻·零效新闻——为解决老问题而提出的一组新概念》，《今传媒》2006 年第 8 期。

⑤ 丁柏铨：《新的传播格局：党报如何应对》，《新闻爱好者》2010 年第 24 期。

件的客观量级相等时，负性事件在主观上比正性事件更有力、更显著①。甚至有研究者认为，消极属性的力量为能够干扰积极方面带来的愉悦感②。

在现代信息社会中，尽管人际传播和其他信息渠道虽然也给人们提供了信息获取的入口，大众媒体仍然处于人们知识获取的中心地位③。多位学者指出，人们对新兴技术的安全感和信任程度会显著影响人们对这种技术的接受程度，大众媒体报道在塑造人们对新事物使用的信任与信心方面起着至关重要的作用④，长期处于某种信息环境中的人会对环境内的现象产生"感同身受"之感。艾米丽·阿纳尼亚（Emily C. Anania）等在分析公众对自动驾驶汽车接受行为时指出，负面媒体报道会降低公众对自动驾驶汽车的接受意愿⑤。还有研究者曾在实证研究的基础上，将引导大众媒体提供有关技术成熟度和应用经验丰富度的正面报道作为提高公众对技术可信度的一大方案⑥。

---

① Tversky Amos and Daniel Kahneman, "Loss Aversion in Riskless Choice: A Reference-Dependent Model", *The Quarterly Journal of Economics*, Vol. 106, No. 4, 1991, pp. 1039-1061.

② Edward E. Jones et al., eds., *Attribution: Perceiving the Causes of Behavior*, Morristown, NJ: General Learning Press, 1972, pp. 47-62.

③ Nikolaus Georg Edmund Jackob, "No Alternatives? the Relationship Between Perceived Media Dependency, Use of Alternative Information Sources, And General Trust in Mass Media", *International Journal of Communication*, Vol. 4, 2010, pp. 589-606.

④ Hofstetter C. Richard, Stephen Zuniga and David M. Dozier, "Media Self-Efficacy: Validation of a New Concept", *Mass Communication & Society*, Vol. 4, No. 1, 2001, pp. 61-76.

⑤ Emily C. Anania et al., "The Effects of Positive and Negative Information on Consumers Willingness to Ride in a Driverless Vehicle", *Transport Policy*, Vol. 72, 2018, pp. 218-224.

⑥ Du Huiying, Ge Zhu and Jiali Zheng, "Why Travelers Trust and Accept Self-Driving Cars: An Empirical Study", *Travel Behaviour and Society*, Vol. 22, 2021, pp. 1-9.

二　模型建构与研究假设

(一) 研究变量与假设

为了评估公共交通场景中人脸识别应用的公众态度，找到公共利益和个人利益的平衡点，基于文献梳理和当前技术应用风险类型设定了本次研究的模型框架和调查问卷。考虑到公共交通场景中的人脸识别应用为政府机构主动部署，公众对技术使用处于被动地位，本章选择以感知获益和感知风险作为公共交通场景中人脸识别技术接受意愿影响因素的两大维度，将感知有用性、感知可靠性作为感知获益的测量指标，社会风险、隐私风险、心理风险作为感知风险的测量指标，同时选取媒体负面报道为调节变量。结合技术应用的具体类型，对各变量定义如下：

第一，感知有用性 (Perceived Usefulness，PU)。在本研究中，感知有用性是指公众在接受公共交通场景中的人脸识别时对这种技术能够协助完成自己预期目标的感知程度。

第二，感知信任度 (Perceived Reliability of Technology，PROT)。在本研究中，感知可靠性是指在了解技术应用所采集或可能采集信息类型的前提下，仍然对技术保持信任的感知态度。

第三，社会风险 (Social Risk，SR)。在本研究中，社会风险包含三层含义。一是指由于技术识别的精准度差异和数据算法的结构性锁定，导致性别偏见和种族歧视问题的扩大化；二是指技术存储、流转不明确，导致账户信息被盗，产生次生金融风险；三是无接触式技术往往难以察觉，存在政府权力扩大的问题。

第四，隐私风险（Risk of Privacy Violation，ROPV）。在本研究中，隐私风险是指由于数据收集、流转、存储的不可知性和技术应用的关联识别性，公众可能失去对个人信息的控制，受到隐私侵扰。

第五，心理风险（Psychological Risk，PR）。在本研究中，心理风险是指由于技术使用给公众形成数字形象和个人信息被持续追踪的感知，产生行为、选择自由受到限制的压力。

第六，负面媒体报道（Negative News Report，NNR）。在本研究中，负面媒体报道是指针对人脸识别技术带来不良效果的报道，即报道题材为负面信息。新闻活动是一种普遍的社会活动，能够给人们提供生活生产的决策依据。对人脸识别技术的负面报道可能会影响人们对技术应用的整体感知，对技术可靠程度产生怀疑。

基于以上分析，本书提出如下研究假设：

H1a. 感知有用性越强，公众对公共交通场景中的人脸识别应用接受意愿越高。

H1b. 感知可信度越强，公众对公共交通场景中的人脸识别应用接受意愿越高。

H2a. 感知风险（社会风险）越强，公众对公共交通场景中的人脸识别应用接受意愿越低。

H2b. 感知风险（隐私风险）越强，公众对公共交通场景中的人脸识别应用接受意愿越低。

H2c. 感知风险（心理风险）越强，公众对公共交通场景中的人脸识别应用接受意愿越低。

H3. 负面媒体报道在感知可信度对接受意愿的影响中起到

负面调节作用。

（二）研究模型建构

由于公共交通场景覆盖全体社会公众，本书将社会人口学因素和个人经验纳入模型建构。现有的研究指出，社会人口学因素对公民的技术接受程度影响的研究结果往往是不确定的。美国一项关于公民对面部识别技术的调查研究表明，教育程度的高低会对面部技术接受程度产生影响。德国针对公民的电话则调查显示，受教育程度较低和女性的受访者更能接受监控技术。居住地的发达程度也会对公民技术接受意愿产生影响。

在个人经验方面，巴克利奥利弗（Buckley Oliver）和杰森·路斯（Jason Nurse）基于英国人对生物识别技术的理解、认识和接受程度的调查，发现用户似乎更喜欢那些更常见和熟悉的技术，并认为它们更安全[①]。欧姆睿·吉拉斯（Omri Gillath）等人创造了 6 个应用场景来描述人们在日常生活中与人工智能的潜在互动，并发现参与者更有可能信任他们更熟悉的人或物[②]。对此，增加如下假设并建构本节的研究模型，如图 6.1 所示。

H4. 女性受众对公共交通场景中的人脸识别应用接受意愿更高。

H5. 高学历受众对公共交通场景中人脸识别应用接受意愿更低。

---

① Oliver Buckley and Jason R. C. Nurse, "The Language of Biometrics: Analyzing Public Perceptions", *Journal of Information Security and Applications*, Vol. 47, 2019, pp. 112-119.

② Omri Gillath et al, "Attachment and Trust in Artificial Intelligence", *Computers in Human Behavior*, Vol. 115, 2021, 106607. https://doi.org/10.1016/j.chb.2020.106607.

H6. 居住城市发展水平较高地区的受众公共交通场景中的人脸识别应用接受意愿更高。

H7. 对公共交通场景中的人脸识别应用熟悉度越强，接受意愿越高（见图6.1）。

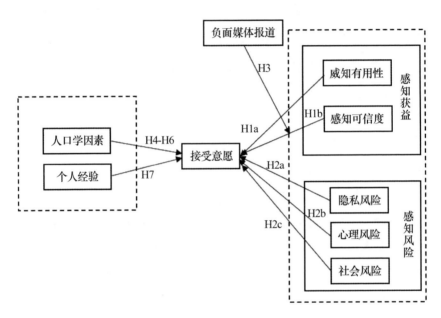

图 6.1 公共交通场景人脸识别技术接受模型

第三节 公共交通场景中人脸识别 技术接受模型的实证研究

经过文献梳理、概念分析和模型参考，拟定并发布了一份旨在了解公众对人脸识别技术在公共交通场景应用态度的问卷。问卷基于访谈、测试及专家意见完善修改，再剔除不相关问题，结合场景内的实际作用细化问题设计并优化表达，再通过网络平台进行发放。

一　问卷设计

（一）人脸识别技术的一般使用

技术的接触程度和使用意愿影响着个体对技术应用的整体态度。本问卷从涉及商业、政务、交通、治安等多领域的常见应用场景出发，分析用户技术接触的熟悉度。在此基础上过渡到聚焦公共空间，以7级李克特量表测量公众的使用意愿，探究造成其现有态度的原因，以借鉴分析公众对公共交通场景下技术应用的接受态度（见表6.2）。

表6.2　　　　　　　　　　人脸识别技术的一般使用

指标	题项
人脸识别技术的接触了解情况	Q1 您是否使用过人脸识别技术
	Q2 您在哪些场景中接触或使用过人脸识别技术（支付、治安、商业、教育、交通等）
公共空间人脸识别技术的使用意愿与原因	Q3 您对在公共空间中采用人脸识别技术的态度如何
	Q4 您支持/反对在公共空间内使用人脸识别技术，以下哪一项是您支持/反对技术使用的原因

（二）公共交通场景中的公众态度

目前，公众对人脸识别技术在交通场景中的应用大多为"被动接受"的状态，接受程度并不能全然代表公众对技术应用的态度。本问卷从人脸识别技术在交通场景中的五种常见应用模式出发，细化感知获益和感知风险内涵，借以深度调查公众的态度看法（见表6.3）。

表6.3　　　　　　公共交通场景中人脸识别应用态度调研

指标	测量题项	参考文献
个人经验	我对公共交通场景中人脸识别技术应用是熟悉的	Gefen（2003）
PU	能够代替货币（纸币/卡片等）支付，使我的通行效率得到提升	Davis（1989） Venkatesh & Davis（2003）
	能够核查司机、乘客身份信息，使我的出行安全得到保障	
	能够进行24小时动态监管，使我的人身、财产安全得到保障	
	能够省去排队取票、人工核验等步骤中的等待时间，提高我的通行效率	
	能够督促我遵守交通规则，同时也能避免人工执法中情绪、关系导致的不公正、不合理执法行为	
PROT	这种技术手段会调取我的电子账户信息，但是可以保障我的信息安全	Mayer,Davis & Schoorman（1995）
	这种技术手段会记录位置信息，分析行为信息，但是可以保障我的信息安全	
	这种技术手段会调取我的犯罪记录、分析空间行为，但是会保障我的信息安全	
	这种技术手段会记录我的出行信息、健康信息（体温、核酸检测结果等），但是会保障我的信息安全	
	这种技术手段会记录我的行为信息、位置信息，调取违法犯罪记录，但是会保障我的信息安全	
SR	这种通行方式会导致电子账户财产盗取，加剧社会金融风险	Featherman & Pavlou（2003）
	这种认证分析手段应用情况不透明，存在性别偏见或民族歧视	

续表

指标	测量题项	参考文献
SR	监控技术广泛布局，政府数据收集不够透明，不对等的信息权力造成政府公民关系紧张	Featherman & Pavlou（2003）
	通过人脸信息能够准确确认个人行程，诱发行程售卖等黑色产业，造成交通系统诚信危机	
	信息处理方式不透明，存在多次核查已有违法记录人员、性别/民族歧视等执法偏见	
ROPV	这种通行方式会关联我的电子账户信息，带来电诈、推销干扰	Todd & Sirrka（1996）
	这种技术手段记录我的位置、行为信息，使我的出行隐私受到侵扰	
	监控设备的预测分析是建立在大规模数据收集的基础上的，说明对我的个人隐私侵入程度变大	
	这种技术手段会记录我的行程信息、健康信息，信息收集过度	
	这种技术手段会调取甚至公布我的个人信息及当时行为状态，伤害我的个人隐私	
PR	这种通行方式会记录我的消费行为，给我带来心理压力	Featherman & Pavlou（2003）
	这种技术手段会记录我的乘车行为，使我觉得很不自在	
	这种技术手段让我时刻处于监管之下，使我的行为自由受到限制	
	这种技术手段强制使用，缺乏协商沟通，使我的选择自由受限	
	这种技术手段强制使用，让我的行为自由受到限制。一些地方采取的通报单位、社区等方式给我造成了心理负担	
NNR	我经常看到有关人脸识别技术的负面报道	黎小林（2006）；Tran & Corner（2016）
	我认为媒体对人脸识别技术进行的负面报道很有说服力	
	媒体对人脸识别技术进行的负面报道让我感到印象深刻	

（三）个人基本信息

为探究人口社会学因素对技术接受意愿的影响，在问卷最后设计了年龄、性别、受教育程度、所在地区等个人基本信息。

二 数据收集与结果分析

（一）抽样及问卷特征描述

本章调研场景为公共交通场景，在全国范围内均有覆盖。按照地理区域分布，我国可以划分为东北地区、华东地区、华北地区、华中地区、华南地区、西南地区和西北地区七大区域。在正式调研开始前，本研究通过网络平台发放 40 份调查问卷进行预调研，问卷发放覆盖所有地理区域。采用 Cronbach's α 系数对预调研数据进行信度检验，研究表明，当 α 系数大于 0.6 时，量表的信度在可接受范围内；当 α 系数大于 0.7 时，量表的可信度较好；当 α 系数大于 0.8 时，量表的可信度很好。在预调研中，所有变量 α 系数均超过 0.8，说明问卷信度良好，可以进行正式调研分析（见表 6.4）。

表 6.4　　　　　　　　　预调研信度检验

变量	α 系数
感知有用性	0.933
感知可信度	0.938
社会风险	0.852
隐私风险	0.919

变量	α 系数
心理风险	0.912
负面媒体报道	0.939

根据 2020 年第七次全国人口普查报告，截至 2020 年 11 月 1 日零时，我国共有 14.43 亿人口，男女比例接近 1.05：1，地区人口比例基本接近 1：1.7：4.5：2.2：2：2：1。本研究借助网络平台向七大地理区域发放问卷，共发放问卷 623 份。通过设计互斥选项、最低作答时间为 75 秒等方法确保数据质量。基于分层比例抽样原理，七大地理区域抽取情况分别为：西北、东北地区各 37 份，西南、华南地区各 74 份，华北地区 63 份，华中地区 88 份，华东地区 166 份，样本总量为 532 份，问卷有效率 87%。此外，性别和受教育程度也是本次调研的主要人口学变量。根据表 6.5，本次调研对象男女比例基本接近 1.06：1，分别为 51.5% 和 48.5%；学历分布存在一定不均衡性，高中学历占比较高，达到 31.2%。硕士研究生次之，占比为 31%。

表 6.5　　　　　　社会人口学变量特征统计

统计变量	项目	人数（人）	百分比（%）
性别	男	274	51.5
	女	258	48.5
教育背景	初中及以下	76	14.3
	高中	170	31.2
	本科/高职/大专	76	14.3

统计变量	项目	人数（人）	百分比（%）
教育背景	硕士研究生	167	31
	博士研究生	53	9.2
所在地区	东北地区	37	7
	华东地区	166	31
	华北地区	63	11
	华中地区	88	16
	华南地区	74	14
	西南地区	74	14
	西北地区	37	7

（二）问卷信度和效度分析

1. 数据预处理

本研究涉及 6 个变量，覆盖 28 个问项。为了验证这些测量项目的关联性以进行后期数据分析，引入 KOM 检验和 Bartlett 球形检验进行测量。一般认为，KOM 统计量越接近 1 表明变量之间的相关性越强；Bartlett 球形检验中 sig 值小于 0.05 说明显著性越强，可以进行因子分析。如表 6.6 所示，本研究样本 KMO 值为 0.928，Bartlett 球形检验显著性水平小于 0.05，说明数据效度良好，可进行因子分析。

表 6.6　　　　　　　　　KMO 和 Bartlett 球形检验

取样足够度的 KMO 检验		0.928
Bartlett 的球形度检验	近似卡方	9732.877
	df	378
	Sig.	0.000

根据特征根大于 1 的原则，系统自动提取 6 个主成分。通过对主成分因子旋转后得到旋转成分矩阵，见表 6.7。6 成分累积方差贡献率超过 71.172%，说明╳个主成分可以反映原始变量中的大部分信息。如表 6.7 所示，主成分因子旋转后，所有变量的因子载荷都大于 0.5，各个因子的题项与因子之间联系紧密。

表 6.7　　　　　旋转后的成分矩阵

题项	成分					
	1	2	3	4	5	6
SR1	0.744					
SR2	0.756					
SR3	0.725					
SR4	0.829					
SR5	0.855					
PR1		0.773				
PR2		0.755				
PR3		0.752				
PR4		0.801				
PR5		0.779				
PU1			0.768			
PU2			0.728			
PU3			0.713			

题项	成分					
	1	2	3	4	5	6
9U4			0.727			
PU5			0.754			
ROPV1				0.794		
ROPV2				0.732		
ROPV3				0.697		
ROPV4				0.690		
ROPV5				0.728		
PROT1					0.729	
PROT2					0.734	
PROT3					0.612	
PROT4					0.596	
PROT5					0.714	
NNR1						0.944
NNR2						0.903
NNR3						0.905
累计方差贡献率	13.270	26.476	39.002	51.248	62.057	71.172

2. 信效度检验

问卷的信度检测是用于衡量问卷的内部一致性和稳定性，一般采用 Cronbach's alpha 系数信度法对问卷结果进行分析。根据表 6.8，本研究各变量最低 Cronbach's α 系数为 0.873 （感知风险—隐私风险）大于 0.7，说明各变量信度检验通过，可用于后续分析。

表 6.8　　　　　　　　　　　信度检验统计

变量	测量指标	CITC	项已删除的 α 系数	α 系数
感知有用性	PU1-交易支付	0.766	0.86	0.891
	PU2-身份核查	0.753	0.863	
	PU3-公共监控	0.704	0.874	
	PU4-验证通行	0.708	0.874	
	PU5-辅助执法	0.74	0.866	
感知可信度	PROT1-交易支付	0.74	0.827	0.867
	PROT2-身份核查	0.683	0.841	
	PROT3-公共监控	0.667	0.845	
	PROT4-验证通行	0.665	0.846	
	PROT5-辅助执法	0.696	0.838	
社会风险	SR1-交易支付	0.705	0.888	0.900
	SR2-身份核查	0.74	0.88	
	SR3-公共监控	0.69	0.89	
	SR4-验证通行	0.802	0.866	
	SR5-辅助执法	0.822	0.862	
隐私风险	ROPV1-交易支付	0.74	0.836	0.873
	ROPV2-身份核查	0.675	0.852	
	ROPV3-公共监控	0.678	0.851	

续表

变量	测量指标	CITC	项已删除的 α 系数	α 系数
隐私风险	ROPV4-验证通行	0.692	0.848	0.873
	ROPV5-辅助执法	0.716	0.842	
心理风险	PR1-交易支付	0.774	0.877	0.902
	PR2-身份核查	0.754	0.881	
	PR3-公共监控	0.73	0.886	
	PR4-验证通行	0.76	0.88	
	PR5-辅助执法	0.763	0.88	
负面媒体报道	NNR1	0.868	0.822	0.907
	NNR2	0.786	0.892	
	NNR3	0.793	0.855	

效度检验用于检查测量的内容是否符合测量目的，包括准则效度、内容效度和结构效度等测量方法。结构效度是通过比对测量结果与理论假设以衡量实验与理论之间一致性的方法，可以通过收敛效度和区分效度来检验。

收敛效度是指在统一概念下的多个测量指标间的彼此相关度。本研究采用 AVE 检验结构变量内部一致性。一般认为，AVE 值取值要求需在 0.5 以上，AVE 值越大，测量误差越小。C. R. （组合效度）也是说明收敛效果的指标之一。C. R. 值取值要求在 0.7 以上，C. R. 值越高，构面内部一致性越高。结果显示，测量指标的平方差萃取率最小值 0.686 感知可信度大于 0.5，C. R. 值均在 0.9 以上，说明维度内收敛效度良好（见表 6.9）。

表6.9　　　　　　　　　　收敛效度检验统计

变量	AVE	C. R.
感知有用性	0.727	0.941
感知可信度	0.686	0.929
社会风险	0.744	0.946
隐私风险	0.697	0.932
心理风险	0.747	0.947
负面媒体报道	0.869	0.964

　　区分效度是指在不同概念情况下的多个测量指标间的独立性。本研究采用 Person 相关来分析各研究变量间的关系。结果显示，所有变量相关系数对应 P 值均小于 0.01，说明各研究变量两两之间具有显著相关性，见表 6.10。其中，感知有用性和感知可信度呈现正向相关；感知有用性、感知可信度和社会风险、隐私风险、心理风险呈现负向相关；社会风险、隐私风险、心理风险之间呈现正向相关。

　　本书通过 AMOS 软件对数据进行验证性因子分析，以检验理论与数据的一致性，进而对潜在变量的结构进行有效分析。验证因子分析模型主要通过拟合指标测算衡量，对各指标的要求一般为：卡方自由度比（CMIN<df）小于 3，GFI、NFI 大于0.8；TLI、CFI 大于 0.9；RMSEA 小于 0.08。根据表 6.11，所有指标均达到拟合要求，模型结构效度良好。

表6.10

区分效度检验统计

		PU	PROT	SR	ROPV	PR	AT
PU	皮尔逊相关性	1	0.597**	-0.561**	-0.530**	-0.536**	0.566**
	Sig.（双尾）		0.000	0.000	0.000	0.000	0.000
	个案数	532	532	532	532	532	532
PROT	皮尔逊相关性	0.597**	1	-0.549**	-0.629**	-0.592**	0.592**
	Sig.（双尾）	0.000		0.000	0.000	0.000	0.000
	个案数	532	532	532	532	532	532
SR	皮尔逊相关性	-0.561**	-0.549**	1	0.448**	0.379**	-0.431**
	Sig.（双尾）	0.000	0.000		0.000	0.000	0.000
	个案数	532	532	532	532	532	532
ROPV	皮尔逊相关性	-0.530**	-0.629**	0.448**	1	0.561**	-0.613**
	Sig.（双尾）	0.000	0.000	0.000		0.000	0.000
	个案数	532	532	532	532	532	532
PR	皮尔逊相关性	-0.536**	-0.592**	0.379**	0.561**	1	-0.542**
	Sig.（双尾）	0.000	0.000	0.000	0.000		0.000
	个案数	532	532	532	532	532	532
AT	皮尔逊相关性	0.566**	0.592**	-0.431**	-0.613**	-0.542**	1
	Sig.（双尾）	0.000	0.000	0.000	0.000	0.000	
	个案数	532	532	532	532	532	532

注：** 表示 $p<0.01$。

表 6.11　　　　　　　　　　　模型拟合指数

CMIN<df	GFI	NFI	TLI	CFI	RMSEA
2.667	0.905	0.919	0.940	0.947	0.056

三　模型检验

模型检验是确定模型的正确性与否的研究与测试过程。根据研究假设，本书结合线性回归分析与结构方程模型对研究模型进行检验。

（一）先验因素回归分析

回归分析是确定两种或两种以上变量间相互依赖的定量关系的一种统计分析方法，按照自变量与因变量之间的关系类型可以分为线性回归分析和非线性回归分析。其中，线性回归分析探索的变量之间没有因果关系。本研究中的社会人口学因素、信任倾向和技术熟悉度会对个人技术使用效果感知造成影响，且各因素之间基本符合线性关系，因此，本研究采用回归分析对三个先验因素进行初探。

1. 社会人口学因素分析

通过 SPSS 软件对性别、年龄、学历和居住地与接受意愿进行多元线性回归检验发现，回归模型 R^2 值为 0.065，说明这三个自变量可以解释 6.5% 的因变量变异情况。F 检验所获统计值为 12.190，对应 P 值小于 0.05，说明该模型匹配度较好。

根据表 6.12 所示，性别对应 p 值为 0.991，大于 0.05，说明性别不会对接受意愿产生显著影响，H4 不成立；个人教育背景对应 p 值为 0.991，大于 0.05，说明学历不会对接受意愿产生显著影响，H5 不成立；所在地区对应 p 值小于 0.05 且 B 值为 −0.178，说明个人所在地区会对接受意愿产生显著负向影响关系，即居住地越发达，个人接受意愿越低，H6 反向成立。

表 6.12 　　　　　社会人口学因素多元线性回归分析

| | 未标准化系数 | | 标准化系数 | t | p | VIF | R^2 | 调整 R^2 | F | 显著性 |
	B	标准误	Beta							
常量	5.392	0.255		21.105	0.000		0.065	0.059	12.190	0.000
性别	0.025	0.109	0.010	0.229	0.819	0.991				
学历	0.044	0.043	0.043	1.014	0.311	0.991	0.065	0.059	12.190	0.000
地区	-0.178	0.031	-0.247	-5.826	0.000	0.987				

2. 个人经验分析

通过 SPSS 软件对个人经验与接受意愿进行线性回归检验发现，回归模型 R^2 值为 0.017，说明这两个自变量可以解释 1.7% 的因变量变异情况。F 检验所获统计值为 8.978，对应 P 值小于 0.05，说明该模型匹配度较好。根据表 6.13 结果所示，熟悉度对应 p 值小于 0.05，B 值为 0.115，说明个人经验（熟悉度）会对接受意愿产生显著正向影响关系。即对公共交通场景中的人脸识别应用熟悉度越高，接受意愿越强。H7 成立。

表 6.13 　　　　　个人经验线性回归分析

| | 未标准化系数 | | 标准化系数 | t | p | VIF | R^2 | 调整 R^2 | F | 显著性 |
	B	标准误	Beta							
常量	4.360	0.189		23.012	0.000					
熟悉度	0.115	0.038	0.129	2.996	0.003	1.000	0.017	0.015	8.978	0.003

（二）模型拟合检验

回归分析弥补了相关分析无法确认变量之间因果关系的不足，却无法显示变量之间存在的间接关系。结构方程模型则可以探析单项指标对总体的作用及单项指标之间的关系，是一种在自变量、因变量、潜变量等基础上建立、评估并检验相关关系的分析方法。本书所要研究的五个自变量难以直接观测，且变量间存在一定的相互作用关系，因此，选择通过 AMOS 软件对研究模型进行具体分析。结构方程模型如图 6.2 所示。

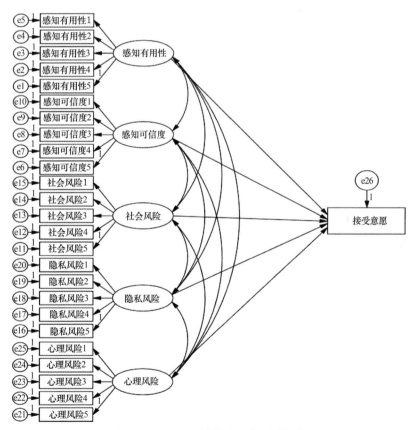

图 6.2　AMOS 结构方程检验模型

通过 AMOS 软件运算，结构方程拟合指标如表 6.14 所示。

表 6.14　　　　　　　　**模型拟合指数**

拟合系数	评价标准值	拟合实际值
X^2/df	$X^2/df<3$	2.537
RMSEA	RMSEA<0.08	0.054
GFI	RFI>0.8	0.909
NFI	NFI>0.9	0.920
IFI	IFI>0.9	0.950
TLI（NNFI）	TLI（NNFI）>0.9	0.943
CFI	CFI>0.9	0.950

根据表 6.14 可知，模型所有拟合优度指标均达到通用标准，说明本研究所建立的结构方程模型有效且与回收数据的匹配程度较好，可以进行路径分析。

表 6.15　　　　　　　　**路径系数**

假设路径			Estimate	S.E.	C.R.	P
接受意愿	<---	隐私风险	-0.416	0.074	-5.637	***
接受意愿	<---	感知可信度	0.245	0.093	2.645	0.008
接受意愿	<---	社会风险	0.002	0.050	0.031	0.976
接受意愿	<---	心理风险	-0.140	0.059	-2.392	0.017
接受意愿	<---	感知有用性	0.255	0.065	3.901	***
感知有用性	<---	感知可信度	0.680	0.067	10.209	***
感知可信度	<---	社会风险	-0.694	0.070	-9.927	***

假设路径			Estimate	S. E.	C. R.	P
社会风险	<---	隐私风险	0.607	0.069	8.753	***
隐私风险	<---	心理风险	0.714	0.071	10.049	***
感知有用性	<---	社会风险	-0.791	0.078	-10.183	***
感知有用性	<---	隐私风险	-0.647	0.067	-9.653	***
感知有用性	<---	心理风险	-0.718	0.073	-9.813	***
感知可信度	<---	隐私风险	-0.680	0.065	-10.443	***
感知可信度	<---	心理风险	-0.707	0.069	-10.254	***
社会风险	<---	心理风险	0.561	0.073	7.708	***

注：*** 表示 p<0.001。

根据表 6.15 所示，感知有用性对接受意愿的标准化路径系数为 0.255（t 值 = 3.901，p = 0.000<0.001），说明感知有用性对接受意愿有显著的正向影响作用，假设 H1a 成立；感知可信度对接受意愿的标准化路径系数为 0.245（t 值 = 2.645，p = 0.008<0.01），说明感知可信度对接受意愿有显著的正向影响作用，假设 H1b 成立。

社会风险对接受意愿的标准化路径系数对应 p 值为 0.976，大于 0.05，说明社会风险与接受意愿之间不存在显著关系，假设 H2a 不成立；隐私风险对接受意愿的标准化路径系数为 -0.416（t 值 = -5.637，p = 0.000<0.001），说明隐私风险对接受意愿有显著的负向影响作用，假设 H7b 成立；心理风险对接受意愿的标准化路径系数为 -0.140，（t 值 = -2.392，p = 0.017<0.05）说明心理风险对接受意愿有显著的负向影响作用，假设 H7c 成立。

最终路径分析如图 6.3 所示。

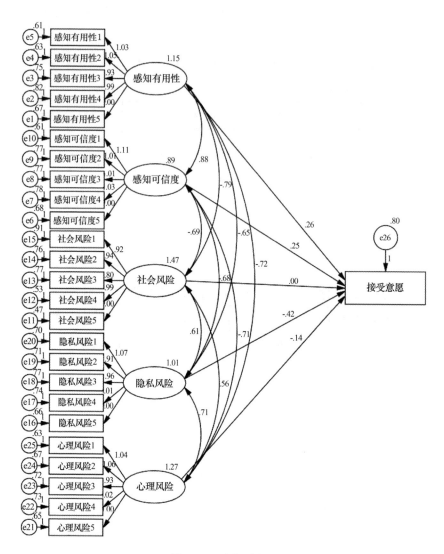

图 6.3　路径分析

（三）调节效应检验

调节效应检验是用于判断当自变量对因变量产生影响时，

是否会受到调节变量的干扰。基于理论探究发现，媒体报道会影响人们对新兴技术的信任度，从而对其接受程度产生影响，且负面报道对个人认知的影响程度更深。因此，本研究将负面媒体报道作为调节变量，通过 SPSS 软件分析探究其是否会在感知可信度对技术接受产生影响的过程中发挥作用，结果见表 6.16。

表 6.16　　　　　　　　　调节效应结果检验

模型	未标准化系数		标准化系数	t	显著性
	B	标准错误	Beta		
PROT	0.727	0.043	0.586	16.955	0.000
NNR	0.108	0.030	0.123	3.568	0.000
PROT * NNR	-0.066	0.033	-0.068	-1.968	0.049551

（四）实证假设检验结果

结合以上分析，得到本书假设验证结果如表 6.17 所示，最终模型呈现如图 6.5 所示。

表 6.17　　　　　　　　　假设检验结果

编号	假设	检验结果
H1a	感知有用性越强，公众对公共交通场景中的人脸识别应用接受意愿越高	成立
H1b	感知可信度越强，公众对公共交通场景中的人脸识别应用接受意愿越高	成立
H2a	感知风险（社会风险）越强，公众对公共交通场景中的人脸识别应用接受意愿越低	不成立

续表

编号	假设	检验结果
H2b	感知风险（隐私风险）越强，公众对公共交通场景中的人脸识别应用接受意愿越低	成立
H2c	感知风险（心理风险）越强，公众对公共交通场景中的人脸识别应用接受意愿越低	成立
H3	负面媒体报道在感知可信度对接受意愿的影响中起负面调节作用	成立
H4	女性受众对公共交通场景中的人脸识别应用接受意愿更高	不成立
H5	高学历受众对公共交通场景中的人脸识别应用接受意愿更低	不成立
H6	居住地区发展水平较高的受众对公共交通场景中的人脸识别应用接受意愿越低	反向成立
H7	对公共交通场景中的人脸识别应用熟悉度越强，接受意愿越高	成立

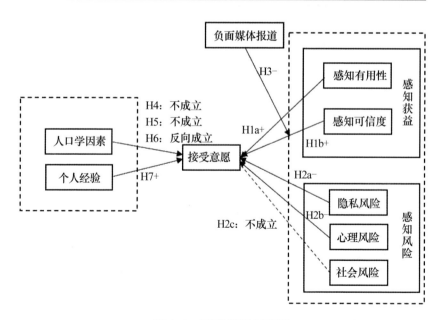

图 6.5 研究模型示意图

第四节 公共交通场景中人脸识别 应用的规制建议

从前文的测量结果来看，感知有用性和感知可信度是公众对公共交通场景中的人脸识别技术持正面态度的重要原因。部分调研对象认为该场景下的技术应用能够提高生活、工作效率，维护公共秩序，确保公民人身安全。但隐私风险、心理风险也成为降低公共交通场景中的人脸识别技术接受意愿的重要原因，亟待规制解决。

一 国外人脸识别技术规制措施

不同于商业场景，公共交通场景中的人脸识别应用是以公共利益维护为目的，政府机构为技术部署者，因而公众接受意愿较高。但是，由于该场景的高流通性和高覆盖率，个人的行程信息、行为数据和账户财产信息都被纳入其中。有时为保障人员出行、流通安全，健康信息也成为收集对象，信息收集的范围和类型日益扩大，引发公众对个人信息保护的担忧。权力不对等和信息不公开也加剧了公民的心理压力，给技术推广带来阻力。确保政府权力使用在合理正当的范围内，成为公共交通场景中人脸识别技术规制的题中应有之义。

(一) 欧盟规制策略：统一立法，指导使用

欧盟对人脸识别技术的治理策略遵循"在统一、稳定的立法框架下出台指导性条例协助使用"的路径原则。《通用数据保护条例》指出，生物特征数据可以在数据主体明确表示同意

或就特定需要表示同意后援引使用，这种同意必须是"自由给予、明确、具体、不含混"的，为人脸信息提供了严格且全面的保护。

《人脸识别技术：执法中的基本权利》《人工智能白皮书》和《人脸识别指南》（2021）的先后发布为技术执行提供了指导性原则。这些指南在探讨自然人基本权利的基础上，从不同技术部署主体出发给予了合目的性的市场准入标准①。欧盟基本权利机构指出，人脸识别技术对基本权利的影响取决于使用的目的、背景和范围，公共权力机构需要以尊重私人生命和保护个人数据的权利为核心，在充分考察行政权、救济权和公平审判等程序性权力合理开展技术部署②。对远程生物识别技术应用，例如人脸识别，需要明确责任义务和覆盖的区域范围、通过针对高风险人工智能应用评估机制、具备一定的救济保障才能进入市场③。

2021 年 4 月，欧盟公布《建立人工智能统一框架及修订相关联盟法案的草案》（以下简称《草案》），这是欧洲对新兴数字技术进行风险规制的首次尝试，其对"远程生物识别系统"的规制方案也代表着对人脸识别应用管控的进一步收缩。

---

① Council of Europe，"Guidelines on Facial Recognition"（2021 - 01 - 28），https：//rm. coe. int/guidelines-on-facial-recognition/1680a134f3.

② European Union Agency for Fundamental Rights，"Facial Recognition Technology：Fundamental Rights Considerations in the Context of Law Enforcement"（November 27th，2019），http：//fra. europa. eu/sites/default/files/fra_uploads/fra - 2019 - facial - recognition-technology-focus-paper-1_en. pdf.

③ European Commission，"White Paper on Artificial Intelligence：A European Approach to Excellence and Trust"（2020 - 02 - 19），https：//ec. europa. eu/info/publications/white-paper-artificial-intelligence-european-approach-excellence-and-trust_en.

《草案》根据"高风险"或"低风险"的使用特征对人脸识别技术进行区分，禁止为执法目的在公共空间使用实时人脸识别系统，除非会员国出于重要的公共安全原因选择这些系统进行适当的司法或行政授权。这一基于风险管理的路径也为分场景治理人脸识别应用提供了思路。

（二）美国规制策略：分散管控，差异治理

目前，美国对人脸识别技术的治理策略呈现出针对技术本身开展分散立法的特点，没有联邦层面上的法律规制。伊利诺伊州颁布的《生物信息隐私法案》作为美国首部规制生物识别信息使用的专门性法律，对生物识别信息和机密及敏感个人信息做出了明确规定。法案将生物识别信息的收集、使用、保护、处理等纳入规范，书面告知和授权同意成为关切点之一。随后，得克萨斯州、阿拉斯加、康涅狄格等也相继提出并颁布了生物识别信息管理办法。

旧金山市出台的《停止秘密监视条例》使其成为美国第一个禁止使用人脸识别技术的城市，当地政府部门的人脸识别技术也被全部叫停。法案指出，人脸识别技术应用的危害性大于其所声称的好处，会加剧种族不公正，使公民遭受政府持续监控[①]，对技术应用造成极大冲击。加利福尼亚州的《加州人脸识别技术法案》对公共主体使用人脸识别技术的态度相比而言更为友好，以"承担额外的披露和审查义务并且接受公众评议与监督"作为该主体技术应用的准入门槛，需要定期指定并公

---

① Electronic Frontier Foundation, "Stop Secret Surveillance Ordinance"（2019-05-06）, https://www.eff.org/document/stop-secret-surveillance-ordinance-0506 2019.

开问责报告（Accountability Report）。同时，法案也给予个人信息主体更为灵活的权利，包括纠正、撤回、删除已在实体场所使用的个人图像或面部模板[1]，对我国人脸识别立法规制具有一定的借鉴意义。

二　国内人脸识别技术规制措施

（一）人脸识别相关法规不够完善

《个人信息保护法》的出台，为个人信息保护提供了法律依据。法案指出，生物识别信息属于敏感个人信息，处理敏感个人信息需要明确告知处理内容并取得个人单独同意。国家机关则需要在法定权限内处理个人信息，对于"在公共场所安装图像采集、个人身份识别设备，应当为维护公共安全所必需，遵守国家有关规定，并设置显著的提示标识"[2]。《最高人民法院关于审理使用人脸识别技术处理个人信息相关民事案件适用法律若干问题的规定》（以下简称《规定》）在人脸识别技术加速落地的社会环境中赋予人脸信息民事保护，缓解了"人脸裸奔"的压力。《民法典》指出，生物识别信息是个人信息的一种。在具体实践中，对人脸信息的保护也可以通过《侵权责任法》《网络安全法》《刑法》等关于个人信息保护方面的条款施加管控。

---

[1]　California Legislative Information，"California Legislature—2019-2020 Regular Session"（2020-05-12），https：//leginfo. legislature. ca. gov/faces/billTextClient. xhtml？bill_id=201920200AB2261.

[2]　《中华人民共和国个人信息保护法》，全国人大网，http：//www. npc. gov. cn/npc/c30834/202108/a8c4e3672c74491a80b53a172bb753fe. shtml，2021 年 8 月 20 日。

　　从现有法律条例可以看出，我国对人脸识别技术规制态度较为宽容，法律体系并不健全，主要分为两类法律规范内容。一类是通过规范性文件要求或者倡导在特定领域支持人脸识别技术应用，如金融、保险、人社等行业均已出台规范性文件，明确规定使用人脸识别技术实现验证客户身份的目的；而另一类规范性文件主要涉及人脸识别的技术参数和图像处理方式，多以行业标准的形式呈现。但将两类内容对比来看，涉及人脸识别技术合法应用的法律规范数量较少①。

　　总体来看，目前规范人脸识别技术应用的法律规范整体略显杂乱，规制的目标不一致，规范之间衔接不够紧密，难以形成系统有效的规制体系。着眼于《个人信息保护法》，其以保护信息主体的权益和促进个体信息的合理利用为立法精神，以规范处理个人信息活动为主线，确立了信息主体、信息处理者、执法机关所需要遵守的基本原则和规则。但人脸识别技术的应用，所涉及法律关系复杂，其中包括信息权利人与信息处理者之间的民事法律关系、信息监管机构与信息处理者之间的行政监管法律关系、发生信息侵权行为后的信息受害方与侵权方之间的法律关系。上述法律关系复杂，仅通过《民法典》《个人信息保护法》等法律规范难以有效解决和平衡其引发的矛盾和争议。

　　此外，国内目前涉及公共交通场景下人脸识别的法律法规有待完善。《个人信息保护法》第二十六条规定："在公共场

———————

　　①　马腾飞、冯晓青：《政府数据开放背景下人脸识别法律规制研究》，《中国政法大学学报》2023 年第 3 期。

所安装图像采集、个人身份识别设备，应当为维护公共安全所必需，遵守国家有关规定，并设置显著的提示标识。所收集的个人图像、身份识别信息只能用于维护公共安全的目的，不得用于其他目的；取得个人单独同意的除外。"① 上述法律规范属于限制性条款，严格限制了人脸识别技术在公共场所的应用，明确限定公共场所使用人脸识别的目的仅适用于维护公共安全，出于其他目的在公共场景中使用人脸识别技术则为法律所禁止。维护公共安全，是公众共同的意志和期望，对此不存在任何分歧，争议焦点则在于公共交通场景属于公法意义上的公共场所还是私法意义上的私人空间。《个人信息保护法》等现行法律规范并没有对"公共场所"的内涵和外延作出明确解释。"公共场所"的范围不清界限不明，为人脸识别技术在某些场合应用的正当性及合法性，埋下了纷争的隐患，使《个人信息保护法》等法律法规的指导与实施变得更加复杂。

国内地方立法未明确涉及人脸识别，且效力有限。除了上述国家法律保护，国内很多地方政府也意识到人脸识别信息保护的重要性，并出台相关法律对人脸识别信息予以保护。例如，《深圳经济特区公共安全视频图像信息系统管理条例》（以下简称《深圳条例》）、《北京市公共安全图像信息系统管理办法》（以下简称《北京管理办法》）、《广东省公共安全视频图像信息系统管理办法》（以下简称《广东管理办法》）等。但这些地方法律同样没有明确涉及人脸识别，仅提出视频

---

① 中华人民共和国中央人民政府：《中华人民共和国个人信息保护法》，中国政府网，https://www.gov.cn/xinwen/2021-08/20/content_5632486.htm，2021 年 8 月 20 日。

图像信息，且因法律适用范围小，实际效力有限。具体来看，这些法律条例出台时间较早，虽对个人信息的保护措施规范比较到位，但内容多与视频图像信息相关联，并未涉及人脸识别。

（二）监管机制的科学性有待提升

从规制主体上看，监管对象多为商业场景中的技术使用者，对公共权力机构缺乏明确管控手段，监管机制的科学性有待提升。

首先，我国公共交通场景人脸识别技术的监管主体尚未确定，表现为各类机构在公共场所或者网络空间，利用人脸识别技术采集公民信息具有随意性。《个人信息保护法》第六十条指出："国家网信部门负责统筹协调个人信息保护工作和相关监督管理工作。国务院有关部门依照本法和有关法律、行政法规的规定，在各自职责范围内负责个人信息保护和监督管理工作"[1]，规定由国家行政机关作为监督、管理个人信息保护工作的主体，明确了中央网信部门、国务院组成部门、地方政府机关对个人信息保护的基本框架和职责分工，对人脸识别的行政监督和保护提出明确要求。但是该条款缺乏实施细则，也并未明确各行政机关具体的横向分工，容易出现网信、工信、公安、市场监督等多部门共同监管的局面[2]。在执法行为层面，

---

[1]　中华人民共和国中央人民政府：《中华人民共和国个人信息保护法》，中国政府网，https://www.gov.cn/xinwen/2021-08/20/content_5632486.htm，2021年8月20日。

[2]　吴媛：《我国人脸识别应用的监管问题探究》，《上海法学研究》2023年第5卷。

各部门的执法依据和执法尺度并未统一，针对同类利用人脸识别技术窃取个人主体信息行为的法律处理行为，容易出现不同的处罚结果①。此外，多头执法容易滋生重复执法、过度执法，或者职能部门之间相互扯皮、互相推诿现象的发生，影响执法效率和执法效果，行政机关难以发挥行政监管的作用和优势。

其次，我国缺乏人脸识别技术应用的准入制度。在天眼查、企查查等企业信息服务网站的检索界面，输入"人脸识别"一词，检索结果显示，多达百余家从事人脸识别服务的商业机构信息。总体来看，无论是人脸识别技术服务机构还是人脸识别应用机构，其用于比对的人脸信息来源是否合法，采集、处理信息的技术算法是否合理，信息保护技术是否可靠等事关公众信息安全的事项，均未受到监管部门的评估和检测。在准入机制缺失的背景下，人脸识别技术相关机构的从业数量和从业规模，如同脱缰的野马在迅速扩张，其保护公众信息的意识和能力良莠不齐，有关公共交通场景中的人脸信息安全难以得到保障。

另外，国内主管部门行政监管时机较为滞后，不利于对个体信息的保护。公众注重体验公共交通场景人脸识别所带来的便利，对人脸识别技术潜在的风险认识不够充分，保护自身信息安全意识淡薄，通常对进行人脸识别的要求听之任之，依靠公众自发的力量难以约束人脸识别的滥用。值得一提的是，人脸识别引发的社会问题，也引起了全国两会代表的关注。如2021年全国两会期间，部分代表提出行政机关加强人脸识别

---

① 许可：《论新兴科技法律治理的范式迭代——以人脸识别技术为例》，《社会科学辑刊》2023年第6期。

监管的议案①。实践中，行政机关对人脸识别技术的应用，采取事后监管的模式，通常在人脸识别违法行为已发生或者不良后果形成之后随之介入。但人脸信息与自然人终生相伴，且人脸信息不可更改，一旦被侵犯对公民将造成严重影响，事后监管难以有效预防利用人脸识别违规处理个人信息行为的发生。因此，对人脸识别进行规制的重点并非事后的打击和赔偿，而是事前违法侵权行为的预防。

综上分析，为厘清人脸识别技术应用边界，加强加固个人信息保护原则，为技术发展保驾护航，需要结合使用主体、使用目的和使用范围提供保护策略。

三　公共交通场景中人脸识别的规制路径

公共视频监控实现权力规训的程度，往往取决于监控系统的网络化程度、回应速度与识别分析能力②。根据调研结果，个体对公共交通场景中人脸识别应用的有用性感知明显，也十分关注信息收集"过度"产生的隐私风险和行为、选择受限带来的心理风险。然而，对国外学者和民众关注担忧的种族歧视、性别偏见和政府监控权力扩大等诱发的社会风险感知却并不显著。因此，对该场景内的技术规制既要基于现有法律基础，借鉴已有经验，也要基于我国社会发展现状和技术自身特点甄别施加合理管控。

---

① 王俊：《代表委员呼吁加强人脸识别监管，推进专项立法》，澎湃新闻网，https：//www.thepaper.cn/newsDetail_forward_11642466，2021 年 3 月 10 日。

② 马静华、张潋瀚、王琴：《公共视频监控：运行机制、刑事司法与警民态度》，法律出版社 2017 年版。

（一）充分告知确保用户知情权

在商业场景，告知内容的充分性和表达的简洁度存在冲突；在公共治理场景，技术使用采用法定授权，公众的接受行为成为基于诱导获取或被迫接受的虚化同意，信息保护执行流于形式。首先，确保"目的知情"。调查发现，公众虽然对公共交通场景下的人脸识别应用持接受态度，但也不乏"强制使用，不可拒绝"的无奈心声。对此，不仅要提供技术使用的合法性声明，还应保障其他补偿性渠道畅通，满足不同群体的使用需求。对用于效率提升，如验证通行、交易支付等存在其他替代手段的交通场景，需要提供人工核验、其他货币支付等方式；对用于空间治理，如执法辅助、公共监控等需要开展大规模技术布局的交通场景，则需要出示以安全性维护为目的的准入声明。

其次，提高"场景知情"。在公共交通场景中的人脸识别应用中，火车站、高铁站等交通枢纽会在每个站台的入站口设置明显标志牌提示内部设有面部监控设备。但在人流量过大或面对特殊人群（视障人士等）时，这种单一图片提示并不能确保公众知晓技术使用；地铁、公交等部分已经采用人脸识别技术保障交通安全的市内交通工具还未履行明确标志告知义务。可以通过信息门户网站和与公共交通工具使用相关联的手机APP弹窗发布生物识别规则，站内的语音播报、LED显示屏也可以同步提示，保障被识别对象对"技术正在使用"的知情权。可以借助政府门户网站和其他媒体渠道告知公众，提高技术使用的透明度。告知内容需要以简洁文字或突出重点的方式覆盖技术应用的目的、方式及必要性，信息处理、存储机构和信息保存时效。

（二）场景互动维护用户自主性

面对实践中出现的"知情—同意"（Informed Consent）失灵风险，许多学者提出搭建"动态—同意"（Dynamic Consent）格局的应对策略。"动态—同意"的核心在于参与感和撤回权①。在本书所指向的公共交通场景中，由于技术应用目的的公共性和监管范围的普遍性存在明显的权力失衡特点，个体在场景中的"被迫感"强烈，需要通过给予公众参与感的方式增加对技术使用的认知和信任，减少决策冲突。具体而言，当信息使用达到收集目的所约定的时效后，应当予以信息主体关于隐私数据继续给予和撤回同意的能力。例如，在公共交通场景中的交易支付功能中，公众授权读取人脸信息的目的是代替购票，提高个人通行效率。当比对原始方案发现效率提升效果不佳，或在技术更新后出现替代性选择，作为信息主体，公众有权自主选择保留或撤回使用同意和已生产成的数据信息。考虑到用户从个人信息中有效识别潜藏风险的能力和反复给予、撤回个人信息造成的成本负担，学界、业界对给予用户裁断、删除个人信息存在较高争议。针对此现象，可以设定以最后一次读取使用相关信息为期计算保留时效，在此之前不仅要加强对存储位置、存储方式的审核，确保信息仅在本场景中使用；还要考虑在完成收集处理目的后进行分类存储，采用加密、随机化处理等技术手段对人脸信息进行"脱敏"处理，降低直接可用性。

---

① Schuler Scott Arianna et al. , "Why We Trust Dynamic Consent to Deliver on Privacy," Paper Delivered to *Trust Management* X Ⅲ: *13th IFIP WG 11. 11 International Conference*, Copenhagen, Denmark, July 17-19, 2019.

（三）场景报告赋予用户监督权

受历史、文化、政治等因素影响，我国公众对公共场所内使用人脸识别技术的接受度远高于西方国家。公共交通场景中的人脸识别技术是以维护公共利益为目的而部署的，一旦发生侵权行为，公民维权抗辩举步维艰，政府机构的形象也会招致严重破坏。上文提到的英国"布里奇斯案"之所以出现两次截然不同的判罚结果，根本在于技术使用必要性、合法性和正当性及对信息主体被权力侵入程度的判定差异。公众心理风险的形成，正源自对不透明、非自愿、无接触式监控设备带来选择自由、行为自由等受到限制的压力的评判。

公共交通场景中的人脸识别技术覆盖范围广，信息获取目的多元，需明确技术应用目的判断信息抓取类型，处理方式和流转渠道，存储方式、地点及时长的"合理性"；以"必要"和"数据最小化"原则为基础，评估技术落地的具体场景，对可能产生的影响进行风险预判并提供救济手段。交通运输部门、网信部门等需要对技术使用者进行评估并通过政府门户网站、主流媒体发布相关报告，报告内容应覆盖：一是技术能力评估。告知技术使用的识别准确率、识别效率和系统抵御风险的能力，降低公众对技术成熟度的担忧；二是技术应用效果评估。汇总技术布局区域成效，评判技术与其使用目的是否相称在有用程度和易用程度是否存在提升；三是技术应用风险评估。公布技术使用出现的错误识别率或系统遭受攻击的频率，通过警示效应增强公众技术使用成熟度和保护信息自觉程度。公开报告的同时还需要额外公开监督通道并保持渠道畅通，为公众答疑解惑，接受批评监督。

（四）加强信息共享与舆论监督

新闻媒体所发布的报道是个体决策、行动的重要依据。研究发现，负面媒体报道会影响公众对技术使用的感知效果，进而影响接受意愿。在信息技术的传播使用中，媒体需要承担起技术告知和技术释义的职责，不仅要增强技术应用告知的频率，提高民众对技术接触的熟悉度；还要自觉承担起受众和政府间的桥梁作用，阐释技术应用的目的、方式等内容，以积极、正面的报道增强民众对技术应用的信心。媒体需要在自身主动参与和政府的信息共享的情况下，传达包括但不仅限于以下两个方面的信息：一是公共交通场景中的人脸识别应用是在法定范围内进行的正当、合法、合目的的公共治理辅助行为；二是政府具备确保技术平稳运行的管控能力和预判并提供救济的风险预防能力，该场景中涉及的公民个人信息和覆盖的个人权益能够得到充分保护。

（五）培养个体的"数字理性"

保障用户的知情权、参与权和监督权，是为了通过增强互动来消减公众对技术使用的疑惑与不安，提升个人数据保护意识，避免"被侵权脱敏"① 现象的形成。但个人信息保护的实现不能仅仅依赖政府提供事后救济，培养形成理性的技术使用意识也至关重要。市场应当加强科技伦理规范教育，提高技术开发者的道德素质。公共交通场景中的人脸识别应用部署方虽然是政府机构，但技术的提供者大多为私营企业，如刷脸交易

---

① 郭春镇：《数字人权时代人脸识别技术应用的治理》，《现代法学》2020 年第 4 期。

支付大多通过支付宝、微信 APP 合作提供，交通枢纽、公共监控和验证通行与商汤科技、旷世科技等头部人工智能公司合作设置，这说明技术创新的着力点仍然在企业。不仅要持续着力科技研发，克服识别准确度不足、算法歧视和个人信息泄露问题，加强技术风险抵御能力；还要坚持政府统揽格局，呈递企业自检报告，打开技术应用的黑匣子，在提升公众知情信任的基础上促进技术与社会的深度融合。

个人也要加强学习，提升数字理性素养，自觉保护个人信息。对个人信息权益的敏感度源自对相关领域的学习和关注，从引发普遍关注的我国人脸识别第一案的上诉方是具备一定法律素养的某大学法学副教授便可见一斑。虽然不必达到法学专家的高度，但在个人信息保护方面，提升信息主体的自我修养至关重要。公共交通场景下的人脸信息在识别分析的技术闭环中会与信息持有者的健康数据、财产数据、空间位置数据等相关联，更需要以谨慎持重的态度对其进行全面评估。目前，学界、业界工作者对人脸识别技术使用的关注度日益提高，关注领域也从商业化逻辑转向公共治理。保持对技术使用的关注度，才能更好维护个人权益，也为避免个人信息滥用施行有效监管。

人脸识别技术的发展不仅提升了商业化运作中的精准性，也带动了社会治理水平的智能化。但是，人脸信息兜售、个人财产贬损等负面问题的出现也不断消耗着人们对技术应用的信任，对技术发展应用带来负面影响。

公共交通场景作为人脸识别应用布局频率最高的领域，不仅是技术发展红利的呈现代表，也是公共治理智能水平的检验标尺，需要施加关注。本书通过问卷调查、态度调研了解了公众对该场景下技术应用的主要态度，参考国外人脸识别技术法令法规和我国现有法律框架，对人脸识别技术在公共交通场景中的应用规制建议。

第五节　总结

一　研究结论

针对本书的研究问题，可以得到下结论：

公共交通场景中的人脸识别技术主要应用于以效率提升、服务增质为目的的交易支付和验证通行及以秩序维护、安全保障为目的的身份认证、公共监控和执法监管五大场景。引入人脸识别技术，符合国家经济社会发展建设智能化水平提升的宏观目标，能够满足人民群众对美好生活的期待。然而，囿于技术发展水平和技术使用透明度问题，技术误判、隐私侵扰和大规模监控压力成为该场景中的主要风险争议。

根据调研结果，公众对人脸识别应用整体熟悉程度良好，公共交通场景是公众对技术感知程度最深的场景。受到感知有用性、感知可信度影响，对技术应用持积极态度，整体评价较高。但是，隐私风险和心理风险也成为降低接受意愿的重要原因。支持者认为，公共交通场景中的人脸识别技术可以提高通行效率，维护公共安全；但反对者认为，在缺乏合理监管的情况下，该场景下的技术应用覆盖多种数据类型，会对个人隐私造成不同程度的威胁。同时，由于技术接受的被动性和技术收集处理的不透明性，带来了较强的心理风险。对社会风险的感知程度较弱，不存在显著影响关系。这一结果或与我国民众对政府的信任度较高且对种族歧视、性别偏见等问题感受较弱有关。

根据我国现有个人信息保护规则，人脸识别应用目的应当遵循知情同意、最小必要原则，公共权力机关虽然具有"法定豁免"权，也需要确保自己的行为在"合法、正当、必要"的准则框架内。但是，考虑到当前民众对技术应用的态度和对自己权益的关切，应用者也需要对自己的技术使用进行反思判断，使个人利益和公共利益得到平衡。西方国家在个人隐私保护、人脸识别规制方面均走在前列，为我国人脸识别技术规制提出了宝贵建议。但考虑到我国国情和具体实践要求，弹性管控的意义远大于强硬治理。因此，本书提出了依照个人信息保护原则，加强事前监管和促进意识提升，培养数字理性两大建议，具体包括落实"知情—同意"、坚持"最小必要"、满足"数字遗忘"和政府引导、自发学习等内容。当然，也期待着技术研发者能够在具体实践中注重伦理导向，助力技术健康发展。

二 研究不足

本研究还存在以下不足之处：首先，受问卷发放形式和题目设计影响，在样本获取方面仍然存在一定不均衡性。本书调研对象教育背景初中及以下、高中、本科/大专及以上比例为1∶2∶4，与人口普查结果的4∶1∶1存在较大出入，是否可以完全表明学历与接受意愿间的关系仍待考证；其次，本书深入具体分类探讨感知情况，分类依据主要基于媒体报道，不能完整覆盖所有公共交通场景中的技术应用；最后，公共交通场景下的人脸识别技术应用大多以使公众"被动接受"为主。本研究的态度调研更偏向于"事后分析"，并未测量公众对替代性技术的使用态度，即"事前倾向"。为平衡公共治理中的利益冲突，使技术应用更好地服务于民，以上不足也是可以进一步完善研究的方向。

附　　录

附录一　教育场景中人脸识别应用的
师生态度调研问卷

感谢您接受此次调研！我们将询问您对人脸识别技术的了解程度，以及您对该技术应用于教育场景的接受程度与使用意愿。调研结果仅供研究使用，您填写的内容将作匿名化处理，且绝不对外公开，请放心填写。各题项的答案无对错之分，希望您根据自身的具体情况以及真实感受填写。您的回答对我们的研究十分重要，再次感谢您的热心帮助！

第一部分：教育场景中人脸识别使用意愿调查

该部分采用五点李克特量表进行测量，请根据您的经验或感知，评价以下内容，在相应的选择项上打"√"。

一　绩效期望

1. 人脸识别系统对我的校园生活很有帮助 ［单选题］*

非常不同意　○1　○2　○3　○4　○5　非常同意

2. 使用人脸识别系统能够提高我的学习、授课效率 ［单选题］*

非常不同意　○1　○2　○3　○4　○5　非常同意

3. 使用人脸识别系统能够节省我的时间 ［单选题］*

非常不同意　○1　○2　○3　○4　○5　非常同意

4. 使用人脸识别系统能够保障校园安全 ［单选题］*

非常不同意　○1　○2　○3　○4　○5　非常同意

二　付出期望

5. 学校人脸识别系统的注册和操作流程清晰易懂 ［单选题］*

非常不同意　○1　○2　○3　○4　○5　非常同意

6. 学习使用人脸识别系统十分简单 ［单选题］*

非常不同意　○1　○2　○3　○4　○5　非常同意

7. 熟练使用学校中的人脸识别系统对我来说很容易 ［单选题］*

非常不同意　○1　○2　○3　○4　○5　非常同意

8. 我能够轻易运用人脸识别系统完成我想做的事 ［单选题］*

非常不同意　○1　○2　○3　○4　○5　非常同意

三 社群影响

9. 对我很重要的人会认为我应该在学校使用人脸识别系统 [单选题]*

非常不同意 ○1 ○2 ○3 ○4 ○5 非常同意

10. 我的同学/同事都在使用人脸识别系统 [单选题]*

非常不同意 ○1 ○2 ○3 ○4 ○5 非常同意

11. 我发现使用人脸识别系统在学校是一种流行的方式 [单选题]*

非常不同意 ○1 ○2 ○3 ○4 ○5 非常同意

12. 学校支持使用人脸识别系统 [单选题]*

非常不同意 ○1 ○2 ○3 ○4 ○5 非常同意

四 便利条件

13. 我在校园里能轻易接触到人脸识别设施 [单选题]*

非常不同意 ○1 ○2 ○3 ○4 ○5 非常同意

14. 学校中的人脸识别系统与我所使用的其他技术（比如校园卡）兼容 [单选题]*

非常不同意 ○1 ○2 ○3 ○4 ○5 非常同意

15. 当我使用人脸识别系统遇到问题时，能及时获得学校内其他人的帮助 [单选题]*

非常不同意 ○1 ○2 ○3 ○4 ○5 非常同意

五 功能风险

16. 人脸识别系统可能表现不佳，从而给我的校园生活带

来不便［单选题］*

非常不同意　○1　○2　○3　○4　○5　非常同意

17. 人脸识别系统可能表现不佳，无法有效保障校园安全［单选题］*

非常不同意　○1　○2　○3　○4　○5　非常同意

18. 学校中人脸识别系统很可能出现故障［单选题］*

非常不同意　○1　○2　○3　○4　○5　非常同意

六　心理风险

19. 在学校使用人脸识别系统时会让我产生不必要的紧张感［单选题］*

非常不同意　○1　○2　○3　○4　○5　非常同意

20. 在学校使用人脸识别系统让我感觉不舒服［单选题］*

非常不同意　○1　○2　○3　○4　○5　非常同意

21. 在学校使用人脸识别系统让我产生心理压力［单选题］*

非常不同意　○1　○2　○3　○4　○5　非常同意

七　隐私风险

22. 使用人脸识别系统会导致我对自己的信息隐私失去控制［单选题］*

非常不同意　○1　○2　○3　○4　○5　非常同意

23. 我注册和使用人脸识别系统将导致我的隐私泄露，因为我的个人信息将在我不知情的情况下被使用、处理［单选题］*

非常不同意　○1　○2　○3　○4　○5　非常同意

24. 如果我在校内使用人脸识别系统，网络黑客（罪犯）可能会控制我的相关账户［单选题］*

非常不同意　○1　○2　○3　○4　○5　非常同意

八　社会风险

25. 一旦开始使用人脸识别系统，身边的人可能会对我有负面评价［单选题］*

非常不同意　○1　○2　○3　○4　○5　非常同意

26. 注册并使用人脸识别系统可能会导致我受到某些人的歧视（比如课堂上的一些反应被恶意曲解）［单选题］*

非常不同意　○1　○2　○3　○4　○5　非常同意

九　机构信任

27. 我相信学校人脸识别系统的管理部门会谨慎对待我的个人数据［单选题］*

非常不同意　○1　○2　○3　○4　○5　非常同意

28. 我相信我的个人信息不会被学校人脸识别系统管理部门泄露给第三方［单选题］*

非常不同意　○1　○2　○3　○4　○5　非常同意

29. 我信任学校的人脸识别系统［单选题］*

非常不同意　○1　○2　○3　○4　○5　非常同意

十　个体创新性

30. 当一项新技术出现时，我会想办法尝试它［单选题］*

非常不同意　○1　○2　○3　○4　○5　非常同意

31. 在同龄人当中，我通常是第一个试用新技术的人［单选题］*

非常不同意　○1　○2　○3　○4　○5　非常同意

32. 我喜欢尝试新技术［单选题］*

非常不同意　○1　○2　○3　○4　○5　非常同意

33. 我喜欢新技术带给我的挑战［单选题］*

非常不同意　○1　○2　○3　○4　○5　非常同意

十一　校园管理使用意愿

34. 我对学校中的人脸识别门禁系统是感兴趣的［单选题］*

非常不同意　○1　○2　○3　○4　○5　非常同意

35. 我愿意了解和使用学校的人脸识别门禁系统［单选题］*

非常不同意　○1　○2　○3　○4　○5　非常同意

36. 此项请选"非常不同意"［单选题］*

非常不同意　○1　○2　○3　○4　○5　非常同意

37. 我愿意增加在学校使用人脸识别门禁系统的频率［单选题］*

非常不同意　○1　○2　○3　○4　○5　非常同意

38. 我对使用学校人脸识别门禁带来的便利感到满意［单选题］*

非常不同意　○1　○2　○3　○4　○5　非常同意

十二　课堂辅助使用意愿

39. 我对学校中的人脸识别课堂辅助是感兴趣的［单选

题]*

非常不同意　○1　○2　○3　○4　○5　非常同意

40. 我愿意了解和使用人脸识别课堂辅助［单选题］*

非常不同意　○1　○2　○3　○4　○5　非常同意

41. 如果有机会使用人脸识别课堂辅助服务，我预计自己会接受人脸识别课堂辅助服务［单选题］*

非常不同意　○1　○2　○3　○4　○5　非常同意

42. 我对使用人脸识别校园辅助带来的便利感到满意［单选题］*

非常不同意　○1　○2　○3　○4　○5　非常同意

第二部分：基本信息

43. 您是否使用过人脸识别系统？［单选题］*

○以前使用过，如今已不再使用

○使用频率为每周 1—3 次

○使用频率为每周 4 次及以上

○没使用过但十分感兴趣

○没使用过且不感兴趣

44. 您的性别：［单选题］*

○男　　　　○女

45. 您的年龄是？［单选题］*

○18 岁以下　　　○18—25 岁　　　○26—35 岁

○36—45 岁　　　○46—55 岁　　　○56 岁及以上

46. 您学校所在地区是？[单选题] *

○北京、上海、广州、深圳等一线城市

○省会城市等二线城市

○其他城市

○非城市地区（县、镇、村等）

47. 您的身份是？[单选题] *

○在校学生　　　　　○授课教师

○学校管理者　　　　○其他 ＿＿＿＿＿＿

48. 您的最高学历（包括在读）是？[单选题] *

○小学及以下　　　　○初中　　　　○高中

○本科/高职/大专　　○硕士或博士研究生

附录二　执法场景中人脸识别应用的 公众态度调查问卷

1. 您的性别：【单选题】

○女　　　　○男

2. 您的年龄段：【单选题】

○18 岁以下　　　　○18—25 岁　　　　○26—35 岁

○36—45 岁　　　　○46—55 岁　　　　○56 岁及以上

3. 您所在地区（常住地）是?【单选题】

○华东地区（上海、江苏、浙江、安徽、福建、江西、山东、台湾）

○华中地区（湖北、湖南、河南）

○华南地区（广东、广西、海南、香港、澳门）

○华北地区（北京、天津、河北、山西、内蒙古）

○华西地区（新疆、青海、甘肃、宁夏、陕西、西藏、四川、重庆、云南、贵州）

○东北地区（黑龙江、吉林、辽宁）

○其他

4. 您的最高学历（包括在读）是?【单选题】

○小学及以下　　　　○初中　　　　○高中

○本科/高职/大专　　　○硕士或博士研究生

5. 您是否使用过人脸识别技术?【单选题】

○以前使用过，如今已不再使用

〇每周使用 1—3 次

〇每周使用 4 次及以上

〇没使用过但十分感兴趣

〇没使用过且不感兴趣

6. 设想您处于火车站、机场等公共交通场所，您支持在以下哪些情境下使用人脸识别技术？（注："无差别识别"指随机识别任意人脸，如在进站口设置机器以采集人脸信息进行识别匹配）【多选题】

□无差别识别人脸以寻找潜在恐怖分子

□无差别识别人脸以寻找严重犯罪分子

□无差别识别人脸以寻找轻微犯罪分子

□使用人脸识别技术识别某特定违法者（如寻衅滋事者）身份

□都不支持

7. 设想您处于大型场馆（如体育/音乐活动），您支持在以下哪些情境下使用人脸识别技术？（注："无差别识别"指随机识别任意人脸，如在检票口设置机器采集人脸信息进行识别匹配）【多选题】

□无差别识别人脸以寻找潜在恐怖分子

□无差别识别人脸以寻找严重犯罪分子

□无差别识别人脸以寻找轻微犯罪分子

□使用人脸识别技术识别某特定违法者（如寻衅滋事者）身份

□都不支持

8. 设想您处于街道上，您支持公安执法人员街面巡逻时在以下哪些情境下使用人脸识别技术？（注："无差别识别"指随机识别任意人脸，如公安执法人员在巡逻过程中佩带执法记录仪，随机采集人脸信息进行识别匹配）【多选题】

☐无差别识别人脸以寻找潜在恐怖分子

☐无差别识别人脸以寻找严重犯罪分子

☐无差别识别人脸以寻找轻微犯罪分子

☐使用人脸识别技术识别某特定违法者（如寻衅滋事者）身份

☐都不支持

9. 公安执法时使用人脸识别技术能够让我在日常生活中感觉更安全【量表题】

非常不同意　○1　○2　○3　○4　○5　○6　○7　非常同意

10. 公安执法时使用人脸识别技术能够更有效地保护我【量表题】

非常不同意　○1　○2　○3　○4　○5　○6　○7　非常同意

11. 公安执法部门使用人脸识别技术能够有效减少我身边的违法犯罪行为【量表题】

非常不同意　○1　○2　○3　○4　○5　○6　○7　非常同意

12. 于我而言，该如何配合公安执法人员使用人脸识别技术是简单易懂的【量表题】

非常不同意　○1　○2　○3　○4　○5　○6　○7　非常同意

13. 公安执法人员使用人脸识别技术，不会消耗我很多脑力劳动【量表题】

非常不同意　○1　○2　○3　○4　○5　○6　○7　非常同意

14. 公安执法人员使用人脸识别技术，不会消耗我很多体力【量表题】

非常不同意　○1　○2　○3　○4　○5　○6　○7　非常同意

15. 可以影响我行为的人对公安执法部门使用人脸识别技术的评价，会影响我的接受度【量表题】

非常不同意　○1　○2　○3　○4　○5　○6　○7　非常同意

16. 对我而言重要的人对公安执法部门使用人脸识别技术的评价，会影响我的接受度【量表题】

非常不同意　○1　○2　○3　○4　○5　○6　○7　非常同意

17. 我身边的人对公安执法部门使用人脸识别技术的评价，会影响我的接受度【量表题】

非常不同意　○1　○2　○3　○4　○5　○6　○7　非常同意

18. 社会潮流（如专家、媒体、公众舆论等）对公安执法部门使用人脸识别技术的态度会影响我的接受度【量表题】

非常不同意　○1　○2　○3　○4　○5　○6　○7　非常同意

19. 此题是为了检测您是否认真读题，本题请选择"非常不同意"【量表题】

非常不同意　○1　○2　○3　○4　○5　○6　○7　非常同意

20. 我相信公安执法部门人脸识别技术的管理制度是完善的【量表题】

非常不同意　○1　○2　○3　○4　○5　○6　○7　非常同意

21. 我相信公安执法部门的人脸识别技术是可靠的【量表题】

非常不同意　○1　○2　○3　○4　○5　○6　○7　非常同意

22. 我相信公安执法部门会按照规则使用人脸识别技术【量表题】

非常不同意 ○1 ○2 ○3 ○4 ○5 ○6 ○7 非常同意

23. 我相信公安执法部门的人脸识别技术能够发挥执法部门所承诺的作用【量表题】

非常不同意 ○1 ○2 ○3 ○4 ○5 ○6 ○7 非常同意

24. 公安执法人员的价值观和我是一致的【量表题】

非常不同意 ○1 ○2 ○3 ○4 ○5 ○6 ○7 非常同意

25. 公安执法部门的行事方式往往符合我的价值观【量表题】

非常不同意 ○1 ○2 ○3 ○4 ○5 ○6 ○7 非常同意

26. 我相信公安执法人员会做出正确的决定【量表题】

非常不同意 ○1 ○2 ○3 ○4 ○5 ○6 ○7 非常同意

27. 我愿意支持公安执法部门的决定，因为它是权威合法机构【量表题】

非常不同意 ○1 ○2 ○3 ○4 ○5 ○6 ○7 非常同意

28. 我有义务支持公安执法部门做出的决定，即使我不同意这些决定【量表题】

非常不同意 ○1 ○2 ○3 ○4 ○5 ○6 ○7 非常同意

29. 我有义务按照公安执法部门的指示去做，即使我不理解或不同意其理由【量表题】

非常不同意 ○1 ○2 ○3 ○4 ○5 ○6 ○7 非常同意

30. 人脸识别技术可能会错误匹配被识别者的身份，从而损害公民个人权益【量表题】

非常不同意 ○1 ○2 ○3 ○4 ○5 ○6 ○7 非常同意

31. 人脸识别技术可能会遗漏嫌疑人，无法有效保障社会安全【量表题】

非常不同意　○1　○2　○3　○4　○5　○6　○7　非常同意

32. 人脸识别技术可能会被虚假面部图像（如照片、视频）所欺骗【量表题】

非常不同意　○1　○2　○3　○4　○5　○6　○7　非常同意

33. 此题是为了检测您是否认真读题，本题请选择"非常同意"【量表题】

非常不同意　○1　○2　○3　○4　○5　○6　○7　非常同意

34. 公安执法人员可能借助人脸识别技术实施精准区别对待（如用以辨别某一特定民族），从而构成歧视【量表题】

非常不同意　○1　○2　○3　○4　○5　○6　○7　非常同意

35. 人脸识别技术可能会助长公安执法人员对某些群体（如老年人、妇女）的偏见，引发或强化社会对他们的排斥与歧视【量表题】

非常不同意　○1　○2　○3　○4　○5　○6　○7　非常同意

36. 公安执法人员可能会过度依赖或盲目相信人脸识别技术，而有失公正【量表题】

非常不同意　○1　○2　○3　○4　○5　○6　○7　非常同意

37. 使用人脸识别技术会导致我对自己的个人信息或隐私失去控制【量表题】

非常不同意　○1　○2　○3　○4　○5　○6　○7　非常同意

38. 公安执法部门可能在我不知情的情况下使用我的个人信息，从而侵犯我的隐私【量表题】

非常不同意　○1　○2　○3　○4　○5　○6　○7　非常同意

39. 公安执法部门使用人脸识别技术可能会导致我的个人信息外泄【量表题】

非常不同意　○1　○2　○3　○4　○5　○6　○7　非常同意

40. 公安执法部门使用人脸识别技术可能会引发对公民的监控【量表题】

非常不同意　○1　○2　○3　○4　○5　○6　○7　非常同意

41. 我支持在公安执法场景下使用人脸识别技术【量表题】

非常不同意　○1　○2　○3　○4　○5　○6　○7　非常同意

42. 我希望公安执法部门能够持续推进人脸识别技术的使用【量表题】

非常不同意　○1　○2　○3　○4　○5　○6　○7　非常同意

43. 我支持增加公安执法场景下人脸识别设备的覆盖率【量表题】

非常不同意　○1　○2　○3　○4　○5　○6　○7　非常同意

44. 我支持增加人脸识别技术在公安执法场景下的使用频率【量表题】

非常不同意　○1　○2　○3　○4　○5　○6　○7　非常同意

附录三　公共交通场景中人脸识别应用的公众态度调查问卷

一　人脸识别技术的一般使用

人脸识别技术通过采集、比对面部特征达到身份验证的目的。包括人脸图像采集、人脸定位、人脸识别预处理、身份确认以及身份查找等。常见的场景包括刷脸支付、认证通行、公共监控等。

1. 您是否使用或接触过人脸识别技术？［单选题］*

○是

○否（请跳至问卷末尾，提交答卷）

○不确定

2. 您曾经在哪些场景下使用或接触过人脸识别技术［多选题］*

□城市街道、大型商贸、旅游景区等

□政务服务（政府办事处信息服务、业务办理等）

□校园安防/课堂辅助

□交易支付（刷脸支付等）

□交通枢纽（火车站、飞机场安全检查等）

□个人智能设备（手机、平板验证登录等）

□私人住宅（门禁、安全防护等）

☐其他 _____

☐以上场景都没有

3. 您对在公共空间中（如旅游景区、城市道路、政务服务大厅等）采用人脸识别技术的态度如何（1 表示非常反对，希望予以拆除；7 表示非常同意，希望保持及增加安装）［单选题］*

○1　　○2　　○3　　○4　　○5　　○6　　○7

4. 您支持在公共空间使用人脸识别技术（或对此持中立态度），以下哪一项是您倾向于支持安装有关设备的原因（或对此持中立态度）？［多选题］ *

☐能够完成对应场景使用技术所告知的目的

☐在数据收集、流通、存储方面具有较高的可信度

☐技术发展良好，维护社会秩序

☐隐私泄露的可能性低

☐不会造成强的监控压力

☐其他 _____

5. 您反对在公共空间使用人脸识别技术，以下哪一项是您倾向于支持拆除有关设备的原因？［多选题］*

☐在完成其告知目的方面作用微弱

☐强制使用，不可拒绝

☐技术发展不达标，带来误认、歧视、偏见等社会问题

☐数据采集目的不明确，造成隐私风险

☐形成大规模监控，损害公民自由

☐其他 _____

二 公共交通场景中的人脸识别技术：态度和看法

人脸识别技术在公共交通场景中的应用已经覆盖多个方面，交易支付（刷脸购买车票等）、身份认证（刷脸确认营运人员身份）、公共监控（抓取面部数据动态监管）、验证通行（刷脸进站）、辅助执法（高速公路动态人脸抓拍）是目前技术应用程度最深的五大范畴，请您根据您的生活体验，选出最符合您态度的一项。

6. 在有关人脸识别应用的报道中：（负面报道是指媒体报道材料性质为负向信息，如技术效果不佳，造成财产、信息损失等）（1 表示非常认同，7 表示非常不认同）［矩阵量表］*

我经常看到有关人脸识别应用的负面报道

○1   ○2   ○3   ○4   ○5   ○6   ○7

我认为媒体对人脸识别应用进行的负面报道很有说服力

○1   ○2   ○3   ○4   ○5   ○6   ○7

媒体对人脸识别应用进行的负面报道让我感到印象深刻

○1   ○2   ○3   ○4   ○5   ○6   ○7

7. 我对公共交通场景中人脸识别技术应用是熟悉的。（1 表示非常不了解，7 表示非常了解）［单选题］*

○1   ○2   ○3   ○4   ○5   ○6   ○7

8. 交易支付：

通过特定 APP 或支付宝、微信等其他支付手段，"刷脸"购票乘车。如：在地铁站、客运站等刷脸购买车票。（1 表示完全反对该观点，7 表示完全认同该观点）［矩阵量表题］*

	1	2	3	4	5	6	7
能够代替货币（纸币/卡片等）支付，使我的通行效率得到提升	○	○	○	○	○	○	○
这种技术手段会调取我的电子账户信息，但是可以保障我的信息安全	○	○	○	○	○	○	○
这种通行方式会导致电子账户财产盗取，加剧社会金融风险	○	○	○	○	○	○	○
这种通行方式会关联我的电子账户信息，带来电诈、推销干扰	○	○	○	○	○	○	○
这种通行方式会记录我的消费行为，给我带来心理压力	○	○	○	○	○	○	○

9. 身份认证：

通过人脸识别设备的认证、分析功能，核查司机、乘客行为状态。如：在公交车上设置人脸识别机器，避免营运人员出现疲劳驾驶等危险驾驶行为。（1 表示完全反对该观点，7 表示完全认同该观点）［矩阵量表题］*

	1	2	3	4	5	6	7
能够核查司机、乘客身份信息，使我的出行安全得到保障	○	○	○	○	○	○	○
虽然这种技术手段会记录位置信息，分析行为信息，但是可以保障我的信息安全	○	○	○	○	○	○	○
这种认证分析手段应用情况不透明，存在性别偏见或民族歧视	○	○	○	○	○	○	○

	1	2	3	4	5	6	7
这种技术手段记录我的位置、行为信息，使我的出行隐私受到侵扰。	○	○	○	○	○	○	○
这种技术手段会记录我的乘车行为，使我觉得很不自在	○	○	○	○	○	○	○

10. 公共监控：

通过人脸识别设备的认证、分析功能，维护特定区域内秩序，保障交通出行安全。如：在火车站售票区域、候车区域安装监控设备，检测客流量，并通过语音提示维护乘客出行安全。

（1 表示完全反对该观点，7 表示完全认同该观点）［矩阵量表题］*

	1	2	3	4	5	6	7
能够进行 24 小时动态监管，使我的人身、财产安全得到保障	○	○	○	○	○	○	○
虽然这种技术手段会调取犯罪记录、分析空间行为，但是会保障我的信息安全	○	○	○	○	○	○	○
监控技术广泛布局，政府数据收集不够透明，不对等的信息权力造成政府公民关系紧张	○	○	○	○	○	○	○
监控设备的预测分析是建立在大规模数据收集的基础上的，说明对我的个人隐私侵入程度变大	○	○	○	○	○	○	○
这种技术手段让我时刻处于监管之下，使我的行为自由受到限制	○	○	○	○	○	○	○

11. 验证通行：

通过人脸识别设备的认证、分析功能，提供核验追踪手段，控制人员流通，落实点对点监管。如：高铁、火车站配置人脸识别机器，乘客刷脸进站。

（1 表示完全反对该观点，7 表示完全认同该观点）［矩阵量表题］*

	1	2	3	4	5	6	7
能够省去排队取票、人工核验等步骤中的等待时间，提高我的通行效率	○	○	○	○	○	○	○
虽然这种技术手段会记录我的出行信息、健康信息（体温、核酸检测结果等），但是会保障我的信息安全	○	○	○	○	○	○	○
通过人脸信息能够准确确认个人行程，诱发行程售卖等黑色产业，造成交通系统诚信危机	○	○	○	○	○	○	○
这种技术手段会记录我的行程信息、健康信息，信息收集过度	○	○	○	○	○	○	○
这种技术手段强制使用，缺乏协商沟通，使我的选择自由受限制	○	○	○	○	○	○	○

12. 辅助执法：通过关联人脸信息、身份信息和行为信息，智能判断个人行为是否存在违法情况。如：在十字路口安装电子眼、在高速公路安装人脸识别抓拍。

（1 表示完全反对该观点，7 表示完全认同该观点）［矩阵量表题］*

	1	2	3	4	5	6	7
能够督促我遵守交通规则，同时也能避免人工执法中情绪、关系导致的不公正、不合理执法行为	○	○	○	○	○	○	○
虽然这种技术手段会记录我的行为信息、位置信息，调取违法犯罪记录，但是会保障我的信息安全	○	○	○	○	○	○	○
信息处理方式不透明，存在多次核查已有违法记录人员、性别/民族歧视等执法偏见。	○	○	○	○	○	○	○
这种技术手段会调取甚至公布我的个人信息及当时行为状态，伤害我的个人隐私。	○	○	○	○	○	○	○
这种技术手段强制使用，让我的行为自由受到限制。一些地方采取的通报单位、社区等方式给我造成了心理负担。	○	○	○	○	○	○	○

13. 对于在公共交通场景中应用人脸识别技术，您的接受意愿如何？（1 表示非常抗拒，7 表示非常接受）［单选题］*

○1　　○2　　○3　　○4　　○5　　○6　　○7

14. 总的来说，您认为在公共交通场景中使用人脸识别技术是［多选题］*

（利大于弊、弊大于利、不确定，不可同时选择）

□利大于弊，能够使生活/工作效率提升。

□利大于弊，能够维护公共秩序，确保公民人身安全。

□弊大于利，将会造成隐私侵犯等问题。

□弊大于利，大规模监控容易导致性别偏见和民族歧视。

□不确定。

三 个人基本信息

15. 您的性别是 ［单选题］*

〇男　　　〇女

16. 您的最高学历是（包括在读）［单选题］*

〇初中及以下　　　〇高中　　　〇本科/高职/大专

〇硕士研究生　　　〇博士研究生

17. 您所在地区是（目前居住地址）［单选题］*

〇东北地区（黑龙江、吉林、辽宁）

〇华东地区（上海、江苏、浙江、安徽、福建、江西、山东、台湾）

〇华北地区（北京、天津、山西、河北、内蒙古）

〇华中地区（河南、湖北、湖南）

〇华南地区（广东、广西、海南、香港、澳门）

〇西南地区（四川、贵州、云南、重庆、西藏）

〇西北地区（陕西、甘肃、青海、宁夏、新疆）

参考文献

中文专著

栗科峰：《人脸图像处理与识别技术》，黄河水利出版社 2018 年版。

马静华等：《公共视频监控：运行机制、刑事司法与警民态度》，法律出版社 2017 年版。

邱建华、冯敬、郭伟、周淑娟：《生物特征识别——身份认证的革命》，清华大学出版社 2016 年版。

史东承：《人脸图像信息处理与识别技术》，电子工业出版社 2010 年版。

吴明隆、涂金堂：《SPSS 与统计应用分析》，东北财经大学出版社 2012 年版。

张重生：《人工智能、人脸识别与搜索》，电子工业出版社 2020 年版。

[德] 乌尔里希·贝克：《风险社会》，何博闻译，译林出版社 2004 年版。

[美] 马克·波斯特：《第二媒介时代》，范静哗译，南京大学

出版社 2000 年版。

［美］弗兰克·帕斯奎尔：《黑箱社会：控制金钱和信息的数据法则》，赵亚男译，中信出版社 2015 年版。

［日］佐藤学：《学习的快乐：走向对话》，钟启泉译，教育科学出版社 2004 年版。

［英］维克托·迈尔-舍恩伯格、［英］肯尼思·库克耶：《大数据时代：生活、工作与思维的大变革》，盛杨燕、周涛译，浙江人民出版社 2013 年版。

中文期刊

蔡静、田友谊：《大数据时代的师生互动：机遇、挑战与策略》，《教育科学研究》2016 年第 10 期。

陈渝等：《技术接受模型理论发展研究综述》，《科技进步与对策》2009 年第 6 期。

程雷：《大数据侦查的法律控制》，《中国社会科学》2018 年第 11 期。

程猛、阳科峰、宋文玉：《"精准识别"的悖论及其意外后果——人脸情绪识别技术应用于大学课堂的冷思考》，《重庆高教研究》2021 年第 6 期。

程啸：《论大数据时代的个人数据权利》，《中国社会科学》2018 年第 3 期。

邓秀军、刘梦琪：《凝视感知情境下"AI 换脸"用户的自我展演行为研究》，《现代传播》（中国传媒大学学报）2020 年第 8 期。

杜嘉雯、皮勇：《人工智能时代生物识别信息刑法保护的国际视野与中国立场——从"人脸识别技术"应用下滥用信息问题切入》，《河北法学》2022年第1期。

方克立：《"和而不同"：作为一种文化观的意义和价值》，《中国社会科学院研究生院学报》2003年第1期。

费孝通：《中华民族的多元一体格局》，《北京大学学报》（哲学社会科学版）1989年第4期。

甘绍平：《科技伦理：一个有争议的课题》，《哲学动态》2000年第10期。

顾理平：《智能生物识别技术：从身份识别到身体操控——公民隐私保护的视角》，《上海师范大学学报》（哲学社会科学版）2021年第5期。

关保英：《数字化之下的给付行政研究》，《法律科学》（西北政法大学学报）2022年第6期。

郭春镇：《数字人权时代人脸识别技术应用的治理》，《现代法学》2020年第4期。

韩宏伟：《超越"塔西佗陷阱"：政府公信力的困境与救赎》，《湖北社会科学》2015年第7期。

何能高、王婧堃：《生物识别技术应用的法律风险与规则规范——以郭兵案为例》，《中国司法》2021年第6期。

洪延青：《人脸识别技术的法律规制研究初探》，《中国信息安全》2019年第8期。

胡海明、翟晓梅：《生物识别技术应用的伦理问题研究综述》，《科学与社会》2018年第3期。

胡凌：《刷脸：身份制度、个人信息与法律规制》，《法学家》2021年第2期。

胡象明、张丽颖：《公共信任风险视角下的塔西佗效应及其后果》，《学术界》2019 年第 12 期。

胡晓萌、李伦：《人脸识别技术的伦理风险及其规制》，《湘潭大学学报》（哲学社会科学版）2021 年第 4 期。

蒋洁：《人脸识别技术应用的侵权风险与控制策略》，《图书与情报》2019 年第 5 期。

金龙君、翟翌：《论个人信息处理中最小必要原则的审查》，《北京理工大学学报》（社会科学版）2022 年第 4 期。

孔兆政、张毅：《"天下"观念与中国民族团结意识的建设》，《中南大学学报》（社会科学版）2010 年第 1 期。

雷瑞鹏：《科技伦理治理的基本原则》，《国家治理》2020 年第 3 期。

李婕：《人脸识别信息自决权的证立与法律保护》，《南通大学学报》（社会科学版）2021 年第 5 期。

林凌：《人脸识别信息保护中的"告知同意"与"数据利用"规则》，《当代传播》2022 年第 1 期。

林凌、程思凡：《识别数字化风险及多维治理路径》，《编辑学刊》2021 年第 6 期。

林凌、贺小石：《人脸识别的法律规制路径》，《法学杂志》2020 年第 7 期。

刘成、张丽：《"刷脸"治理的应用场景与风险防范》，《学术交流》2021 年第 7 期。

刘军：《技术侦查的法律控制——以权利保障为视角》，《东方法学》2017 年第 6 期。

卢莹：《刑事侦查中人脸识别技术的应用与规制》，《法治研究》2022 年第 6 期。

吕耀怀：《科技伦理：真与善的价值融合》，《道德与文明》
2001 年第 1 期。

罗斌、李卓雄：《个人生物识别信息民事法律保护比较研究——
我国"人脸识别第一案"的启示》，《当代传播》2021 年第
1 期。

马长山：《智慧社会背景下的"第四代人权"及其保障》，《中
国法学》2019 年第 5 期。

马腾飞等：《政府数据开放背景下人脸识别法律规制研究》，
《中国政法大学学报》2023 年第 3 期。

孟凡壮：《网络谣言扰乱公共秩序的认定——以我国〈治安管
理处罚法〉第 25 条第 1 项的适用为中心》，《政治与法律》
2020 年第 4 期。

苗杰：《人脸识别"易破解"面临的风险挑战及监管研究》，
《信息安全研究》2021 年第 10 期。

彭兰：《假象、算法囚徒与权利让渡：数据与算法时代的新风
险》，《西北师大学报》（社会科学版）2018 年第 5 期。

商希雪：《生物特征识别信息商业应用的中国立场与制度进
路——鉴于欧美法律模式的比较评价》，《江西社会科学》
2020 年第 2 期。

石佳友、刘思齐：《人脸识别技术中的个人信息保护——兼论
动态同意模式的建构》，《财经法学》2021 年第 2 期。

孙莉、李超：《人脸识别及其在高校信息化管理中的应用综
述》，中国计算机用户协会网络应用分会 2019 年第二十三届
网络新技术与应用年会论文集，北京舞蹈学院网络信息中

心，2019 年 11 月。

田野：《大数据时代知情同意原则的困境与出路——以生物资料库
　　的个人信息保护为例》，《法制与社会发展》2018 年第 6 期。

王冲：《论生物识别信息处理行为的法律规制——以高校与学
　　生关系为视角》，《科学技术哲学研究》2021 年第 2 期。

王崇敏、蔺怡琛：《告知同意规则在信赖理念下的反思与出路》，
　　《海南大学学报》（人文社会科学版）2023 年 12 月 29 日。

王德政：《针对生物识别信息的刑法保护：现实境遇与完善路
　　径——以四川"人脸识别案"为切入点》，《重庆大学学报》
　　（社会科学版）2021 年第 2 期。

王嘉华：《论人脸识别技术应用中个人信息的法律保护》，硕士
　　学位论文，浙江工商大学，2021 年。

王俊秀：《数字社会中的隐私重塑——以"人脸识别"为例》，
　　《探索与争鸣》2020 年第 2 期。

王璐瑶、刘晓君、徐晓瑜：《新冠肺炎疫情常态化防控中居民
　　防疫制度遵从意愿的影响机制——基于恐惧诉求与威慑理论
　　视角》，《中国软科学》2022 年第 7 期。

王乔晨、吴振刚：《人脸识别应用系统中的安全与隐私问题综
　　述》，《新型工业化》2019 年第 5 期。

王鑫媛：《人脸识别系统应用的风险与法律规制》，《科技与法
　　律（中英文）》2021 年第 5 期。

王毓莹：《人脸识别中个人信息保护的思考》，《法律适用》
　　2023 年第 2 期。

瓮怡洁：《法庭科学 DNA 数据库的风险与法律规制》，《环球法
　　律评论》2012 年第 3 期。

吴泓：《信赖理念下的个人信息使用与保护》，《华东政法大学学报》2018 年第 1 期。

吴媛：《我国人脸识别应用的监管问题探究》，《上海法学研究（集刊）》2023 年第 5 卷。

武东生：《"和而不同"、"推己及人"与团结友善》，《道德与文明》2002 年第 2 期。

邢会强：《人脸识别的法律规制》，《比较法研究》2020 年第 5 期。

徐祥运、刁雯：《人脸识别系统的社会风险隐患及其协同治理》，《学术交流》2022 年第 1 期。

许可：《论新兴科技法律治理的范式迭代——以人脸识别技术为例》，《社会科学辑刊》2023 年第 6 期。

张莉莉：《人脸识别技术在治安管理中的应用及其规范路径》，《行政法》2022 年第 3 期。

张涛：《人脸识别技术在政府治理中的应用风险及其法律控制》，《河南社会科学》2021 年第 10 期。

赵精武：《〈民法典〉视野下人脸识别信息的权益归属与保护路径》，《北京航空航天大学学报》（社会科学版）2020 年第 5 期。

［加］戴维·莱恩：《监视理论的阐释：历史与批判视角》，刘建军译，《政法论丛》2012 年第 1 期。

中文报刊网络资料

199IT 亿欧智库：《2019 全球人工智能教育行业研究报告》，中文互联网数据资讯网，http：//www. 199it. com/archives/933

381. html，2019 年 9 月 9 日。

IDC 中国：《公共视频监控网络安全——视频监控市场新热点》，IDC 咨询微信公众号，https：//mp. weixin. qq. com/s/YIDqkQOfXzgUua5jyeot1A，2019 年 1 月 30 日。

IDC 咨询：《IDC 首发中国视频监控设备跟踪报告，AI 与 5G 开启视频监控新时代》，IDC 咨询搜狐号，https：//www. sohu. com/a/335170830_718123，2019 年 8 月 20 日。

《闯红灯遭遇人脸识别高科技！济南路口加装高清摄像头》，大众网，http：//www. dzwww. com/shandong/shandongtupian/201706/t20170628_16095136. htm，2017 年 6 月 28 日。

《成都地铁全线网所有闸机一次性上线人脸识别功能，可戴口罩刷脸》，澎湃新闻网，https：//www. thepaper. cn/newsDetail_forward_16849472，2022 年 2 月 25 日。

《处理未成年人人脸信息需监护人单独同意》，人民网，http：//society. people. com. cn/n1/2021/0729/c1008 - 32173981. html，2021 年 7 月 29 日。

《中华人民共和国个人信息保护法》，中国人大网，http：//www. npc. gov. cn/npc/c2/c30834/202108/t20210820_313088. html，2021 年 8 月 20 日。

包雨朦、姚晓岚：《刷脸秒速登机！南航在河南启用国内首个人脸识别登机系统》，澎湃新闻网，https：//www. thepaper. cn/newsDetail_forward_1719826，2017 年 6 月 28 日。

潮电智库：《AI＋5G＋超高清：助力安防监控摄像头行业新爆发》，搜狐网，https：//www. sohu. com/a/397943717_317547，2020 年 5 月 27 日。

陈根：《从深度合成到深度伪造，一场关于真实的博弈》，澎湃新闻网，https：//www. thepaper. cn/newsDetail_forward_109 62497，2021 年 1 月 28 日。

程文雯：《即日起，成都地铁可以刷脸乘车了》，《华西都市报》2021 年 9 月 2 日 A6 版。

程子姣、罗亦丹、白金蕾：《ZAO 爆红：隐私、版权等存忧 AI 换脸曾制作淫秽视频》，《新京报》2019 年 8 月 31 日，https：//tech. china. com. cn/app/20190831/359146. shtml。

付丽丽：《〈人脸识别应用公众调研报告（2020）〉出炉 六成受访者认为人脸识别技术有滥用趋势》，中国日报中文网，https：//cnews. chinadaily. com. cn/a/202010/19/WS5f8cf175a 3101e7ce9729e99. html，2022 年 9 月 23 日。

杭州市富阳区人民法院："人脸识别第一案"判决书［（2019）浙 0111 民初第 6971 号］，iPolicyLaw 微信公众号，https：// mp. weixin. qq. com/s? __biz = MzA5MTg4MjA2Mw = = &mid = 2685984389&idx = 1&sn = fd7bc437356c27068c698838ab1556 d6&chksm = b599e9a582ee60b3d945d1dbb1994037cd4a32c95 c2cbaec0bb1092612fc4494d91fb9926765&scene = 27，2020 年 12 月 3 日。

浩天法律评论：《合规与赋能：欧美中三大法域数据保护制度的比较分析与评述》，搜狐网，https：//www. sohu. com/a/ 488327523_120310885，2021 年 9 月 7 日。

林侃：《电子身份证来了! 福州成全国首个支持用网证买大巴票的城市》，新华网，http：//m. xinhuanet. com/fj/2018-04/ 18/c_1122698794. htm，2018 年 4 月 18 日。

毛振楠：《凭"面子"坐公交铜陵刷脸乘车时代到来》，中安在线，http：//ah. anhuinews. com/tl/kjww/kj/202202/t2022 0214_5809514. html，2022 年 2 月 14 日。

潘佳锟：《杭州一学校用"智慧刷脸"代替点名和刷卡，你怎么看?》，新京报电子版，http：//epaper. bjnews. com. cn/ht-ml/2018－05/18/content_720387. htm? from＝timeline，2018 年 5 月 18 日。

潘玉娇：《中国药科大学：新学期启用"人脸识别"黑科技》，中国教育新闻网，http：//m. jyb. cn/rmtzcg/jzz/201909/t2019 0905_258205_wap. html，2019 年 9 月 5 日。

深圳特区报：《只刷身份证即可进站! 深圳北站核验车票和防疫信息仅需 4 秒》，光明网，https：//m. gmw. cn/baijia/2022－01/19/1302769432. html，2022 年 1 月 19 日。

沈阳地铁报：《官宣! 今天起，乘坐沈阳地铁方式有变!》，沈阳地铁报微信公众号，https：//mp. weixin. qq. com/s/xerPf I71BFLCmFjz9c8UIg，2022 年 1 月 16 日。

唐山你好：《全国首例! 唐山各路口的摄像机具备人脸识别功能!》，搜狐网，https：//www. sohu. com/a/389461486_7048 28，2020 年 4 月 20 日。

王俊：《代表委员呼吁加强人脸识别监管，推进专项立法》，澎湃新闻网，https：//www. thepaper. cn/newsDetail_forward_11642466，2021 年 3 月 10 日。

王旭：《高校"刷脸"的隐私困境：130 多家双一流、4000 多万张脸亟需保护》，网易，https：//www. 163. com/dy/article/GJMKD82F0530W1MT. html，2021 年 9 月 12 日。

王亦君、李施安：《最高法发布司法解释：未经监护人同意采
集未成年人人脸信息　从重从严处罚》，中青在线，http：//
m. cyol. com/gb/articles/2021－07/28/content＿7LK6BFe3M.
html，2021 年 7 月 28 日。

武汉发布：《大学之城武汉到底有多少院校？教育部列出清单：
84 所》，澎湃新闻网，https：//www. thepaper. cn/newsDetail＿
forward_15077031，2021 年 10 月 26 日。

新京报：《AI 换脸调查：淫秽视频可定制女星 700 部百元打包
卖》，中国新闻网，https：//www. chinanews. com/sh/2019/
07－18/8898504. shtml，2019 年 7 月 18 日。

信娜：《北京天坛公园为防厕纸被过度使用　推人脸识别厕纸
机》，人民日报海外网，https：//m. haiwainet. cn/middle/354
1083/2017/0319/content＿30801776＿1. html，2017 年 3 月
19 日。

许可：《人脸识别禁令"胎死腹中"，欧盟不再因噎废食》，新
京报网，http：//www. bjnews. com. cn/feature/2020/02/28/69
6604. html，2020 年 2 月 28 日。

寓扬、茜茜：《开学季摄像头潜入课堂，AI 商业化后的隐私黑
盒能关得住吗?》，澎湃新闻网，https：//m. thepaper. cn/bai
jiahao_4324561，2019 年 9 月 3 日。

张云山、高佳晨：《连接 5G 网络、可刷脸支付、能干预驾驶员
疲劳驾驶——5G 智慧公交来了》，钱江晚报电子版，
https：//qjwb. thehour. cn/html/2019－06/15/content＿37770
52. htm？div＝-1，2019 年 6 月 15 日。

郑州市网络安全协会：《印度 ISP Hathway 数据泄露：黑客泄露

400 万用户、KYC 数据》，郑州市网络安全协会官网，https：//www. zzwa. org. cn/7007/，2024 年 1 月 11 日。

中华人民共和国国家互联网信息办公室：《国家互联网信息办公室有关负责人就对滴滴全球股份有限公司依法作出网络安全审查相关行政处罚的决定答记者问》，中央网络安全和信息化委员会办公室官网，http：//www. cac. gov. cn/2022－07/21/c_1660021534364976. htm，2022 年 7 月 21 日。

中华人民共和国教育部：《教育部关于印发〈教育信息化 2. 0行动计划〉的通知》，中华人民共和国教育部官网，http：//www. moe. gov. cn/srcsite/A16/s3342/201804/t20180425_334188. html，2018 年 4 月 18 日。

中华人民共和国中央人民政府：《中共中央国务院印发〈交通强国建设纲要〉》，中国政府官网，http：//www. gov. cn/zhengce/2019－09/19/content_5431432. htm，2019 年 9 月19 日。

中华人民共和国中央人民政府：《中华人民共和国个人信息保护法》，中国政府官网，https：//www. gov. cn/xinwen/2021－08/20/content_5632486. htm，2021 年 8 月 20 日。

中华人民共和国最高人民法院：《最高人民法院关于审理使用人脸识别技术处理个人信息相关民事案件适用法律若干问题的规定》，中华人民共和国最高人民法院公报网，http：//gongbao. court. gov. cn/Details/118ff4e615bc74154664ceaef3bf39. html？sw＝％E4％BA％BA％E8％84％B8％E8％AF％86％E5％88％AB，2021 年 7 月 27 日。

中华人民共和国最高人民检察院：《最高检发布六起侵犯公民

个人信息犯罪典型案例》，中华人民共和国最高人民检察院官网，https：//www. spp. gov. cn/xwfbh/wsfbt/201705/t2017 0516_190645. shtml#1，2017 年 5 月 16 日。

中央广播电视总台：《2 元就能买上千张人脸照片！"刷脸"真的安全吗？》，央视网，https：//jingji. cctv. com/2020/10/27/ ARTI3ZJ26H3dKUesran1FdEZ201027. shtml，2020 年 10 月 27 日。

英文论著

Ajay Agrawl, Joshua Gans and Avi Goldfarb eds. , *The Economics of Artificial Intelligence：An Agenda*, Chicago, IL：University of Chicago Press，2019.

Amitai Etzioni, *The Limits of Privacy*, New York, NY：Basic Books，1999.

ClairePoirson, *The Legal Regulation of Facial Recognition*, Cham：Springer，2021.

David Collingridge, *The Social Control of Technology*, London, UK：Palgrave Macmillan，1981.

Emilio Mordini and Dimitros Tzovaras, eds. , *Second Generation Biometrics：The Ethical, Legal and Social Context*, London, UK：Springer，2012.

Fukuyama, F. , *Trust：The Social Virtues and the Creation of Prosperity*, New York, NY：Simon and Schuster，1996.

Gary T. Marx, *Undercover：Police Surveillance in America*, Oakland：University of California Press，1988.

Kelly A. Gates, *Our Biometric Future: Facial Recognition Technology and the Culture of Surveillance*, New York, NY: NYU Press, 2011.

Kline Rex B., *Principles and Practice of Structural Equation Modeling*, New York, NY: Guilford Publications, 2015.

Lyon, D., *Surveillance Society: Monitoring Everyday Life*, London, UK: McGraw-Hill Education, 2001.

Marcus Smith and Seumas Miller, "The Rise of Biometric Identification: Fingerprints and Applied Ethics", Marcus Smith and Seumas Miller (eds.), *Biometric Identification, Law and Ethics*, Cham: Springer International Publishing, 2021, pp. 1-19.

Neil C. Manson and Onora O'Neill, *Rethinking Informed Consent in Bioethics*, Cambridge, UK: Cambridge University Press, 2007.

Patrizio Campisi, "Security and Privacy in Biometrics: Towards a Holistic Approach", Patrizio Campisi (ed.), *Security and Privacy in Biometrics*, London: Springer London, 2013.

Rainer, R. K., and Prince, B., *Introduction to information systems*, John Wiley & Sons, 2021.

Rejman-Greene, M., "Privacy Issues in the Application of Biometrics: A European perspective", In J. Wayman, A. Jain, D. Maltoni, and D. Maio (Eds), *Biometric Systems: Technology, Design and Performance Evaluation*, London, UK: Springer, 2005, pp. 335-359.

Rogers, E. M., Singhal, A., and Quinlan, M. M., "Diffusion of Innovations", *An Integrated Approach to Communication Theory and Research*, London, UK: Routledge, 2014, pp. 432-448.

Sara Smyth, *Biometrics, Surveillance and the Law: Societies of Restricted Access Discipline and Control*, London, UK: Routledge, 2019.

Taylor, E. , *Surveillance Schools: Security, Discipline and Control in Contemporary Education*, London, UK: Springer, 2013.

英文期刊

Alison B. Powell, Funda Ustek-Spilda, Sebastián Lehuedé and Irina Shklovski, "Addressing Ethical Gaps in 'Technology for Good': Foregrounding Care and Capabilities", *Big Data & Society*, Vol. 9, No. 2, August 2022, pp. 1-12.

AnnCavoukian, Michelle Chibba, and Alex Stoianov, "Advances in Biometric Encryption: Taking Privacy by Design from Academic Research to Deployment", *The Review of Policy Research*, Vol. 29, No. 1, January 2021, pp. 37-61.

Adelaide Bragias, Kelly Hine and Robert Fleet, " 'Only in Our Best Interest, Right?' Public Perceptions of Police Use of Facial Recognition Technology ", *Police Practice and Research*, Vol. 44, No. 4, June 2021, pp. 1637-1654.

AnnaRomanou, "The Necessity of the Implementation of Privacy by Design in Sectors Where Data Protection Concerns Arise", *Computer Law & Security Report*, Vol. 34, No. 1, February 2018, pp. 99-110.

Anders Nordgren, "Privacy by Design in Personal Health Monitoring", *Health Care Analysis*, Vol. 23, 2015, pp. 148-164.

Ahmad Hassan, Michelle B. Kunz, Allison W. Pearson, et al.,
"Conceptualization and Measurement of Perceived Risk in Online
Shopping", *Marketing Management Journal*, Vol. 16, No. 1,
2006, pp. 138-147.

Ashley A. Anderson, Dietram A. Scheufele, Dominique Brossard,
et al., "The Role of Media and Deference to Scientific Authority
in Cultivating Trust in Sources of Information about Emerging
Technologies", *International Journal of Public Opinion Research*,
Vol. 24, No. 2, 2012, pp. 225-237.

Anne-Marie Oostveen et al., "Child Location Tracking in the Us
and the Uk: Same Technology, Different Social Implications",
Surveillance and Society, Vol. 12, No. 4, 2014, pp. 581-593.

Akinnuwesi, B. A., Uzoka, F. M. E., Okwundu, O. S., and
Fashoto, G., "Exploring Biometric Technology Adoption in a
Developing Country Context Using the Modified UTAUT", *Inter-
national Journal of Business Information Systems*, Vol. 23,
No. 4, 2016, pp. 482-521.

Anandarajan, M., Igbaria, M., and Anakwe, U. P., "IT Ac-
ceptance in a Less-developed Country: A Motivational Factor
Perspective", *International Journal of Information Management*,
Vol. 22, No. 1, 2002, pp. 47-65.

Anton Alterman, " 'A Piece of Yourself': Ethical Issues in Biomet-
ric Identification", *Ethics and Information Technology*, Vol. 5,
No. 3, 2003, pp. 139-150.

Bala, N. , "The Danger of Facial Recognition in Our Children's Classrooms", *Duke Law & Technology Review*, Vol. 18, 2019, pp. 249-267.

B. Hoyt, "Patel v. Facebook, inc. 932 f. 3d 1264 (9th cir. 2019)", *Intellectual Property and Technology Law Journal*, Vol. 24, No. 2, 2019, pp. 365-368.

Ben Bradford, Julia Yesberg, Jonathan Jackson and Paul Dawson, "Live Facial Recognition: Trust and Legitimacy as Predictors of Public Support for Police Use of New Technology", *The British Journal of Criminology*, Vol. 60, No. 6, November 2020, pp. 1502-1522.

B. J. Gordon, "Automated Facial Recognition in Law Enforcement: the Queen (on Application of Edward Bridges) v The Chief Constable of South Wales Police", *Potchefstroom Electronic Law Journal*, Vol. 24, No. 1, 2021, pp. 1-29.

Bigos, M. A. , "Let's 'Face' It: Facial Recognition Technology, Police Surveillance, and the Constitution", *Journal of High Technology Law*, Vol. 22, No. 1, 2021, pp. 52-94.

Ben Buckley and Matt Hunter, "Say cheese! Privacy and facial recognition", *Computer Law & Security Report*, Vol. 27, No. 6, December 2011, pp. 637-640.

Barlas Pinar et al. , "To 'See' is to Stereotype: Image Tagging Algorithms, Gender Recognition, and the Accuracy-fairness Trade-off", *Proceedings of the ACM on Human-Computer Interaction*, Vol. 4, 2021, pp. 1-31.

Buckley Oliver and Jason R. C. Nurse, "The Language of Biometrics: Analysing Public Perceptions", *Journal of Information Security and Applications*, Vol. 47, 2019, pp. 112-119.

Benjamin Ngugi, Arnold Kamis and Marilyn Tremaine, "Intention to Use Biometric Systems", *e-Service Journal: A Journal of Electronic Services in the Public and Private Sectors*, Vol. 7, No. 3, 2011, pp. 20-46.

Bo Hu, Yu-li Liu and Wenjia Yan, "Should I Scan My Face? The Influence of Perceived Value and Trust on Chinese Users' Intention to Use Facial Recognition Payment", *Telematics and Informatics*, Vol. 78, 2023.

Balkin, J. M., "The Fiduciary Model of Privacy", *Harvard Law Review Forum*, 2020, p. 11.

Cheolho Yoon, "Ethical Decision-making in the Internet Context: Development and Test of an Initial Model based on Moral Philosophy", *Computers in Human Behavior*, Vol. 27, No. 6, November 2011, pp. 2401-2409.

Christopher G. Reddick, Akemi Takeoka Chatfield and Patricia A. Jaramillo, "Public opinion on National Security Agency Surveillance Programs: A Multi-method Approach", *Government Information Quarterly*, Vol. 32, No. 2, April 2015, pp. 129-141.

Cihan Cobanoglu and Frederick J. Demicco, "To Be Secure or Not to Be: Isn't This the Question? A Critical Look at Hotel's Network Security", *International Journal of Hospitality & Tourism Administration*, Vol. 8, No. 1, 2007, pp. 43-59.

Cristian Morosan, "Customers' Adoption of Biometric Systems in Restaurants: An Extension of the Technology Acceptance Model", *Journal of Hospitality Marketing & Management*, Vol. 20, No. 6, 2011, pp. 661-690.

Chen-Kuo Pai, Te-Wei Wang, Shun-Hsing, et al., "Empirical Study on Chinese Tourists' Perceived Trust and Intention to Use Biometric Technology", *Asia Pacific Journal of Tourism Research*, Vol. 23, No. 9, 2018, pp. 880-895.

Crow, Matthew S., Snyder, Jamie A., Crichlow, Vaughn J., et al., "Community Perceptions of Police Body-worn Cameras: The Impact of Views on Fairness, Fear, Performance, and Privacy", *Criminal Justice and Behavior*, Vol. 44, No. 4, 2017, pp. 589-610.

Christopher O'Neill, Niel Selwyn, Gavin Smith, Mark Andrejevic and Xin Gu, "The Two Faces of the Child in Facial Recognition Industry Discourse: Biometric Capture between Innocence and Recalcitrance", *Information, Communication & Society*, Vol. 25, No. 6, 2022, pp. 752-767.

Chieh-Peng Lin and Bhattacherjee Anol, "Learning Online Social Support: An Investigation of Network Information Technology based on UTAUT", *Cyber Psychology & Behavior*, Vol. 11, No. 3, 2008, pp. 268-272.

Catherine Emami, Rick Brown and Russell Smith, "Use and Acceptance of Biometric Technologies among Victims of Identity Crime and Misuse in Australia", *Trends and Issues in Crime and*

Criminal Justice, No. 511, April 2016, pp. 1-6.

Cristian Morosan, "Hotel Facial Recognition System: Insight into Guests' System Perceptions, Congruity with Self Image and Anticipated Emotions", *Journal of Electronic Commerce Research*, Vol. 21, No. 1, 2020, pp. 21-38.

Chul-Joo Lee and Dietram A. Scheufele, "The Influence of Knowledge and Deference toward Scientific Authority: A Media Effects Model for Public Attitudes toward Nanotechnology", *Journalism & Mass Communication Quarterly*, Vol. 83, No. 4, 2006, pp. 819-834.

Catherine, N., Geofrey, K. M., Moya, M. B., and Aballo, G., "Effort Expectancy, Performance Expectancy, Social Influence and Facilitating Conditions as Predictors of Behavioural Intentions to use ATMs with Fingerprint Authentication in Ugandan Banks", *Global Journal of Computer Science and Technology*, Vol. 17, No. 5, 2017, pp. 5-23.

Chiu, C. M., and Wang, E. T., "Understanding Web - based Learning Continuance Intention: The Role of Subjective Task Value", *Information & Management*, Vol. 45, No. 3, 2008, pp. 194-201.

Claes Fornell and David F. Larcker, "Evaluating Structural Equation Models with Unobservable Variables and Measurement Error", *Journal of Marketing Research*, Vol. 18, No. 1, 1981, pp. 39-50.

Daniel E. Bromberg, Étienne Charbonneau and Andrew Smith,

"Body-worn Cameras and Policing: A List Experiment of Citizen Overt and True Support", *Public Administration Review*, Vol. 78, No. 6, March 2018, pp. 883-891.

DorotaMokrosinska, "Privacy and Autonomy: On Some Misconceptions Concerning the Political Dimensions of Privacy", *Law and Philosophy*, Vol. 37, No. 2, April 2018, pp. 117-143.

Dallas Hill, Christopher D O'Connor and Andrea Slane, "A Police Use of Facial Recognition Technology: The Potential for Engaging the Public through Co-constructed Policy-making", *International Journal of Police Science & Management*, Vol. 24, No. 3, April 2022, pp. 325-335.

Du Huiying, Ge Zhu and Jiali Zheng, "Why Travelers Trust and Accept Self-driving Cars: An Empirical Study", *Travel Behaviour and Society*, Vol. 22, 2021, pp. 1-9.

Drmohammed Almaiah, Masita Abdul Jalil and Mustafa Man, "Extending the TAM to Examine the Effects of Quality Features on Mobile Learning Acceptance", *Journal of Computers in Education*, Vol. 3, No. 4, 2016, pp. 453-485.

Dewan, M., Murshed, M., and Lin, F., "Engagement Detection in Online Learning: A Review", *Smart Learning Environments*, Vol. 6, No. 1, 2019, pp. 1-20.

Elizabeth A. Rowe, "Regulating Facial Recognition Technology in the Private Sector", *Stanford Technology Law Review*, Vol. 24, No. 1, 2020, pp. 1-55.

Eugenijus Gefenas, J. Lekstutiene, V. Lukaseviciene, M. Hartlev,

M. Mourby and K. Ó Cathaoir, "Controversies between Regulations of Research Ethics and Protection of Personal Data: Informed Consent at a Cross-road", *Medicine, Healthcare & Philosophy*, Vol. 25, No. 1, 2022, pp. 23-30.

Emily C Anania, Stephen Rice and Nathan W Walters, "The Effects of Positive and Negative Information on Consumers' Willingness to Ride in a Driverless Vehicle", *Transport Policy*, Vol. 72, 2018, pp. 218-224.

Escobar-Rodríguez, T., and Carvajal-Trujillo, E., "Online Purchasing Tickets for Low Cost Carriers: An Application of the Unified Theory of Acceptance and Use of Technology (UTAUT) Model", *Tourism Management*, 2014, p. 43, pp. 70-88.

Feng Zeng Xu, Yun Zhang, Tingting Zhang and Jing Wang, "Facial Recognition Check-in Services at Hotels", *Journal of Hospitality Marketing & Management*, Vol. 30, No. 3, 2021, pp. 373-393.

Featherman Mauricio S. and Paul A. Pavlou, "Predicting E-services Adoption: A Perceived Risk Facets Perspective", *International Journal of Human-Computer Studies*, Vol. 59, No. 4, 2003, pp. 451-474.

FazilAbdullah and Rupert Ward, "Developing a General Extended Technology Acceptance Model for E-Learning (GETAMEL) by Analysing Commonly Used External Factors", *Computers in Human Behavior*, Vol. 56, No. 3, 2016, pp. 238-256.

Gillath Omri et al., "Attachment and Trust in Artificial Intelligence", *Computers in Human Behavior*, Vol. 115, February 2021, 106607.

Grahame Dowling and Richard Staelin, "A Model of Perceived Risk and Intended Risk-handling Activity", *Journal of Consumer Research*, Vol. 21, No. 1, 1994, pp. 119-134.

Gonçalo Baptista and Tiago Oliveira, "Understanding Mobile Banking: The Unified Theory of Acceptance and Use of Technology Combined with Cultural Moderators", *Computers in Human Behavior*, Vol. 50, No. 1, 2015, pp. 418-430.

Grewal Dhruv, Jerry Gotlieb and Howard Marmorstein, "The Moderating Effects of Message Framing and Source Credibility on the Price-perceived Risk Relationship", *Journal of Consumer Research*, Vol. 21, No. 1, 1994, pp. 145-153.

Guo Yandong et al., "MS-Celeb-1M: A Dataset and Benchmark for Large-scale Face Recognition", paper delivered to Computer Vision-ECCV 2016: 14th European Conference, Amsterdam, The Netherlands, October 11-14, 2016.

Graham Sewell and James R. Barker, "Coercion Versus Care: Using Irony to Make Sense of Organizational Surveillance", *Academy of Management Review*, Vol. 31, No. 4, October 2006, pp. 934-961.

Gabrielle M. Haddad, "Confronting the Biased Algorithm: The Danger of Admitting Facial Recognition Technology Results in the Courtroom", *Vanderbilt Journal of Entertainment & Technology Law*, Vol. 23, No. 4, 2021, pp. 891-917.

Gary K. Y. Chan, "Towards a Calibrated Trust-based Approach to the Use of Facial Recognition Technology", *International Journal of Law and Information Technology*, Vol. 29, No. 4, Winter 2021, pp. 305-331.

Genia Kostka, Léa Steinacker and Miriam Meckel, "Between Security and Convenience: Facial Recognition Technology in the Eyes of Citizens in China, Germany, the United Kingdom, and the US", *Public Understanding of Science*, Vol. 30, No. 6, March 2021, pp. 671-690.

Goossaert, V., "The Concept of Religion in China and the West", *Diogenes*, Vol. 52, No. 1, 2005, pp. 13-20.

Goldsmith, R. E., and Hofacker, C. F., "Measuring Consumer Innovativeness", *Journal of the Academy of Marketing Science*, Vol. 19, June 1991, pp. 209-221.

Gardner, M. R., "Student Privacy in the Wake of TLO: An Appeal for an Individualized Suspicion Requirement for Valid Searches and Seizures in the Schools", *Georgia Law Review*, Vol. 22, 1988, pp. 897-947.

Hancock, Robert S., "Dynamic Marketing for a Changing World", Proceedings of the 43rd national conference of the American Marketing Association, June 15-17, Proceedings of the National Conference, American Marketing Association, 1960.

Helen Nissenbaum, "Protecting Privacy in anInformation Age: The problem of Privacy in Public", *Law and Philosophy*, Vol. 17, November 1998, pp. 559-596.

Hassaballah, Mahmoud and Saleh Aly, "Face Recognition: Challenges, Achievements and Future Directions", *IET Computer Vision*, Vol. 9, No. 4, 2015, pp. 614-626.

Hannah Couchman, "Policing by Machine: Predictive Policing and the Threat to Our Rights", *Liberty*, February 2019.

Hu Shaojie and Jianxun Zhang, "Analysis of Artificial Intelligence Industry based on Grey Correlation: A Case Study of Tianjin", paper delivered to 2021 2nd International Conference on Electronics, Communications and Information Technology (CECIT), sponsored by IEEE, December 2021.

Joe Purshouse and Liz Campbell, "Automated Facial Recognition and Policing: A Bridge too Far?", *Legal Studies*, Vol. 42, No. 2, August 2021, pp. 209-227.

Jacob Hood, "Making the Body Electric: The Politics of Body-worn Cameras and Facial Recognition in the United States", *Surveillance & Society*, Vol18, No. 2, June 2020, pp. 157-169.

Jarvenpaa Sirrka L. and Peter A. Todd, "Consumer Reactions to Electronic Shopping on the World Wide Web", *International Journal of Electronic Commerce*, Vol. 1, No. 2, 1996, pp. 59-88.

J. Paul Peter and Michael J. Ryan, "An Investigation of Perceived Risk at the Brand Level", *Journal of Marketing Research*, Vol. 13, No. 2, 1976, pp. 184-188.

Jonathan W. Palmer, Joseph P. Bailey and Samer Faraj, "The Role of Intermediaries in the Development of Trust on the www: The Use and Prominence of Trusted Third Parties and Privacy Statements", *Journal of Computer-Mediated Communication*, Vol. 5,

No. 3，2000.

Jalayer Khalilzadeh，Ahmet Bulent Ozturk and Anil Bilgihan，"Se-curity-related Factors in Extended UTAUT Model for NFC based Mobile Payment in the Restaurant Industry"，*Computers in Human Behavior*，Vol. 70，May 2017，pp. 460-474.

José Manuel Ortega Egea，María Victoria Román González，"Explaining Physicians' Acceptance of EHCR Systems：An Extension of TAM with Trust and Risk Factors"，*Computers in Human Behavior*，Vol. 27，No. 1，2011，pp. 319-332.

Jason Sunshine and Tom R. Tyler，"The Role of Procedural Justice and Legitimacy in Shaping Public Support for Policing"，*Law & Society Review*，Vol. 37，No. 3，2003，pp. 513-548.

Kay L Ritchie，Charlotte Cartledge，Bethany Growns，et al.，"Public Attitudes towards the Use of Automatic Facial Recognition Technology in Criminal Justice Systems around the World"，PloS One，Vol. 16，No. 10，October 2021，e0258241.

Kristine Hamann and Rachel Smith，"Facial Recognition Technology：Where Will It Take Us"，*Criminal Justice*，Vol. 34，No. 1，2019，pp. 9-13.

Kumar，N.，"The Power of Trust in Manufacturer-retailer Relationships"，*Harvard Business Review*，Vol. 74，No. 6，1996，pp. 92-106.

Kerr，M.，and Stattin，H.，"What Parents Know，How They Know It，and Several Forms of Adolescent Adjustment：Further Support for a Reinterpretation of Monitoring"，*Developmental Psy-*

chology, Vol. 36, No. 3, 2000, pp. 366-380.

Lambèr Royakkers, Jelte Timmer, Linda Kool and Rinie van Est, "Societal and Ethical Issues of Digitization", *Ethics and Information Technology*, Vol. 20, No. 2, March 2018, pp. 127-142.

LukeStark, "Facial Recognition is the Plutonium of AI", *XRDS: Crossroads, The ACM Magazine for Students*, Vol. 25, No. 3, April 2019, pp. 50-55.

Laura M. Moy, "A Taxonomy of Police Technology's Racial Inequity Problems", *University of Illinois Law Review*, Vol. 2021, No. 1, 2021, pp. 139-192.

Lankton, N. K., McKnight, D. H., and Tripp, J., "Technology, Humanness, and Trust: Rethinking Trust in Technology", *Journal of the Association for Information Systems*, Vol. 16, No. 10, 2015, pp. 880-918.

Matthew M. Young, Justin B. Bullock and Jesse D. Lecy, "Artificial Discretion as a Tool of Governance: A Framework for Understanding the Impact of Artificial Intelligence on Public Administration", *Perspectives on Public Management and Governance*, Vol. 2, No. 4, December 2019, pp. 301-313.

Mark Bovens and Stavros Zouridis, "From Street-level to System-level Bureaucracies: How Information and Communication Technology is Transforming Administrative Discretion and Constitutional Control", *Public Administration Review*, Vol. 62, No. 2, December 2002, pp. 174-184.

Maria Eduarda Gonçalves and Maria Inês Gameiro, "Security, Pri-

vacy and Freedom and the EU Legal and Policy Framework for Bi-
ometrics", *Computer Law & Security Report*, Vol. 28, No. 3,
June 2012, pp. 320-327.

Mark Andrejevic and Neil Selwyn, "Facial Recognition Technology
in Schools: Critical Questions and Concerns", *Learning*, *Media
and Technology*, Vol. 45, No. 2, 2020, pp. 115-128.

Mónica Bessa Correia, Guilhermina Rego and Rui Nunes, "The
Right to be Forgotten and COVID-19: Privacy Versus Public In-
terest", *Acta Bioethica*, Vol. 27, No. 1, June 2021, pp. 59-67.

Muhtahir Oloyede, Gerhard P. Hancke and Herman Myburgh, "A
Review on Face Recognition Systems: Recent Approaches and
Challenges", *Multimedia Tools and Applications*, Vol. 79, Octo-
ber 2020, pp. 27891-27922.

Michelle Goddard, "The EU General Data Protection Regulation
(GDPR): European Regulation That Has a Global Impact", *In-
ternational Journal of Market Research*, Vol. 59, No. 6, Novem-
ber 2017, pp. 703-705.

Margit Sutrop and Katrin Laas-Mikko, "From Identity Verification
to Behavior Prediction: Ethical Implications of Second Generation
Biometrics", *The Review of Policy Research*, Vol. 29, No. 1,
January 2012, pp. 21-36.

Maja Brkan, "The Essence of the Fundamental Rights to Privacy
and Data Protection: Finding the Way through the Maze of the
CJEU's Constitutional Reasoning", *German Law Journal*,
Vol. 20, No. 6, September 2019, pp. 864-883.

Meredith Van Natta, Paul Chen, Savannah Herbek, Pishabh Jain, Nicole Kastelic, Evan Katz, Micalyn Struble, Vineel Vanam and Niharka Vattikonda, "The Rise and Regulation of Thermal Facial Recognition Technology during the COVID-19 Pandemic", *Journal of Law and the Biosciences*, Vol. 7, No. 1, June 2020, pp. 1-17.

Marie Eneman, Jan Ljungberg, Elena Raviola, et al., "The Sensitive Nature of Facial Recognition: Tensions between the Swedish Police and Regulatory Authorities", *Information Polity*, Vol. 27, No. 2, January 2022, pp. 219-232.

Miliaikeala S. J. Heen, Joel D. Lieberman and Terance D. Miethe, "The Thin Blue Line Meets the Big Blue Sky: Perceptions of Police Legitimacy and Public Attitudes towards Aerial Drones", *Criminal Justice Studies*, Vol. 31, No. 1, November 2017, pp. 18-37.

Michal Kosinski, "Facial Recognition Technology Can Expose Political Orientation from Naturalistic Facial Images", *Scientific Reports*, Vol. 11, January 2021, pp. 1-7.

Mariko Hirose, "Privacy in Public Spaces: The Reasonable Expectation of Privacy against the Dragnet Use of Facial Recognition Technology", *Connecticut Law Review*, Vol. 49, No. 5, September 2017, pp. 1591-1620.

Mitchell Gray, "Urban Surveillance and Panopticism: Will We Recognize the Facial Recognition Society?", *Surveillance & Society*, Vol. 1, No. 3, 2003, pp. 314-330.

Mann Monique and Marcus Smith, "Automated Facial Recognition Technology: Recent Developments and Approaches to Oversight", *University of New South Wales Law Journal*, Vol. 40, No. 1, 2017, pp. 121-145.

Mayer Roger C., James H. Davis and F. David Schoorman, "An Integrative Model of Organizational Trust", *Academy of Management Review*, Vol. 20, No. 3, 1995, pp. 709-734.

Michel Laroche, Gordon H. G. McDougall, Jasmin Bergeron, et al., "Exploring How Intangibility Affects Perceived Risk", *Journal of Service Research*, Vol. 6, No. 4, 2004, pp. 373-389.

Ming-Chi Lee, "Predicting and Explaining the Adoption of Online Trading: An Empirical Study in Taiwan", *Decision Support Systems*, Vol. 47, No. 2, 2009, pp. 133-142.

Ming-Chi Lee, "Factors Influencing the Adoption of Internet Banking: An Integration of TAM and TPB with Perceived Risk and Perceived Benefit", *Electronic Commerce Research and Applications*, Vol. 8, No. 3, 2009, pp. 130-141.

Michael Koller, "Risk asa Determinant of Trust", *Basic and Applied Social Psychology*, Vol. 9, No. 4, 1988, pp. 265-276.

Mark C. Suchman, "Managing Legitimacy: Strategic and Institutional Approaches", *Academy of Management Review*, Vol. 20, No. 3, 1995, pp. 571-610.

Moriuchi, E., "Okay, Google!: An Empirical Study on Voice Assistants on Consumer Engagement and Loyalty", *Psychology & Marketing*, Vol. 36, No. 5, 2019, pp. 489-501.

Moriuchi, E. , and Takahashi, "Satisfaction Trust and Loyalty of Repeat Online Consumer within the Japanese Online Supermarket Trade", *Australasian Marketing Journal*, Vol. 24. , No. 2, 2016, pp. 146-156.

McKnight, D. H. , and Chervany, N. L. , "What Trust Means in E-commerce Customer Relationships: An Interdisciplinary Conceptual Typology", *International Journal of Electronic Commerce*, Vol. 6, No. 2, 2001, pp. 35-59.

Miltgen, C. L. , Popovič, A. , and Oliveira, T. , "Determinants of End-user Acceptance of Biometrics: Integrating the 'Big 3' of Technology Acceptance with Privacy Context", *Decision Support Systems*, Vol. 56, 2013, pp. 103-114.

Marchewka, J. T. , and Kostiwa, K. , "An Application of the UTAUT Model for Understanding Student Perceptions Using Course Management Software", *Communications of the IIMA*, Vol. 7, No. 2, 2007, pp. 93-104.

Morosan, C. , "An Empirical Examination of US Travelers' Intentions to Use Biometric E-gates in Airports", *Journal of Air Transport Management*, Vol. 55, 2016, pp. 120-128.

Nassuora, A. , "Students Acceptance of Mobile Learning for Higher Education in Saudi Arabia", *American Academic & Scholarly Research Journal*, Vol. 4, No. 2, 2012, pp. 24-30.

Neil Selwyn, Liz Campbell and Mark Andrejevic, "Autoroll: Scripting the Emergence of Classroom Facial Recognition Technology", *Learning, Media and Technology*, Vol. 48, No. 1, February 2022, pp. 166-179.

Nikolaus Georg Edmund Jackob, "No Alternatives? The Relationship Between Perceived Media Dependency, Use of Alternative Information Sources, and General Trust in Mass Media", *International Journal of Communication*, Vol. 4, 2010, pp. 589-606.

Norberg, P. A., Horne, D. R., and Horne, D. A., "The Privacy Paradox: Personal Information Disclosure Intentions Versus Behaviors", *Journal of Consumer Affairs*, Vol. 41, No. 1, 2007, pp. 100-126.

Olena Ciftci, Eun-Kyong (Cindy) Choi and Katerina Berezina, "Let's Face it: Are Customers Ready for Facial Recognition Technology at Quick-service Restaurants?", *International Journal of Hospitality Management*, Vol. 95, 2021, Article 102941.

OlyaKudina and Peter-Paul Verbeek, "Ethics from Within: Google Glass, the Collingridge Dilemma, and the Mediated Value of Privacy", *Science, Technology & Human Values*, Vol. 44, No. 2, February 2019, pp. 291-314.

Okumus, B., Ali, F., Bilgihan, A., and Ozturk, A. B., "Psychological Factors Influencing Customers' Acceptance of Smartphone Diet Apps When Ordering Food at Restaurants", *International Journal of Hospitality Management*, Vol. 72, 2018, pp. 67-77.

Payal Parekh and Mahesh Goyani, "A Comprehensive Study on Face Recognition: Methods and Challenges", *The Imaging Science Journal*, Vol. 68, No. 2, 2000, pp. 114-127.

Philip Brey, "Ethical Aspects of Facial Recognition Systems in Public Places", *Journal of Information, Communication and Ethics in Society*, Vol. 2, No. 2, 2004, pp. 97-109.

Priyanka Surendran, "Technology Acceptance Model: A Survey of Literature", *International Journal of Business and Social Research*, Vol. 22, No. 4, 2012, pp. 175-178.

Paul Slovic, Melissa Finucane, Ellen Peters, E., et al., "Rational Actors or Rational Fools: Implications of the Affect Heuristic for Behavioral Economics", *The Journal of Socio-Economics*, Vol. 31, No. 4, 2002, pp. 329-342.

Paul Slovic, Iames H. Flynn and Mark Layman, "Perceived Risk, Trust, and the Politics of Nuclear Waste", *Science*, Vol. 254, No. 5038, 1991, pp. 1603-1607.

Peter Neyroud and Emma Disley, "Technology and Policing: Implications for Fairness and Legitimacy", *Policing*, Vol. 2, No. 2, 2008, pp. 226-232.

Park, S. Y., Nam, M. W., and Cha, S. B., "University Students' Behavioral Intention to Use Mobile Learning: Evaluating the Technology Acceptance Model", *British Journal of Educational Technology*, Vol. 43, No. 4, 2012, pp. 592-605.

Prabhakar, S., Pankanti, S., and Jain, A. K., "Biometric Recognition: Security and Privacy Concerns", *IEEE Security & Privacy*, Vol. 1, No. 2, 2007, pp. 33-42.

Qingxiu Bu, "The Global Governance on Automated Facial Recognition (AFR): Ethical and Legal Opportunities and Privacy Challenges", *International Cybersecurity Law Review*, Vol. 2, No. 1, 2021, pp. 113-145.

Richard Herschel and Virginia M. Miori, "Ethics & Big Data", *Technology in Society*, Vol. 49, May 2017, pp. 31-36.

Ritu Agarwal and Jayesh Prasad, "A Conceptual and Operational Definition of Personal Innovativeness in the Domain of Information Technology", *Information Systems Research*, Vol. 9, No. 2, June 1998, pp. 204-215.

Richard M. Hessler, "Privacy Ethics in the Age of Disclosure: Sweden and America Compared", *The American Sociologist*, Vo. 26, No. 2, June 1995, pp. 35-53.

Raphael, G. Kasper., "Perceptions of Risk and Their Effects on Decision Making", *Societal Risk Assessment*, 1980, pp. 71-84.

Robert N. Stone, Kjell Grønhaug, "Perceived Risk: Further Considerations for the Marketing Discipline", *European Journal of Marketing*, Vol. 27, No. 3, 1993, pp. 39-50.

Rick Trinkner, Jonathan Jackson and Tom R Tyler, "Bounded Authority: Expanding 'Appropriate' Police Behavior Beyond Procedural Justice", *Law and Human Behavior*, Vol. 42, No. 3, 2018, pp. 280-293.

Rahul Hazare, "Facial Recognition Technology and Detection of over Sexuality in Private Organizations Combined with Shelter House. Baseline Integrated Behavioural and Biological Assessment among Most at-Risk Low Standards Hope Less Institutions in Pune, India", *Advanced Research in Gastroenterology & Hepatol-*

ogy, Vol. 11, No. 4, 2018, Article 555816.

Schuler Scott Arianna et al. , "Why We Trust Dynamic Consent to Deliver on Privacy", paper delivered to Trust Management XIII: 13th IFIP WG 11. 11 International Conference, Copenhagen, Denmark, July 17–19, 2019.

Stephen Cory Robinson, "Trust, Transparency, and Openness: How Inclusion of Cultural Values Shapes Nordic National Public Policy Strategies for Artificial Intelligence (AI)", *Technology in Society*, Vol. 63, November 2020, Article 101421.

Sunil Patil, Bhanu Patruni, Dimitris Potoglou and Neil Robinson, "Public Preference for Data Privacy – A Pan – European Study on Metro/train Surveillance", *Transportation Research Part A: Policy and Practice*, Vol. 92. October 2016, pp. 145–161.

Sevgi Ozkanand Irfan Emrah Kanat, "E – Government Adoption Model Based on Theory of Planned b = Behavior: Empirical Validation", *Government Information Quarterly*, Vol. 28, No. 4, 2011, pp. 503–513.

Sebastian Jilke and Martin Bækgaard, "The Political Psychology of Citizen Satisfaction: Does Functional Responsibility Matter?", *Journal of Public Administration Research and Theory*, Vol. 30, No. 1, January 2020, pp. 130–143.

Sookeun Byun and Sang–Eun Byun, "Exploring Perceptions toward Biometric Technology in Service Encounters: A Comparison of Current Users and Potential Adopters", *Behaviour & Information Technology*, Vol. 32, No. 3, 2013, pp. 217–230.

Sulin Ba and Paul A. Pavlou, "Evidence of the Effect of Trust Building Technology in Electronic Markets: Price Premiums and Buyer Behavior", *MIS Quarterly*, Vol. 26, No. 3, 2002, pp. 243-268.

Subhro Sarkar, Sumedha Chauhan and Arpita Khare, "A Meta-analysis of Antecedents and Consequences of Trust in Mobile Commerce", *International Journal of Information Management*, Vol. 50, 2020, pp. 286-301.

Shao, C., *The Surveillance Experience of Chinese University Students and the Value of Privacy in the Surveillance Society*, Ph. D. Dissertation, The University of North Carolina at Chapel Hill, 2020.

Shi, C., and Xu, J., "Surveillance Cameras and Resistance: A Case Study of a Middle School in China", *The British Journal of Criminology*, 2024, azad078.

Thaddeus L. Johnson, Natasha N. Johnson, Denise McCurdy and Michael S. Olajide, "Facial Recognition Systems In Policing and Racial Disparities in Arrests", *Government Information Quarterly*, Vol. 39, No. 4, October 2022, article 101753.

Tim McSorley, "The Case for A Ban on Facial Recognition Surveillance in Canada", *Surveillance & Society*, Vol. 19, No. 2, June 2021, pp. 250-254.

TamarSharon and Bert-Jaap Koops, "The Ethics of Inattention: Revitalising Civil Inattention as a Privacy-protecting Mechanism in Public Spaces", *Ethics and Information Technology*, Vol. 23, January 2021, pp. 331-343.

Tanya Domina, Seung-Eun Lee and Maureen MacGillivray, "Understanding Factors Affecting Consumer Intention to Shop in a Virtual World", *Journal of Retailing and Consumer Services*, Vol. 19, No. 6, 2012, pp. 613-620.

Thiago Guimarães Moraes, Eduarda Costa Almeida and José Renato Laranjeira de Pereira, "Smile, You Are Being Identified! Risks and Measures for the Use of Facial Recognition in (Semi-) Public Spaces", *AI and Ethics*, Vol. 1, No. 2, 2021, pp. 159-172.

Venkatesh Viswanath et al, "User Acceptance of Information Technology: Toward a Unified View", *MIS Quarterly*, Vol. 27, No. 3, 2003, pp. 425-478.

Vitor Albiero, Kai Zhang, Michael King and Kevin W. Bowyer, "Gendered Differences in Face Recognition Accuracy Explained by Hairstyles, Makeup, and Facial morphology", *IEEE Transactions on Information Forensics and Security*, Vol. 17, 2022, pp. 127-137.

Vera Lúcia Raposo, "The Use of Facial Recognition Technology by Law Enforcement in Europe: A Non-orwellian Draft Proposal", *European Journal on Criminal Policy and Research*, Vol. 29, June 2022, pp. 515-533.

Vera Lúcia Raposo, "(Do Not) Remember My Face: Uses of Facial Recognition Technology in Light of the General Data Protection Regulation", *Information and Communications Technology Law*, Vol. 32, No. 1, March 2022, pp. 45-63.

Vincenzo Pavone, Sara Degli Esposti, "Public Assessment of New

Surveillance-oriented Security Technologies: Beyond the Trade-off between Privacy and Security", *Public Understanding of Science*, Vol. 21, No. 5, 2012, pp. 556-572.

Vincent-Wayne Mitchell, "Consumer Perceived Risk: Conceptual-isations and Models", *European Journal of Marketing*, Vol. 33, No. 1/2, 1999, pp. 163-195.

Wang Geng and Zhang Chaolin, "Legal Regulation of Government Applications of Facial Recognition Technology: A Comparison of Two Approaches", *US - China Law Review*, Vol. 19, No. 6, June 2022, pp. 259-266.

Weiwei Wang, "Tort law in China", F. Fiorentini and M. Infanti-no, eds., *Mentoring Comparative Lawyers: Methods, Times, and Places*, Cham: Springer, 2019, pp. 75-91.

Wang Yi-Chu, Bryan Donyanavard and Kwang-Ting Cheng, "En-ergy-aware Real-time Face Recognition System on Mobile CPU-GPU Platform", paper delivered to Trends and Topics in Comput-er Vision: ECCV 2010 Workshops, Heraklion, Crete, Greece, September 10-11, 2010.

Wendy Espeland and Vincent Yung, "Ethical Dimensions of Quan-tification", *Social Science Information*, Vol. 58, No. 2, 2019, pp. 238-260.

Wan, L., Xie, S., and Shu, A. "Toward an Understanding of University Students' Continued Intention to Use MOOCs: When UTAUT Model Meets TTF Model", *Sage Open*, Vol. 10, No. 3, 2020.

Wickins, J. , "The Ethics of Biometrics: the Risk of Social Exclusion from the Widespread Use of Electronic Identification", *Science and Engineering Ethics*, Vol. 13, 2007, pp. 45–54.

Xiaojun Lai and Pei–Luen Patrick Rau, "Has Facial Recognition Technology Been Misused? A Public Perception Model of Facial Recognition Scenarios", *Computers in Human Behavior*, Vol. 124, November 2021, article 106894.

Yang Feng, "The Future of China's Personal Data Protection Law: Challenges and Prospects", *Asia Pacific Law Review*, Vol. 27, No. 1, August 2019, pp. 62–82.

Yongping Zhong, Segu Oh and Hee Cheol Moon, "Service Transformation under Industry 4. 0: Investigating Acceptance of Facial Recognition Payment Through an Extended Technology Acceptance Model", *Technology in Society*, Vol. 64, February 2021, Article 101515.

Yu–li Liu, Wenjia Yan and Bo Hu, "Resistance to Facial Recognition Payment in China: The Influence of Privacy–related Factors", *Telecommunications Policy*, Vol. 45, No. 5, June 2021, article 102155.

Yi–Shun Wang and Ying–Wei Shih, "Why Do People Use Information Kiosks? A Validation of the Unified Theory of Acceptance and Use of Technology", *Government Information Quarterly*, Vol. 26, No. 1, 2009, pp. 158–165.

Yana Welinder, "A Face Tells More Than A Thousand Posts: Developing Face Recognition Privacy in Social Networks", *Harvard*

Journal of Law & Technology, Vol. 26, No. 1, Fall 2012, pp. 165-239.

Yousafzai, S. , Pallister, J. , and Foxall, G. , "Multi - dimensional Role of Trust in Internet Banking Adoption", *The Service Industries Journal*, Vol. 29, No. 5, 2009, pp. 591-605.

Yang, H. H. , Feng, L. , and MacLeod, J. , "Understanding College Students' Acceptance of Cloud Classrooms in Flipped Instruction: Integrating UTAUT and Connected Classroom Climate", *Journal of Educational Computing Research*, Vol. 56, No. 8, 2019, pp. 1258-1276.

Zhang, B. , Peterson Jr. , H. M. , and Sun, W. , "Perception of Digital Surveillance: A Comparative Study of High School Students in the US and China", *Issues in Information Systems*, Vol. 18, No. 1, 2017, pp. 98-108.

Zimmermann, V. , and Gerber, N. , "The Password is Dead, Long Live the Password - A Laboratory Study on User Perceptions of Authentication Schemes", *International Journal of Human - Computer Studies*, Vol. 133, 2020, pp. 26-44.

Zhao, S. , "Facial Recognition in Educational Context: The Complicated Relationship Between Facial Recognition Technology and Schools", Proceedings of the 2021 International Conference on Public Relations and Social Sciences (ICPRSS 2021), Atlantis Press, October 2021.

Zhong Wang and Qian Yu, "Privacy Trust Crisis of Personal Data in China in the Era of Big Data: The Survey and Countermeasures",

Computer Law & Security Report, Vol. 31, No. 6, December 2015, pp. 782-792.

英文报纸、网络资料

Ada Lovelace Institute, Beyond Face Value: Public Attitudes to Facial Recognition Technology, Ada Lovelace Institute, September, 2019.

Balkin, J. M., "The Three Laws of Robotics in the Age of Big Data", 2016 Sidley Austin Distinguished Lecture on Big Data Law and Policy, Ohio State Law Journal, Vol. 78, 2017.

BBC, "IBMUsed Flickr Photos for Facial - recognition Project", (March 13th, 2019), https://www.bbc.com/news/technology-47555216.

California Legislative Information, California Legislature—2019-2020 Regular Session (2020 - 05 - 12), https://leginfo.legislature.ca.gov/faces/billTextClient.xhtml? bill_id=201920200AB2261.

Claire Galligan, Hannah Rosenfeld, Molly Kleinman, and Shobita Parthasarathy, "Cameras in the Classroom: Facial Recognition Technology in Schools" (August 25, 2020), https://stpp.fordschool.umich.edu/research/research - report/cameras - classroom-facial-recognition-technology-schools.

Consumer Discretionary, Information Technology, " 'Politicians-Fear This Like Fire': The Rise of the Deepfake and the Threat to Democracy" (June 22rd, 2019), https://creatingfutureus.org/politicians-fear-this-like-fire-the-rise-of-the-deepfake-

and-the-threat-to-democracy/.

Council of Europe，"Guidelines on Facial Recognition"（2021-01-
28），https：//rm. coe. int/guidelines - on - facial - recognition/
1680a134f3.

Cybersecure Policy Exchange & Tech Informed Policy，"Facial
Recognition Technology Policy Round Table：What We Heard"，
Canada，Exchange C. P. ，2021.

Electronic Frontier Foundation，"Stop Secret Surveillance Ordi-
nance"（2019-05-06），https：//www. eff. org/document/stop-
secret-surveillance-ordinance-05062019.

European Commission，"Proposal for A Regulation of the European
Parliament and of the Council Laying Down Harmonised Rules on
Artificial Intelligence（Artificial Intelligence Act）and Amending
Certain Union Legislative Acts"，2021，https：//eur-lex. euro-
pa. eu/resource. html？uri = cellar：e0649735 - a372 - 11eb -
9585-01aa75ed71a1. 0001. 02/DOC_1&format=PDF.

European Commission，"White Paper on Artificial Intelligence：A
European Approach to Excellence and Trust"（2020-02-19），
https：//ec. europa. eu/info/publications/white-paper-artificial-
intelligence-european-approach-excellence-and-trust_en.

European Data Protection Board，"Facial Recognition in School
Renders Sweden's First GDPR Fine"，2019，https：//www. ed-
pb. europa. eu/news/national - news/2019/facial - recognition -
school-renders-swedens-first-gdpr-fine_sv.

European Data Protection Board，"Facial Recognition：Italian SA

Fines Clearview AI EUR 20 Million" (10 March, 2022), https：//edpb. europa. eu/news/national−news/2022/facial−recognition−italian−sa−fines−clearview−ai−eur−20−million_en.

European Union Agency for Fundamental Rights, "Facial Recognition Technology: Fundamental Rights Considerations in the Context of Law Enforcement" (November 27th, 2019), http：//fra. europa. eu/sites/default/files/fra_uploads/fra−2019−facial−recognition−technology−focus−paper−1_en. pdf.

Fussey Peter and Murray Daragh, "Independent Report on the London Metropolitan Police Service's Trial of Live Facial Recognition Technology", *Human Rights Center*, 2019.

Hartzog, W. , and Selinger, E. , "Facial Recognition Is the Perfect Tool for Oppression" (2021), https：//medium. com/s/story/facial−recognition−is−the−perfect−tool−for−oppression−bc2a08f0fe66.

Hayward, J. , "ICO Investigation into How the Police Use Facial Recognition Technology in Public Places", Information Commissioner's Office, October 31, 2019.

Henry Ajder, "The Ethics of Deepfakes Aren't Always Black and White" (June 16th, 2019), https：//thenextweb. com/news/the−ethics−of−deepfakes−arent−always−black−and−white.

Kara Urland, "Harrisburg University Develops Facial Recognition Software to Predict Criminality" (May 6th, 2020), https：//www. abc27. com/local−news/harrisburg/harrisburg−university−develops−facial−recognition−software−to−predict−criminality/.

Kayali, L., "French Privacy Watchdog Says Facial Recognition Trial in High Schools is Illegal", Politico (October 29, 2019), https://www. politico. eu/article/french−privacywatchdog−says−facial−recognition−trialin−high−schools−is−illegal−privacy/.

Keyes, O., "Counting the Countless: Why Data Science is a Profound Threat for Queer People", Real Life (April 8, 2019), https://reallifemag. com/counting−the−countless/.

Lucas D., Introna and Helen Nissenbaum, "Facial Recognition Technology: A Survey of Policy and Implementation Issues", Lancaster University Management School British, July 2009.

Léa Steinacker et al., "Facial Recognition: A Cross−National Survey on Public Acceptance, Privacy, and Discrimination" (July 15th, 2020), https://arxiv. longhoe. net/abs/2008. 07275.

Madhumita Murgia, "Microsoft Quietly Deletes Largest Public Face Recognition Data Set" (June 6, 2019), https://www. ft. com/content/7d3e0d6a−87a0−11e9−a028−86cea8523dc2.

Mane Torosyan, "Traffic Surveillance and Human Rights: How Can States Overcome the Negative Impact of Surveillance Technologies on the Individual Right to Respect for Privacy and Personal Data Protection?", *Global Campus of Human Rights*, 2020, https://repository. gchumanrights. org/server/api/core/bitstreams/bbe766e0−d2ce−41d1−9856−076f19053774/content.

Molly St. Louis, "How Facial Recognition is Shaping the Future of Marketing Innovation" (March 2rd, 2021), https://www. inc. com/molly−reynolds/how−facial−recognition−is−shaping−the−future-of-marketing-innovation. html.

Patterson v. Respondus, Inc. , "593 F. Supp. 3d 783. United States District Court for the Northern District of Illinois, Eastern Division", https: //www. ilnd. uscourts. gov.

Puthea, K. , Hartanto, R. , and Hidayat, R. , "A Review Paper on Attendance Marking System based on Face Recognition", 2017 2nd International conferences on Information Technology, Information Systems and Electrical Engineering (ICITISEE), November 2017.

Richard Van Noorden, "The Ethical Questions That Haunt Facial-recognition Research" (November 18th, 2020), https: //www. nature. com/articles/d41586-020-03187-3.

Samantha Cole, "This Horrifying App Undresses a Photo of Any Woman with a Single Click" (July 2rd, 2019), https: //ispr. info/2019/07/02/this-horrifying-app-undresses-a-photo-of-any-woman-with-a-single-click/.

Samantha Cole, "We Are Truly Fucked: Everyone Is Making AI-Generated Fake Porn Now" (January 25th, 2018), https: // www. vice. com/en/article/bjye8a/reddit-fake-porn-app-daisy-ridley.

Susan Kathleen Lippert, "An Exploratory Study into the Relevance of Trust in the Context of Information Systems Technology", The George Washington University, 2001.

Tingyao Chen, "Case-based Analysis of Discrimination in Police Surveillance Scene Regarding Facial Recognition", paper delivered to 2020 7th International Conference on Advanced Composite Materials and Manufacturing Engineering （ACMME 2020）, sponsored by IOP Publishing, Yunnan, China, June 20 – 21, 2020.

Tom Simonite, "How Coders Are Fighting Bias in Facial Recognition Technology" （March 29, 2018）, https：//www. wired. com/story/how – coders – are – fighting – bias – in – facial – recognition – software.

Tonia E. Ries, "Edelman Trust Barometer Global Report in 2023" （January 18, 2023）, Edelman Public Relations Worldwide.

William Crumpler, "How Accurate Are Facial Recognition Systems – And why Does It Matter?" （October 27th, 2020）, https：//lab. imedd. org/en/how – accurate – facial – recognition – systems/.

Wired, "The Secret History of Facial Recognition" （January 21st, 2020）, https：//www. wired. com/story/secret – history – facial – recognition/.

后　记

　　近10年来，笔者将隐私与数据保护作为自己的主攻方向之一。新闻传播学领域的研究者着力隐私研究并不多见，却是情理之中的事。何故？因为"隐私"这个概念最初在1890年被沃伦和布兰代斯制造出来时，针对的便是新闻报道对私生活无孔不入的入侵。正如二人在《隐私权》一文中的慷慨陈词："新闻媒体已经大量入侵了神圣的私人领域和家庭生活，各式各样无孔不入的机械装置预示着'人们在密室中的私语都将被大肆地宣扬出去'。无论从哪个角度而言，媒体都明显越过了社会礼节和风化的边界。八卦不再是一种恶意的闲言碎语，而是变成一种买卖，而且它在追求商业化利润的同时也变得厚颜无耻起来。为满足一些低级趣味的需求，日报上竟增开披露性关系细节的专栏。为了获得游手好闲之辈的青睐，一个个专栏充斥着家长里短的是非八卦，而这些信息都只能通过侵入家庭生活才能获得。"亦即，自诞生之日起，隐私及其保护就是跨学科的研究领域，法学、信息管理、心理等学科都将其视为重要议题。所以，笔者探讨隐私与数据保护时，一般也是采取跨学科的综合视角。

笔者开展隐私与数据保护研究，一直沿着"制度化—标准化—场景化"这条路径跋涉。人类社会快速步入智能时代，我们更需置身于具体的"场景"中考察人与技术之关系。而人脸识别作为当前应用最广泛、发展最成熟的基础智能技术，涉及多种应用场景，且是未来高阶智能应用的基础，因为高阶人工智能应用须先识别个体身份方能与人互动、为人服务。因此，本书集中探讨各类场景中人脸识别应用的风险争议等，是人工智能领域最基础、最紧迫的现实命题之一。

研究成果能为人脸识别规范、生物识别信息保护"中国标准"的制定提供理论依据。人脸识别是智能时代的密钥，应规避"先污染、后治理"的老路，也要与严格规制"公共性场景"应用的"欧美标准"相区别。生物识别信息的滥用甚或危及国家生物安全，因此，公众信任和公共安全是人脸识别应用的"达摩克利斯之剑"。此外，研究引入场景理论、风险评估、分级理论、传播伦理等多理论视角，而不局限于技术、法律视角，评估教育、执法与公共交通等场景中的安全风险，从而完善了人工智能背景下的数据分类分级保护制度。研究成果得以编撰成册，可供高校法学、信息管理学、新闻传播学科有志于隐私与数据保护研究的师生阅读，也可为网络平台及互联网公司、中央及地方网信办、互联网从业者、政府决策部门、网络法规律师、法律咨询公司提供参考。

本书是对笔者与合作者多年来人脸识别应用与规制研究的总结，整合了多篇研究论文，得到了陈文浩、钟焯、张坤然、徐浩淼、胡雪梅等合作者的大力支持，也得到了我的研究生陈倩、高雨琪的鼎力帮助。在此一并致谢！

　　刊印之际，衷心感谢中国社会科学出版社的帮助，尤其感谢吴丽平编辑细致入微的工作。吴老师严谨的工作作风、崇高的敬业精神和出色的职业素养为本书增色生辉。

王敏

2024 年 5 月于武汉珞珈山